"十三五"江苏省高等学校重点教材（编号：2019-2-217）

普通高等院校
工程图学类
—系列教材—

机械制图

主　编　叶　霞　张向华
副主编　蒋琴仙

清华大学出版社
北　京

内 容 简 介

本书结合应用型本科院校在机械制图课程教学方法上的改革经验,按项目教学、任务引领的思路进行编写。全书共分为 9 篇,每篇包含若干任务,主要内容包括制图基本知识、正投影法基础、立体的投影与交线、组合体、轴测图、机件常用的表达方法、标准件与常用件、零件图、装配图。与本书配套的《机械制图习题集》同时由清华大学出版社出版。

本书主要针对应用型本科院校工科机械类专业中有一定机械制图基础的学生编写,亦可供其他类型院校相关专业的学生和自学者选用。

图书在版编目(CIP)数据

机械制图/叶霞,张向华主编. —北京:清华大学出版社,2023.12
普通高等院校工程图学类系列教材
ISBN 978-7-302-65132-1

Ⅰ. ①机… Ⅱ. ①叶… ②张… Ⅲ. ①机械制图—高等学校—教材 Ⅳ. ①TH126

中国国家版本馆 CIP 数据核字(2024)第 019121 号

责任编辑:苗庆波
封面设计:傅瑞学
责任校对:欧 洋
责任印制:丛怀宇

出版发行:清华大学出版社
    网　　　址:https://www.tup.com.cn, https://www.wqxuetang.com
    地　　　址:北京清华大学学研大厦 A 座　　邮　　编:100084
    社 总 机:010-83470000　　邮　　购:010-62786544
    投稿与读者服务:010-62776969, c-service@tup.tsinghua.edu.cn
    质量反馈:010-62772015, zhiliang@tup.tsinghua.edu.cn
印 装 者:三河市科茂嘉荣印务有限公司
经　　销:全国新华书店
开　　本:185mm×260mm　　印　张:20.75　　字　数:500 千字
版　　次:2023 年 12 月第 1 版　　印　次:2023 年 12 月第 1 次印刷
定　　价:59.80 元

产品编号:088090-01

前　言

随着我国高等教育的飞速发展,高等学校的生源变得越来越丰富,已经由以前单一的普通高中生源变成了普通高中、职业高中、中专等多种生源共存。"机械制图"课程在部分职业高中或中专已经进行了简单的讲授,但学生通过单招考试进了大学后还需要继续学习这门课程,而目前的制图类教材都是面向普通高中统招生源编写的,没有专门针对单招生源的相关教材。针对这一现状,并结合我校多年来在单招生"机械制图"课程方面的教学改革经验,我们组织编写了本教材。

本书针对单招生的学习现状,根据应用型人才的培养需求,在内容的选取上突出应用性和实践性,在内容的组织上重点突出、详略得当。本书的主要特点如下:

(1) 全面贯彻执行最新的《技术制图》和《机械制图》国家标准。

(2) 全书按项目编写,将主要知识点融入任务实施过程中。每个项目分为项目目标、项目导入、项目资讯和项目实施,重点突出在项目实施中相关知识的应用。

(3) 本书为新形态教材,大部分题目提供了 AR 模型,学生可通过扫描书中带有 标识的图片进行多角度观察,具体操作见封二的使用说明。

(4) 本书内容编排重点突出,简化了基础知识的介绍,重点突出相关知识的应用,例如:如何选用合适的表达方法来表达不同的机件,不同类型零件与部件的表达方式等。着力培养学生的表达能力与读图能力。

(5) 采用了大量的三维实体造型图例,生动直观。

本书由叶霞、张向华任主编,参加编写的有叶霞(第 1 篇、第 2 篇、第 3 篇、第 4 篇)、张向华(绪论、第 5 篇、第 6 篇、第 7 篇、附录)、蒋琴仙(第 8 篇、第 9 篇),陈晓阳、范振敏、谢文涛和赵艳芳绘制了部分图例。全书由叶霞负责统稿和定稿。

本书在编写过程中参考了一些同类著作,在此特向作者表示感谢。

限于编者水平,教材中难免有不妥之处,敬请广大同仁及读者惠于指正,不吝赐教,在此谨表谢意。

编　者

2023 年 10 月

目　录

第2篇　正投影法基础

第 3 篇　立体的投影与交线

第 4 篇　组 合 体

第 5 篇　轴　测　图

第 6 篇　机件常用的表达方法

第 7 篇　标准件与常用件

第8篇　零　件　图

第 9 篇　装　配　图

绪 论

1. 本课程的研究对象

在工程技术领域,产品的设计与制造包含大量的信息,正确表达这些信息是设计与制造工程中必须解决的信息传递和交换问题,而人们用于表达此类信息的工具就是图样。用于准确表达工程领域中相关产品的形状结构、尺寸大小和技术要求的图样称为工程图样。工程图样是工程技术人员传递和交流技术信息的媒介和工具,是工程界的技术语言。设计师通过绘制工程图样来表达自己的设计意图;制造者通过阅读工程图样来加工符合要求的产品;使用者通过工程图样来了解产品的结构与性能,以及正确的使用和维护方法。因此,绘制与阅读工程图样是工程技术人员的必备能力。本课程主要研究工程图样的相关标准规定,以及绘制和阅读工程图样的基础理论和方法。

2. 本课程的主要内容和任务

本课程的主要内容包括制图基本知识、投影理论、图样的常用表达方法、零件图与装配图的绘制与阅读等内容。

本课程是高等工程技术学校的一门重要技术基础课,目的是培养学生的绘图与读图能力、空间构型与空间想象能力,其主要任务如下:

(1) 学习《技术制图》与《机械制图》国家标准的相关规定,培养标准化意识;

(2) 学习正投影法的基本理论和作图方法,培养构型设计、空间分析思维和空间想象能力;

(3) 培养绘制和阅读机械工程图样的基本能力;

(4) 培养尺规绘图、徒手绘图和计算机绘图的基本能力;

(5) 培养学生的自学能力、分析问题和解决问题的能力,以及认真负责的工作态度和严谨细致的工作作风。

3. 本课程的特点和学习方法

(1) 本课程是一门既有系统理论,又有很强实践性的专业基础课。课程讨论三维构型、空间形体与平面图形之间的对应关系,所以学习时要下功夫培养空间思维能力。要注意物体与图样相结合、画图与读图相结合、构型与表达相结合,不断由物画图、由图想物,坚持反复练习。

(2) 学习中除了认真听课,理解课堂内容并及时复习、巩固外,认真独立地完成作业也是非常重要的学习环节。本课程作业量比较大,每次作业必须认真完成,在做作业的过程中应独立思考,独自完成。

(3) 要逐步培养自己按照国家制图标准绘制图样的习惯,小到一条线、一个尺寸,大到图样的表达,都要严格按制图标准中的规定绘制,绝对不能随心所欲,自己想怎样画就怎样画。只有按国家批准、颁布的制图标准来绘图,图样才能成为工程界技术交流的语言。

（4）本课程也是一门培养严谨、细致学风的课程。工程图纸是施工的依据，图纸上一条线的疏忽或一个数字的差错往往会造成严重的返工、浪费，甚至导致重大工程事故。所以，从初学制图开始，就应该严格要求自己，培养认真负责的工作态度和严谨细致的工作作风，力求绘制的图样投影正确无误，尺寸齐全合理，表达完善清晰，符合国家标准和施工要求。

第1篇

制图基本知识

项目 1 制 图 标 准

1.1 项 目 目 标

知识目标：

（1）掌握制图标准的基本规定；

（2）掌握平面图形的作图步骤及尺寸标注的完整性。

技能目标：在对平面图形的线段及尺寸进行正确分析的基础上，规范完成平面图形的绘制。

1.2 项 目 导 入

工程图样是现代机器制造过程中的重要技术文件之一，为了统一图样的画法，提高生产效率，便于技术管理和交流，国家标准委发布了国家标准《技术制图》与《机械制图》，对图样的内容、格式、表达方法等做了统一的规定，绘图时必须严格遵守，这样才能使图样真正成为工程界交流的语言。

1.3 项 目 资 讯

1.3.1 图纸的幅面与格式

1. 图纸幅面的加长

GB/T 14689—2008《技术制图 图纸幅面和格式》规定了图样的基本幅面和加长规定。绘制图样时应优先采用基本幅面，必要时也允许采用加长幅面，如图 1-1 所示。加长幅面的尺寸是以某一基本幅面为基础的，即基本幅面的长边尺寸成为其短边尺寸，而基本幅面的短边尺寸成整数倍增加后成为其长边尺寸。

2. 附加符号

（1）对中符号及方向符号。为了使图样复制和缩微摄影时定位方便，可采用对中符号。对中符号是从周边画入图框内约 5 mm 的一段粗实线，如图 1-2（a）所示。当对中符号处在标题栏范围内时，则伸入标题栏的部分省略不画，如图 1-2（b）所示。方向符号的画法如图 1-2（c）所示。

（2）剪切符号。为使复制图样时便于自动剪切，可在图纸的四角上分别绘出剪切符号。剪切符号可采用直角边为 10 mm 的黑色等腰三角形（见图 1-3（a）），也可以采用两条粗线段表示（见图 1-3（b））。

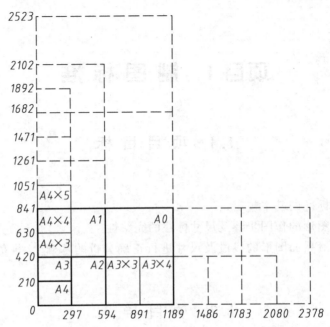

图 1-1 图纸的基本幅面(粗实线)及加长幅面(细实线及虚线)

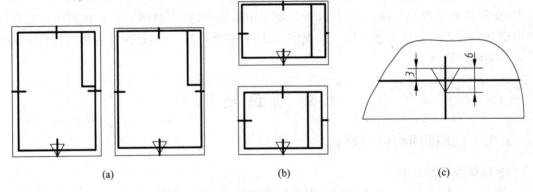

(a)　　　　　　　　　(b)　　　　　　　　(c)

图 1-2 对中符号及方向符号

(a) 对中符号①;(b) 对中符号②;(c) 方向符号

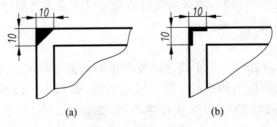

(a)　　　　　　　　　(b)

图 1-3 剪切符号

1.3.2 图线的应用

GB/T 17450—1998《技术制图　图线》规定了适用于各种技术图样的图线名称、型式、结构、标记及画法规则;GB/T 4457.4—2002《机械制图　图样画法　图线》规定了机械制图中所用图线的一般规则,适用于机械工程图样。

　　各种图线的名称、型式及在图样上的一般应用示例见表 1-1 及图 1-4。图线分为粗、细两种,粗线的宽度 d 应按图的大小和复杂程度在 $0.5\sim2$ mm 之间选择;细线的宽度约为 $0.5\,d$。图线宽度的推荐系列为 0.25、0.35、0.5、0.7、1.0、1.4、2.0 mm,优先采用 $d=0.5$ mm 或 0.7 mm。

表 1-1　图线及其应用

图线名称	图线型式	图线宽度	图线的一般应用
粗实线	——————	d	可见棱边线、可见轮廓线等
细实线	————————	$0.5\,d$	尺寸线、尺寸界线、剖面线、重合断面的轮廓线、螺纹牙底线、重复要素表示线、指引线、范围线及分界线、零件成形前的弯折线、辅助线、不连续同一表面连线、成规律分布的相同要素连线等
波浪线	～～～～	$0.5\,d$	断裂处边界线、视图与剖视图的分界线
双折线	—／—／—	$0.5\,d$	(注:在一张图样上一般采用一种线型,即采用波浪线或双折线)
细虚线	— — — — —	$0.5\,d$	不可见棱边线、不可见轮廓线
粗虚线	▬ ▬ ▬ ▬	d	允许表面处理的表示线
细点画线	—·—·—·—	$0.5\,d$	轴线、对称中心线、分度圆(线)
粗点画线	▬ · ▬ · ▬	d	限定范围表示线
细双点画线	—··—··—	$0.5\,d$	相邻辅助零件的轮廓线、可动零件的极限位置的轮廓线、轨迹线、毛坯图中制成品的轮廓线、工艺用结构的轮廓线、中断线等

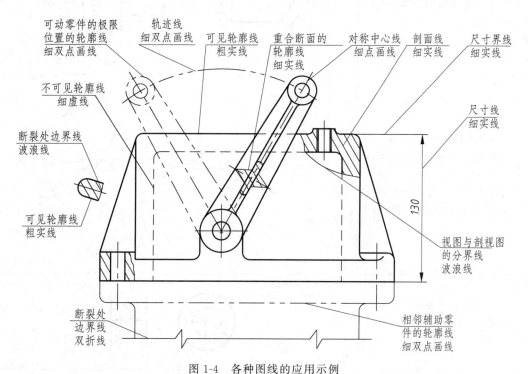

图 1-4　各种图线的应用示例

1.3.3　尺寸标注

GB/T 4458.4—2003《机械制图　尺寸注法》与 GB/T 16675.2—2012《技术制图　简化表示法　第 2 部分：尺寸注法》对于尺寸标注的方法做出了具体规定,基本内容摘要见表 1-2,表 1-3 列出了常用的尺寸注法。

表 1-2　尺寸标注方法

项目	说　明	图　例
尺寸数字	线性尺寸的数字一般写在尺寸线的上方,也允许注在尺寸线的中断处	
	线性尺寸的数字按图(a)中所示的方向注写,并尽可能避免在图示 30°范围内标注尺寸。当无法避免时,可按图(b)的形式标注。 在不致引起误解时,非水平方向的尺寸数字可水平地标注在尺寸线的中断处(见图(c)和(d))	
	标注角度的数字,一律写成水平方向,一般注写在尺寸线的中断处(见图(a))。必要时可标注在尺寸线的上方或外侧,也可以引出标注(见图(b))	
	尺寸数字不能被任何图线所通过,否则必须将该图线断开	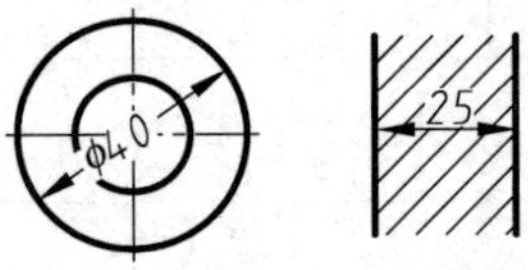

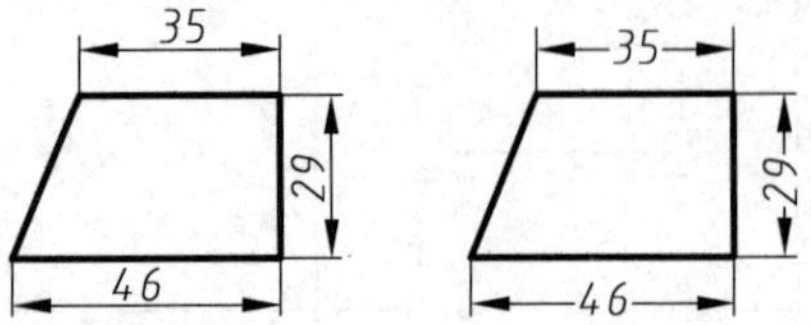

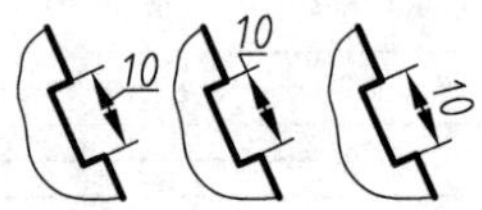

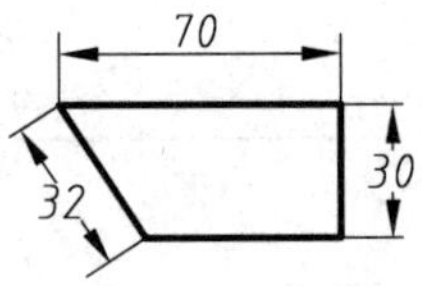

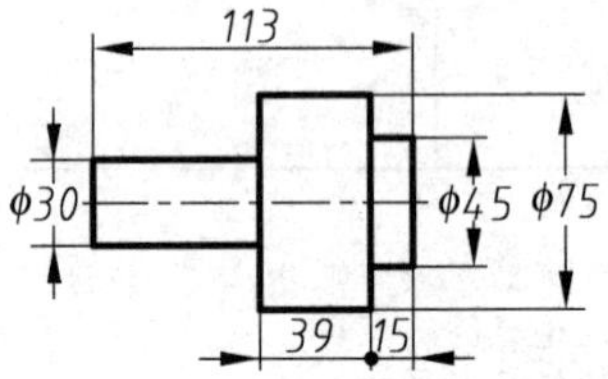

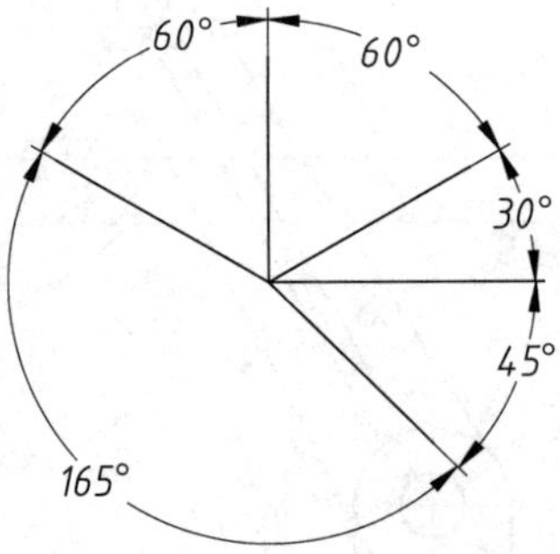

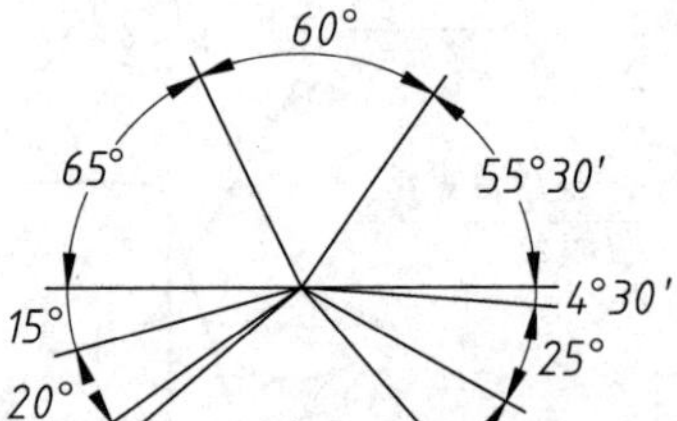

续表

项目	说 明	图 例
尺寸线	① 尺寸线必须用细实线单独绘制。标注线性尺寸时，尺寸线必须与所标注的线段平行（见图(a)）。 ② 不能借用图形中的任何图线，也不得与其他图线重合或画在其延长线上，图(b)是错误的注法	
尺寸界线	① 尺寸界线用细实线绘制，并应由图形的轮廓线、轴线或对称中心线引出；也可以借用图形的轮廓线、轴线或对称中心线作为尺寸界线（见图(a)）。 ② 尺寸界线一般应与尺寸线相互垂直，并超出尺寸线的终端2～3 mm，必要时允许倾斜，但两尺寸界线仍互相平行。在光滑过渡处标注尺寸时，必须用细实线将轮廓线延长，并从它们的交点处引出尺寸界线（见图(b)）。 ③ 标注角度的尺寸界线应沿径向引出；标注弦长和弧长的尺寸界线应平行于该弦的垂直平分线（见图(c)），当弧度较大时，可沿径向引出尺寸界线	

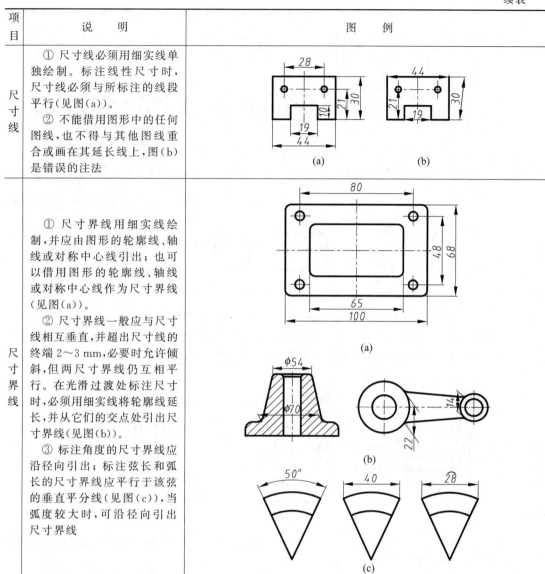

表 1-3 常用的尺寸注法

直径与半径尺寸注法	图例	
	说明	① 圆或大于半圆的圆弧，应标注直径尺寸，尺寸线通过圆心，以圆周为尺寸界线，尺寸数字前加注直径符号"ϕ"，直径尺寸亦可标注在非圆视图上。 ② 小于或等于半圆直径的圆弧，应标注半径，尺寸线自圆心引向圆弧，只画一个箭头，数字前加注半径符号"R"。 ③ 当圆弧的半径过大或在图纸范围内无法标注其圆心位置时，可采用折线形式，若圆心位置无须注明，则尺寸线可只画靠近箭头的一段

续表

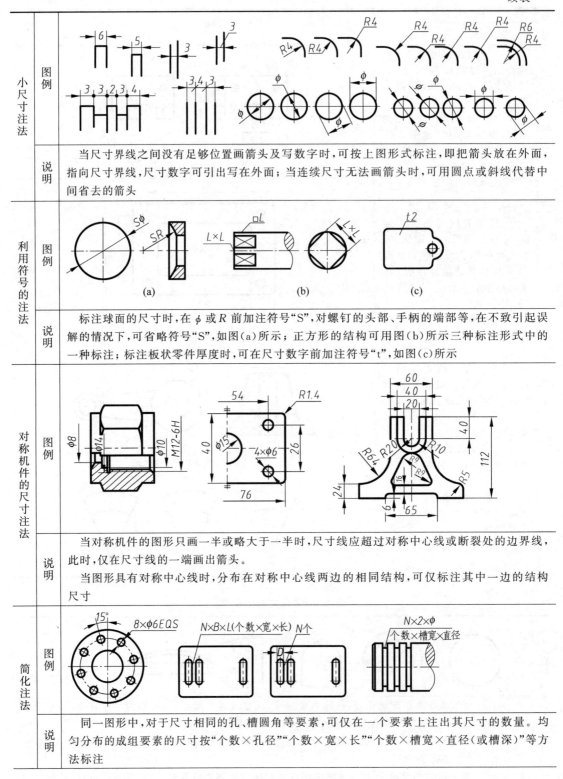

小尺寸注法	图例	
	说明	当尺寸界线之间没有足够位置画箭头及写数字时,可按上图形式标注,即把箭头放在外面,指向尺寸界线,尺寸数字可引出写在外面;当连续尺寸无法画箭头时,可用圆点或斜线代替中间省去的箭头
利用符号的注法	图例	
	说明	标注球面的尺寸时,在 ϕ 或 R 前加注符号"S",对螺钉的头部、手柄的端部等,在不致引起误解的情况下,可省略符号"S",如图(a)所示;正方形的结构可用图(b)所示三种标注形式中的一种标注;标注板状零件厚度时,可在尺寸数字前加注符号"t",如图(c)所示
对称机件的尺寸注法	图例	
	说明	当对称机件的图形只画一半或略大于一半时,尺寸线应超过对称中心线或断裂处的边界线,此时,仅在尺寸线的一端画出箭头。 当图形具有对称中心线时,分布在对称中心线两边的相同结构,可仅标注其中一边的结构尺寸
简化注法	图例	
	说明	同一图形中,对于尺寸相同的孔、槽圆角等要素,可仅在一个要素上注出其尺寸的数量。均匀分布的成组要素的尺寸按"个数×孔径""个数×宽×长""个数×槽宽×直径(或槽深)"等方法标注

简化注法	图例	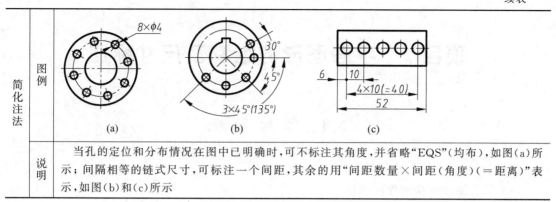
	说明	当孔的定位和分布情况在图中已明确时,可不标注其角度,并省略"EQS"(均布),如图(a)所示;间隔相等的链式尺寸,可标注一个间距,其余的用"间距数量×间距(角度)(＝距离)"表示,如图(b)和(c)所示

项目2 平面图形的绘制及尺寸标注

2.1 项 目 目 标

知识目标：

（1）掌握圆弧连接的作图方法；

（2）掌握平面图形的作图步骤及尺寸标注的完整性。

技能目标：在对平面图形的线段及尺寸进行正确分析的基础上，规范完成平面图形的绘制。

2.2 项 目 导 入

虽然机件的形状各有不同，但都是由各种几何形体组合而成的，其二维轮廓图形也不外乎由一些几何图形组成。绘制工程图样时，其中一项重要的工作是画出一组表示机件形状的平面图形并标注出确定其大小的尺寸，而掌握作图方法及完整标注出尺寸也是将来表达三维形体的重要基础。

2.3 项 目 资 讯

2.3.1 平面曲线作图

平面曲线一般分为规则曲线和不规则曲线两种。对不规则曲线的作图通常根据描点作图的方式完成，这里主要介绍常见的几种平面曲线及其组合的作图方法。

1. 圆弧连接

在绘制平面图形时，常常会遇到从一条线段（直线或圆弧）光滑地过渡到另一条线段的情况，这种用一条已知半径的圆弧光滑连接另外两条线段的方法即为圆弧连接。要使连接光滑，就必须使线段与线段在连接处相切，因此，画圆弧连接的关键是求出连接圆弧的圆心和找出连接点（即切点）的位置。下面分别介绍三种形式的圆弧连接的画法。

1）用圆弧连接两条已知直线

与已知直线相切的圆弧的圆心轨迹是一条与已知直线平行且距离为圆弧半径 R 的直线，切点则是自圆心向两条已知直线所作垂线的垂足。图 2-1 所示是用半径为 R 的圆弧连接两条已知直线的作图方法。

2）用圆弧连接两条已知圆弧

与已知圆弧相切的圆弧的圆心轨迹为已知圆弧的同心圆，该圆的半径依据相切的情况可分为：

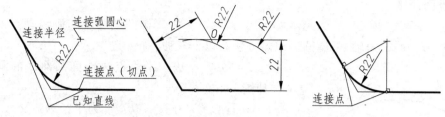

图 2-1　用圆弧连接两条已知直线

（1）与已知圆弧外切时，为两圆半径之和；

（2）与已知圆弧内切时，为两圆半径之差。

两圆相切的切点在两圆的连心线（或其延长线）与已知圆弧的交点处。

用圆弧外切两已知圆弧的画法如图 2-2（a）所示，用圆弧内切两已知圆弧的画法如图 2-2（b）所示，用圆弧内、外切两已知圆弧的画法如图 2-2（c）所示。

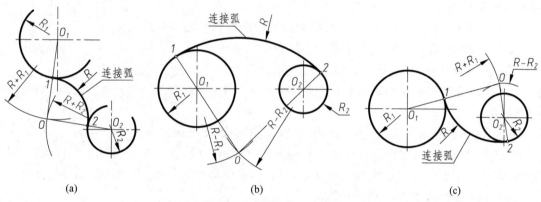

|(a)|(b)|(c)|

图 2-2　用圆弧连接两条已知圆弧

（a）外切画法；（b）内切画法；（c）内、外切画法

3）用圆弧连接一条已知直线和一条已知圆弧

用圆弧连接一条已知直线和一条已知圆弧即为以上两种情况的综合。图 2-3 所示为用圆弧外切一条已知圆弧和一条直线的画法，用圆弧内切一条已知圆弧和一条直线的画法与此相仿，这里就不赘述了。

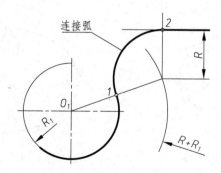

图 2-3　用圆弧外切已知直线和已知圆弧

2. 椭圆曲线

一动点到两定点(焦点)的距离之和为一常数(恒等于椭圆的长轴),则该动点的轨迹为椭圆曲线。已知长、短轴,画椭圆曲线的方法有以下三种。

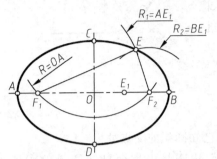

图 2-4　焦点法作椭圆曲线

(1)焦点法。用焦点法作椭圆曲线的画图步骤如图 2-4 所示。

① 以 C 为圆心,以 OA 为半径画弧交 AB 于 F_1、F_2(焦点);

② 在 F_1、F_2 内任取点 E_1,以 F_1 为圆心,AE_1 为半径画弧;

③ 以 F_2 为圆心,BE_1 为半径画弧,则两圆弧的交点即为椭圆上的点。

用上述方法求出一系列点后,再用曲线板圆滑相连便得椭圆曲线。

(2)同心圆法。用同心圆法作椭圆曲线的画图步骤如图 2-5 所示。

① 分别以短轴和长轴为直径画一小圆和一大圆;

② 过 O 点任作射线 OE,交大圆于 E,交小圆于 F;

③ 过 E 点作平行于短轴的直线,过 F 点作平行于长轴的直线,两直线的交点 P 即为椭圆上的点。

用上述方法求出一系列点后,再用曲线板圆滑相连便得椭圆曲线。

(3)四心扁圆法。画图时,常用四心扁圆代替椭圆曲线,这种画法与以上两种画法不同的是,它只能用于近似表示椭圆的形状,不可作为制作椭圆的依据,其画法如图 2-6 所示。

① 连接 AC,取 $CP = OA - OC$;

② 作 AP 的垂直平分线,交两轴于 O_3、O_1 点,并分别取对称点 O_4、O_2;

③ 分别以 O_1、O_2 为圆心,O_1C 为半径画长弧交 O_1O_3、O_1O_4 的延长线于 E、F 点,交 O_2O_4、O_2O_3 的延长线于 G、H 点,则 E、F、G、H 为连接点;

④ 分别以 O_3、O_4 为圆心,O_4G 为半径画短弧,与前面所画长弧连接,即近似地得到所求的椭圆曲线。

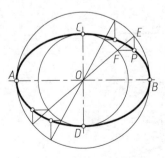

图 2-5　同心圆法作椭圆曲线

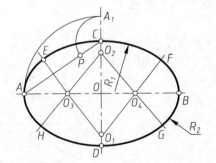

图 2-6　四心扁圆法作椭圆曲线

3. 圆的渐开线

一直线在圆周上作无滑动的滚动,则该直线上一点的轨迹即为这个圆的渐开线,该圆称为渐开线的基圆。渐开线的画法如图 2-7 所示。

将基圆圆周分成若干等分（图中分为 12 等分），并把它的展开长度（πD）也分成相同的等分；过基圆上各等分点向同一方向作基圆的切线，并依次截取 $\pi D/12$、$2\pi D/12$、$3\pi D/12$、…得到 A、B、C、D、…点；将这些点用曲线板光滑连接即得到圆的渐开线。

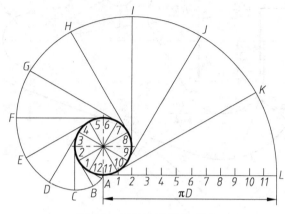

图 2-7　圆的渐开线的画法

2.3.2　平面图形的画法

为了掌握平面图形的正确作图方法和步骤，我们先对平面图形的尺寸和线段进行分析。

1. 平面图形的尺寸分析

尺寸按其在平面图形中的作用，可以分为定形尺寸和定位尺寸两类。若想确定平面图形中线段上下、左右的相对位置，则必须引入基准的概念。

（1）基准。标注尺寸的起点称为基准，平面图形中常用的基准有图形的对称线、大圆的中心线、重要的轮廓线等。如图 2-8 所示，已知圆 $\phi 39$ 的两条中心线分别是水平方向和垂直方向尺寸的尺寸基准。

（2）定形尺寸。确定平面图形上线段形状大小的尺寸称为定形尺寸，如线段的长度、圆弧的直径或半径、角度的大小等。图 2-8 中的长度尺寸 31，圆的直径 $\phi 47$、$\phi 39$、$\phi 21$，圆弧半径 $R193$、$R34$，角度尺寸 $60°$ 等都是定形尺寸。

（3）定位尺寸。确定平面图形上线段间或图框间相对位置的尺寸称为定位尺寸。在图 2-8 中，以 $\phi 39$ 圆的水平中心线为基准确定 $\phi 21$ 的圆及 $R29$、$R56$ 圆弧的圆心位置的尺寸 35、23、29，以 $\phi 39$ 圆的垂直中心线为基准确定最左边方框位置的尺寸 180，以 $\phi 39$ 圆心为基准确定 $\phi 21$ 圆心位置的尺寸 $R56$ 均为定位尺寸。

2. 平面图形的线段分析

平面图形中各线段根据所标注的尺寸可分为以下三种。

（1）已知线段。定形、定位尺寸齐全的线段称为已知线段，如图 2-9 中 $\phi 5$ 的圆，$R10$、$R15$ 的圆弧都是已知线段。画图时，可根据其定形、定位尺寸直接画出。

（2）连接线段。只有定形尺寸而无定位尺寸的线段称为连接线段，如图 2-9 中 $R12$ 的圆弧。画连接线段时，须根据与其相邻两线段的连接关系用几何作图的方法画出，如画 $R12$ 的圆弧时，可根据其与 $R15$ 及 $R50$ 两圆弧相外切的几何关系，求出其圆心、切点，从而作出

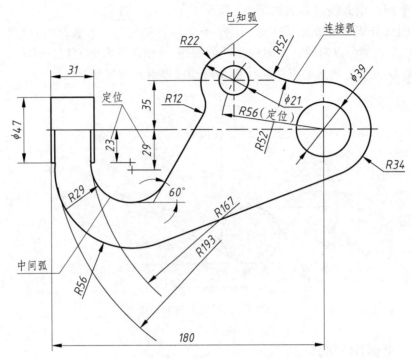

图 2-8　平面图形的尺寸分析

该段圆弧。

（3）中间线段。有定形尺寸但只有一个方向定位尺寸的线段称为中间线段，如图 2-9 中 $R50$ 的圆弧，是介于已知线段与连接线段之间的线段。画中间线段时也应根据与相邻线段的连接关系画出，如画图 2-9 中 $R50$ 的圆弧时，可根据其与 $R10$ 的圆弧相内切，且有一个定位尺寸 $\phi32$，求出其圆心、切点，从而作出该段圆弧。

注意：在两条已知线段之间，可以有多条中间线段，但必须有且只能有一条连接线段。此外，上面关于线段性质的定义主要从作图和制造中便于成形的角度而言的，从几何作图角度而言并非完全如此。

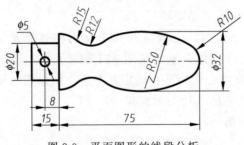

图 2-9　平面图形的线段分析

2.3.3　平面图形的尺寸标注

标注尺寸是一项重要而细致的工作，须考虑一些问题：需要标注什么样的尺寸；尺寸是否齐全，是否有自相矛盾的现象；尺寸注写是否清晰，是否符合国家标准的有关规定。

一般来说，一个平面图形确定了，其所需尺寸数量的多少也相应地确定了（既不能多也不能少），但具体标注的对象要视其要求而定，比如考虑制图的方便性、将来易于成形及检测等。图 2-10 所示为一铆钉头的轮廓图，设定曲线部分由圆弧构成，则完成其轮廓设计须给定三个尺寸。

这时由于要求不同，尺寸标注形式各异，如图 2-11 所示。值得一提的是，图 2-11 中的三个图形由于尺寸标注对象的侧重点要求不完全相同，从理论上讲，三个图的形状之间是有细微差别的。

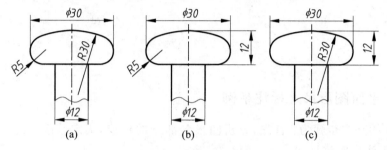

图 2-10　铆钉头轮廓图

图 2-11　铆钉头的尺寸标注

2.4　项 目 实 施

2.4.1　平面图形的画图步骤举例

根据图 2-12 分析，平面图形的画图步骤可归纳如下：

（1）定出作图基准线，以确定所画图形在图纸中的恰当位置，根据各个封闭图形的定位尺寸画出定位线，如图 2-12（a）所示；

（2）画出各已知线段，如图 2-12（b）所示；

（3）画出各中间线段，如图 2-12（c）所示；

（4）画出各连接线段，如图 2-12（d）所示。

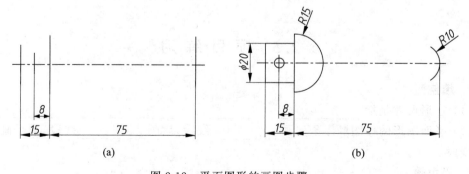

图 2-12　平面图形的画图步骤

（a）定基准线；（b）画已知线段；（c）画中间线段；（d）画连接线段及加深图形

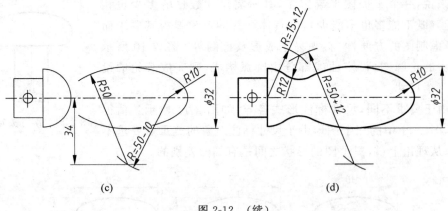

(c)　　　　　　　　　　　(d)

图 2-12　（续）

2.4.2　平面图形尺寸标注举例

标注尺寸的基本步骤为：首先，分析图形各部分的构成，确定基准；其次，标注出定形尺寸；最后，标注出定位尺寸。

常见的平面图形尺寸标注如图 2-13 所示。

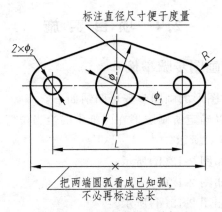

图 2-13　平面图形的尺寸标注

2.5　项 目 练 习

1. 填空题

（1）定形尺寸是指_____。

（2）平面图形的作图顺序是先画_____线段，后画_____线段，最后画_____线段。

2. 思考题

（1）设一圆及圆外一点已给定，过点作圆的切线时，其切点如何准确确定？

（2）任意给定两圆（一圆不完全重合在另一圆内），作其公切线时，切点如何准确确定？

（3）分析图 2-11(b)所表达的铆钉头轮廓尺寸，说明如何按所给条件用尺规完成作图。

项目 3 绘图工具介绍

3.1 项 目 目 标

知识目标：熟悉常用绘图工具的使用方法。

技能目标：在对平面图形的线段及尺寸进行正确分析的基础上，规范完成平面图形的绘制。

3.2 项 目 导 入

正确使用和维护绘图工具，是提高图面质量、绘图速度、延长绘图工具使用寿命的重要因素。普通绘图工具有图板、丁字尺、三角板、比例尺和绘图仪器等。

3.3 项 目 资 讯

3.3.1 图板

图板供铺放图纸用，其工作表面应平坦，左右两导边应平直，图纸可用胶带纸固定在图板上，如图 3-1 所示。图板应注意防潮和暴晒。

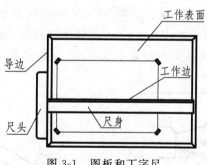

图 3-1 图板和丁字尺

3.3.2 丁字尺（或一字尺）

丁字尺由尺头和尺身组成，如图 3-1 所示。尺头和尺身的结合处必须牢固，尺头内侧边及尺身工作边必须平直。使用时，左手扶住尺头，内侧边靠紧图板的导边（不能用其余三边），使尺身的工作边处于良好的位置。

丁字尺主要用来画水平线，上下移动的手势如图 3-2(a)所示。画较长的水平线时，可把左手移过来撒着尺身，如图 3-2(b)所示。用完后应将丁字尺挂于干燥的墙壁上，以防尺身弯曲变形。

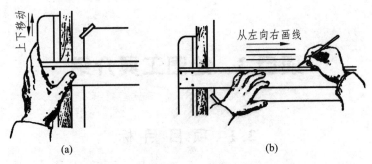

图 3-2　上下移动丁字尺及画水平线的手势

一字尺的两端各装有一只双槽滑轮,用弦线绕过滑轮使尺子紧贴在图板上。在上下移动时,尺子始终保持水平位置,如图 3-3 所示。一字尺比丁字尺使用方便。

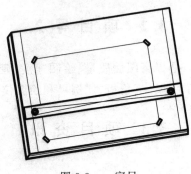

图 3-3　一字尺

3.3.3　三角板

一副三角板包括 45°和 30°(60°)直角板各一块,画图时其规格最好不小于 30 cm。将三角板和丁字尺配合使用,可画垂直线及 $n \times 15°$的各种倾斜线,如图 3-4 所示。

注意:三角板和丁字尺要经常用细布擦拭干净,以保证图面整洁。

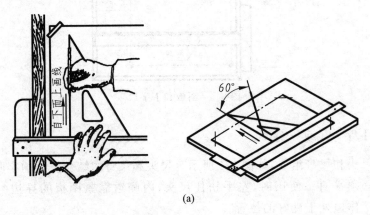

图 3-4　用三角板配合丁字尺画垂直线和各种倾斜线
(a)画垂直线;(b)画倾斜线

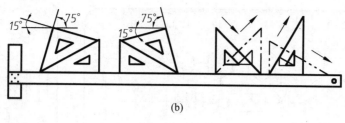

(b)

图 3-4　（续）

3.3.4　曲线板和模板

1. 曲线板

　　曲线板是描绘非圆曲线的常用工具，如图 3-5(a)所示。画曲线时，先徒手轻轻地将曲线上各已知点连成曲线，如图 3-5(b)所示；然后根据曲线的曲率大小及其变化趋势，选用曲线板上合适的一段，并自曲率半径较小的地方开始分段描绘图，如图 3-5(c)所示。描绘时，至少选四个已知点与曲线板上的曲线重合，且前面有一段应与上次所描线段重合，最后一段留着下次再描，以保证曲线圆滑，如图 3-5(d)所示。

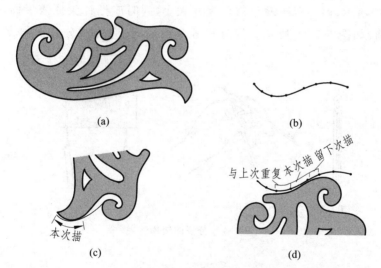

图 3-5　曲线板及其用法

(a)曲线板；(b)求出各点后徒手勾描曲线；(c)选择合适的部分描绘；

(d)前一段重复上次，最后一段留给下次

2. 模板

　　模板是快速绘图工具之一，可用于绘制常用的图形、符号、字体等。目前常见的模板有椭圆模板、六角头模板、几何制模板、字格符号模板等，如图 3-6 所示。绘图时，笔尖应紧靠模板，使画出的图形整齐、光滑。

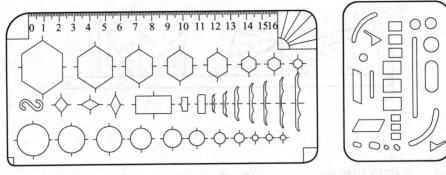

图 3-6 模板

3.3.5 绘图仪器

盒装绘图仪器的种类很多,有 3 件、5 件、7 件……其中常用的是分规和圆规。

1. 分规

分规是用来等分线段、移置线段及从尺子上量取尺寸的工具。分规腿部有钢针,合拢时,两针尖应合为一点,如图 3-7(a)所示。用分规量取尺寸时,应先张开至大于被量尺寸的距离,如图 3-7(b)所示,再逐步压缩至被量尺寸大小,同时应把针尖插入尺面,以保持尺面刻度清晰和准确,如图 3-7(c)所示。用分规等分线段时,应先试分几次再完成,如图 3-8所示。

图 3-7 分规的使用

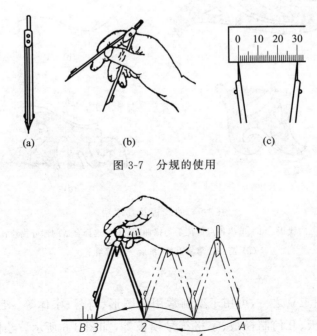

图 3-8 用分规等分线段

2. 圆规

圆规是画圆或圆弧的工具,有大圆规、弹簧规和点圆规三种,如图 3-9 所示。大圆规的一腿为带有两个尖端的定心钢针,一端用于画圆时定心,另一端作分规用;另一腿可装铅笔插腿或鸭嘴插腿,也可以换成钢针插腿作分规用。画图时,应尽量使定心针尖和笔尖同时垂直纸面,定心针尖要比铅芯稍长一些。当画较大的圆时可接上延长杆,如图 3-10 所示。

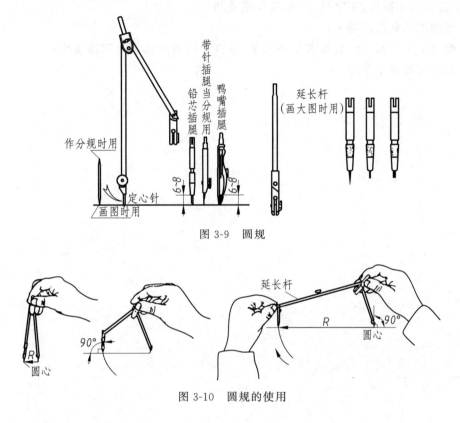

图 3-9　圆规

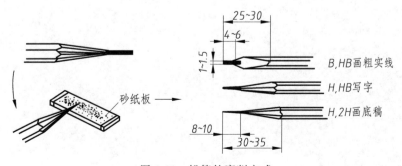

图 3-10　圆规的使用

3.3.6　铅笔

铅笔笔芯的软硬用 B、H 表示,B 越多表示铅芯越软(黑),H 越多则越硬(浅)。根据不同的使用要求,应备有以下几种硬度不同的铅笔:B 或 HB 用于画粗实线,HB 或 H 用于画虚线,H 或 2H 则用于画细实线。画粗实线的铅笔芯应磨成四棱柱(扁铲)状,其余的可磨成锥状,如图 3-11 所示。

图 3-11　铅笔的磨削方式

3.4　项 目 实 施

（1）按规定对 H、HB、B 铅笔进行削切。

（2）按要求装配圆规。

（3）综合运用图板、丁字尺、三角板画线及圆。

① 把图纸装贴在图板上；

② 配合丁字尺和三角板画若干条水平、垂直和倾斜的粗实线和细实线；

③ 用圆规画若干个圆。

项目4 徒手绘图

4.1 项目目标

技能目标：不借助绘图工具，目测物体的形状及大小，徒手绘制图样。

4.2 项目导入

在机器测绘、讨论设计方案、技术交流或现场参观时，由于受现场条件和时间的限制，常常需要绘制草图，即徒手绘图。这些草图大多数需经整理成仪器图，但有时也会直接送交生产，因此徒手画图也是工程技术人员应该具备的基本能力。

4.3 项目资讯

4.3.1 徒手绘图要求

徒手绘制草图时应做到以下几点：
(1) 投影正确，图线要清晰；
(2) 目测尺寸要准，各部分比例匀称；
(3) 绘图速度要快；
(4) 标注尺寸无误，字体工整。

4.3.2 徒手绘图的基本手法

徒手绘图时最适宜用中软铅笔，如 HB、B 或 2B，铅芯应磨成圆锥形，铅笔应自然地握在手中。另外，要徒手画好草图，还必须掌握徒手绘制各种线条的基本手法。

1. 握笔的方法

手握笔的位置要比仪器绘图时高些，以便于运笔和观察目标。笔杆与纸面成 45°～60°，执笔稳而有力。

2. 直线的画法

徒手画直线时，手腕不应转动，而应靠着纸面，沿着画线的方向移动，以保证所画图线平直，眼睛要注意终点方向以便于控制直线。较短的线要力求一笔画成，较长的线也可以分成稍有重叠的几笔进行。

画水平线时应自左向右运笔，短线用手腕动作，长线用前臂动作。为方便起见，可将图纸稍倾斜放置。画垂直线时应自上向下靠手指动作。画斜线时可转动图纸，使它与水平线的方向一致，这样方便一些。画水平线、垂直线、倾斜线的手势如图 4-1 所示。

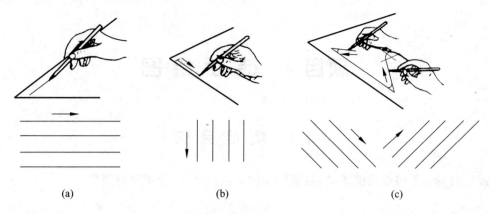

图 4-1　徒手画直线

（a）画水平线；（b）画垂直线；（c）画倾斜线

3. 圆和椭圆的画法

画小圆时，应先定圆心，画中心线，再按半径大小用目测法在中心线上定出四个点，然后过四点画圆，如图 4-2（a）、（b）所示。

画较大的圆时，可增加两条 45°的斜线，在斜线上再定出四点，然后画圆，如图 4-2（c）、（d）所示。

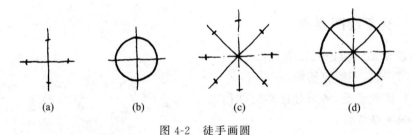

（a）　　　　（b）　　　　（c）　　　　（d）

图 4-2　徒手画圆

画椭圆时，应先根据长、短轴定出四个点，然后过四点作矩形，最后画与矩形相切的椭圆，如图 4-3（a）所示；也可以按图 4-3（b）所示先画椭圆的外切菱形，再作椭圆。

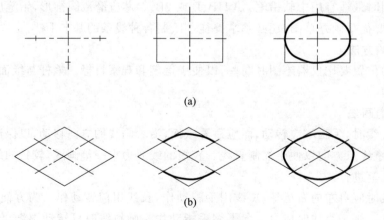

图 4-3　徒手画椭圆

4. 角度的画法

30°、45°、60°为几种常见的角度,徒手画这些角度时,可根据两直角边边长的近似比例关系定出两端点,然后连成斜线,如图 4-4 所示。

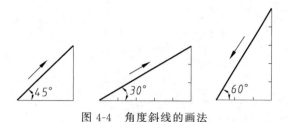

图 4-4　角度斜线的画法

对于初学者来说,为便于控制图形大小、比例和图线的平直及各图形间的关系,可先在方格纸上画图。画图时,圆的中心线或其他直线尽可能利用方格纸上的线条,大小也可以利用方格纸的读数来控制。但经过一段时间的练习后,必须脱离方格纸,能在白纸上画出所需的比例匀称、图线清晰的徒手图。

第2篇

正投影法基础

第 2 篇

工程经济基础

项目5 投影基础及点的投影

5.1 项 目 目 标

知识目标:

(1) 了解投影的概念及三投影面体系的建立过程;

(2) 掌握点在三投影面体系中的投影规律。

技能目标:根据所给定点的两面投影熟练作出点的第三面投影,并能准确判断两点间的位置关系。

5.2 项 目 导 入

表达形体的方式是多种多样的,用投影的方式来表达形体显得简单而有效。而点是构成几何形体的最基本元素,在三投影面体系中,解决点的投影问题是本课程的基础。

5.3 项 目 资 讯

5.3.1 投影法的基本知识

日常生活中经常见到物体在阳光或灯光的照射下,会在地面或桌面上形成影子,而影子在某些方面反映了物体的形状特征,这就是投影现象。投影法就是通过对投影现象进行科学的抽象和改造而创造出来的。

根据投射线的相互位置关系,投影法可分为两类。

1. 中心投影法

如图 5-1 所示,所有的投射线汇交于一点的投影法(投射中心位于有限远处)称为中心投影法。中心投影法通常用来绘制建筑物或产品的立体图,也称为透视图。透视图立体感较强,但其作图方法复杂,度量性较差。

2. 平行投影法

如图 5-2 所示,投射线相互平行的投影法(投射中心位于无限远处)称为平行投影法。

平行投影法根据投射线与投影面间的相对位置不同又可分为斜投影法和正投影法。

(1) 斜投影法,是指投射线与投影面相互倾斜的平行投影法,如图 5-2(a)所示。根据斜

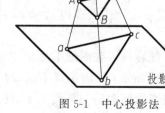

图 5-1 中心投影法

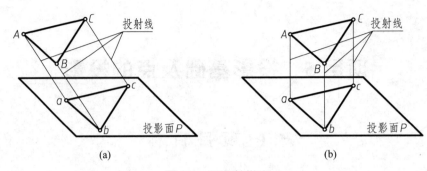

图 5-2　平行投影法

（a）斜投影法；（b）正投影法

投影法所得到的图形称为斜投影。斜投影法在工程上用得较少，有时用来绘制轴测图。

（2）正投影法，是指投射线与投影面相互垂直的平行投影法，如图 5-2（b）所示，根据正投影法所得到的图形称为正投影。正投影法度量性好，作图方法简便，因此是绘制机械图样的主要方法。后面所讨论的投影，如无特别说明均使用的是正投影法。

5.3.2　三投影面体系

三投影面体系由三个相互垂直的投影面组成，如图 5-3 所示。三个投影面分别为：正

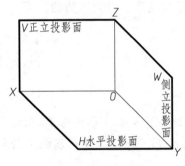

图 5-3　三投影面体系

立投影面（简称正面），用 V 表示；水平投影面（简称水平面），用 H 表示；侧立投影面（简称侧面），用 W 表示。三个投影面将空间分为八个分角，本书着重讲述第一分角中物体的投影。

相互垂直的投影面之间的交线，称为投影轴，它们分别是：OX 轴（简称 X 轴），即 V 面与 H 面的交线，代表了长度方向或左、右方向；OY 轴（简称 Y 轴），即 H 面与 W 面的交线，代表了宽度方向或前、后方向；OZ 轴（简称 Z 轴），即 V 面与 W 面的交线，代表了高度方向或上、下方向。三个投影轴的交点 O 称为原点。

5.3.3　点的三面投影

点是组成立体的最基本的几何元素，所以在介绍立体的投影之前，首先介绍点的投影。

如图 5-4（a）所示，将空间点 A 置于三投影面体系中，过 A 点分别向三个投影面作垂线，得垂足 a、a' 和 a''，即得 A 点在三个投影面上的投影，分别称为水平投影、正面投影和侧面投影。

为了能在同一张图纸上画出三个投影，需将三个投影面展开到同一平面上，其展开方法如图 5-4（b）所示：V 面保持不动，H 面绕 OX 轴向下旋转 $90°$，W 面绕 OZ 向后旋转 $90°$，这样三个投影面便在同一平面上了，便可得到图 5-4（c）所示的 A 点的三面投影图。图中 a_X、a_Y、a_Z 分别为点的投影连线与投影轴的交点。

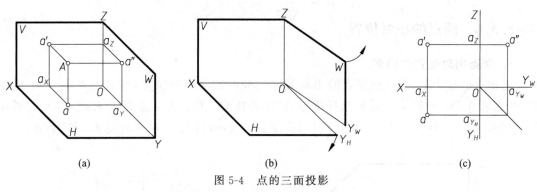

图 5-4　点的三面投影

（a）立体图；（b）投影面的展开；（c）投影图

5.3.4　点的投影规律

由上述点 A 的三面投影的形成可知,点在三投影面体系中具有如下投影规律:

（1）点的两面投影的连线必定垂直于相应的投影轴,即 $aa' \perp OX$（长对正）, $a'a'' \perp OZ$（高平齐）;

（2）点的水平投影到 OX 轴的距离等于点的侧面投影到 OZ 轴的距离,即 $aa_X = a''a_Z$（宽相等）。

根据点的投影规律,可以建立空间点和该点三面投影之间的联系。当点的空间位置确定时,可以求出它的三面投影;反之,当点的三面投影已知时,点的空间位置也会随之确定。

5.3.5　点的投影与坐标

如果将投影面看成坐标平面,则投影轴为坐标轴,原点 O 为坐标原点,三投影面体系便是空间直角坐标系。直角坐标 X_A、Y_A、Z_A 表示空间点 A 到三个投影面的距离,由图 5-5（a）可知:

$$X_A(Oa_X) = a'a_Z = aa_Y = Aa''（点 A 到 W 面的距离）$$
$$Y_A(Oa_Y) = a''a_Z = aa_X = Aa'（点 A 到 V 面的距离）$$
$$Z_A(Oa_Z) = a'a_X = a''a_Y = Aa（点 A 到 H 面的距离）$$

由图 5-5（b）可知,点的任意两面投影都包含了点的三个坐标,也就确定了点在空间的位置,因此已知点的任意两面投影便可根据点的投影规律作出第三面投影。

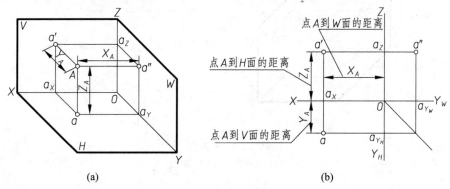

图 5-5　点的投影规律

（a）立体图；（b）投影图

5.3.6　两点的相对位置

1. 两点相对位置的确定

已知点的投影图,便可根据点的坐标判断空间两点的相对位置,左右关系由 X 坐标确定,X 大者在左;前后关系由 Y 坐标确定,Y 大者在前;上下关系由 Z 坐标确定,Z 大者在上。如图 5-6 所示,因为 $X_A < X_B$、$Y_A > Y_B$、$Z_A > Z_B$,所以点 A 在点 B 的右、前、上方。

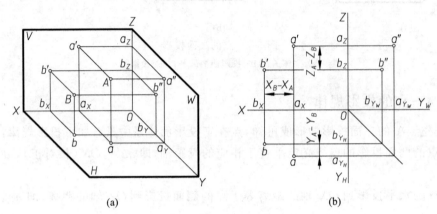

图 5-6　两点的相对位置
(a) 立体图;(b) 投影图

2. 重影点及其可见性判定

当空间两点的连线垂直于某个投影面时,它们在该投影面上的投影必然重合,该两点称为对该投影面的重影点。两点重影,有可见与不可见之分,相应的坐标值大的可见,小的不可见。当需要标明可见性时,应对不可见点的投影加括号。如图 5-7 所示,A、B 两点是对 H 面的重影点。因为 $Z_A > Z_B$,所以 A 点的水平投影可见,B 点的水平投影不可见,则水平投影表示为 $a(b)$。同理,若一点在另一点的正前方或正后方,则该两点是对 V 面的重影点;若一点在另一点的正左方或正右方,则该两点是对 W 面的重影点。其可见性分别为上遮下,前遮后,左遮右。

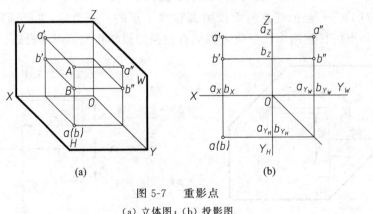

图 5-7　重影点
(a) 立体图;(b) 投影图

5.4 项目实施

5.4.1 依据点在三投影面体系中的投影规律,根据点的两个投影求作第三投影

【例 5-1】 已知点 A 的正面投影和侧面投影,如图 5-8(a)所示,求作其水平投影。

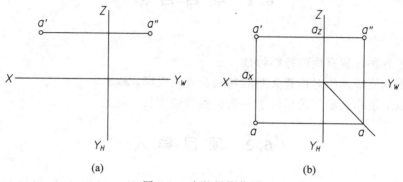

(a)   (b)

图 5-8 点的投影作图

(a) 已知点的两面投影;(b) 求作点 A 第三投影

作图过程如图 5-8(b)所示:

(1) 根据点的投影规律的第一条,过点 a' 作 X 轴的垂线 $a'a_X$ 并延长;

(2) 根据点的投影规律的第二条,通过作图以截得 aa_X 的长度等于 $a''a_X$,由此可确定点 a 的位置。

5.4.2 掌握点在三投影面体系中位置与坐标的对应关系,根据点的坐标作出其投影

【例 5-2】 已知点 $A(30,10,20,)$,求作其三面投影。

作图过程如图 5-9 所示:

(1) 以适当的长度作水平线和垂直线得坐标轴 OX、OY、OZ 和原点 O;

(2) 自坐标原点 O 向左沿 X 轴量取 30 mm,得 a_X;

(3) 过 a_X 作垂直于 X 轴的投影线,自 a_X 向上量取 20 mm,得 A 点的正面投影 a',自 a_X 向下量取 10 mm,得 A 点的水平投影 a;

(4) 利用 a、a' 作出 A 点的侧面投影 a''。

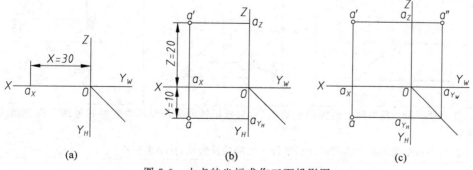

(a)   (b)   (c)

图 5-9 由点的坐标求作三面投影图

项目6 直线的投影

6.1 项目目标

知识目标：
(1) 了解各种位置直线的投影特性；
(2) 掌握两直线间相对位置关系的判断及直角投影定理。
技能目标：能用直角三角形法求一般位置线的实长及倾角。

6.2 项目导入

直线可看作点做定向移动时其轨迹的集合。掌握直线的投影特性，解决好涉及直线的定位问题和度量等问题，有利于对后续内容的理解和掌握。值得说明的是，就直线本身而言其两端是可以无限延伸的，为论述方便，这里所说的直线主要是指直线线段。

6.3 项目资讯

6.3.1 直线投影基础

一般情况下，直线的投影仍为直线，特殊情况下为点。由几何知识可知，空间任意两点可确定一直线，所以要求作直线的投影，只需作出直线上任意两点的投影，再连接点的同面投影便可得到直线的投影。

根据直线相对投影面位置的不同可将直线分为投影面的平行线、投影面的垂直线和一般位置直线三类。其投影特性见表 6-1。

表 6-1　直线的投影特性

	正平线（//V 面，∠H、W 面）	水平线（//H 面，∠V、W 面）	侧平线（//W 面，∠H、V 面）
投影面平行线			
	① 在所平行的投影面上的投影反映实长，与投影轴的夹角反映直线对其他两个投影面的真实倾角； ② 另外两个投影面上的投影分别平行于相应的投影轴，且小于实长		

续表

正垂线（⊥V 面，∥H、W 面）	铅垂线（⊥H 面，∥V、W 面）	侧垂线（⊥W 面，∥H、V 面）
投影面垂直线		

① 在所垂直的投影面上的投影积聚为一点；
② 另外两个投影面上的投影分别垂直于相应的投影轴，且反映实长

一般位置直线	与 H、V、W 三个投影面均倾斜

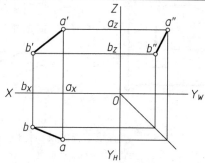

三个投影均为倾斜的直线，且投影长度都小于其实际长度

6.3.2　直线上的点

如图 6-1 所示，点 K 在直线 AB 上，根据投影的基本性质，直线上的点具有如下基本特性。

（1）从属性。点在直线上，点的投影必定在直线的同面投影上，即 k 在 ab 上，k′在 a′b′上，k″在 a″b″上。

（2）定比性。直线上的点分直线之比，投影后不变，即 $AK:KB = ak:kb = a'k':k'b' = a''k'':k''b''$。

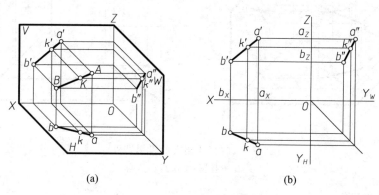

(a)　　　　　　　　　　　　　　　(b)

图 6-1　一般位置直线的投影特性

（a）立体图；（b）投影图

6.3.3　两直线的相对位置

空间两直线的相对位置有三种：平行、相交和交叉。

1. 两直线平行

空间两平行直线的同面投影必定相互平行。如图 6-2 所示，因为 $AB/\!/CD$，所以 $ab/\!/cd$，$a'b'/\!/c'd'$，$a''b''/\!/c''d''$。反之，如果两直线的各组同面投影均相互平行，则两直线在空间必相互平行。

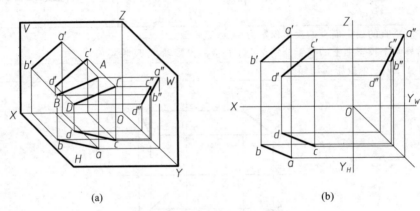

（a）　　　　　　　　　　　　　　　（b）

图 6-2　两直线平行的投影特性
（a）立体图；（b）投影图

2. 两直线相交

若空间两直线相交，则其同面投影必相交，且交点的投影符合点的投影规律。如图 6-3 所示，因为 AB 与 CD 相交于 K，所以 ab 与 cd、$a'b'$ 与 $c'd'$、$a''b''$ 与 $c''d''$ 必定相交于 k、k' 和 k''，且 K 点的三面投影 k、k' 及 k'' 符合点的投影规律。反之，若两直线的各组同面投影均相交，且投影的交点符合空间一点的投影规律，则两直线在空间必相交。

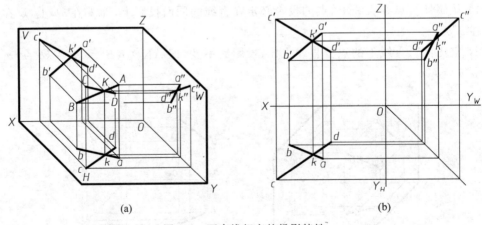

（a）　　　　　　　　　　　　　　　（b）

图 6-3　两直线相交的投影特性
（a）立体图；（b）投影图

3. 两直线交叉

既不平行也不相交的两直线称为交叉直线。两交叉直线的投影可能会相交，但它们的交点一定不符合同一点的投影规律。如图 6-4 所示，ab 和 cd 的交点实际上是 AB、CD 对 H 面的重影点 Ⅰ、Ⅱ 的投影，由于 Ⅰ 在 Ⅱ 之上，所以 1 可见，2 不可见。同理，$a'b'$ 和 $c'd'$ 的交点实际上是 AB、CD 对 V 面的重影点 Ⅲ、Ⅳ 的投影，由于 Ⅲ 在 Ⅳ 之前，所以 3' 可见，4' 不可见。另外，两直线交叉也有可能有一组或两组同面投影平行，但其余投影必不平行，如图 6-5 所示。

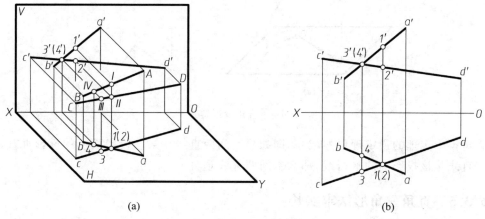

图 6-4　两直线交叉的投影特性（一）

(a) 立体图；(b) 投影图

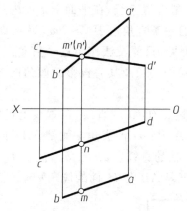

图 6-5　两直线交叉的投影特性（二）

6.3.4　直角投影定理

空间两直线相互垂直（相交垂直或交叉垂直）时，相对于投影面的位置有三种情况：

（1）两直线都平行于某一投影面，则在该投影面上的投影必为直角；

（2）两直线都倾斜于某一投影面，则在该投影面上的投影不反映直角；

（3）一边平行于某一投影面，而另一边倾斜于该投影面，则在该投影面上的投影仍为直角——直角投影定理。

以一边平行于水平投影面的直角为例，证明如下：

如图 6-6(a) 所示，已知直线 AB // H 面，$AB \perp BC$，求证 $ab \perp bc$。

证明：因为 $AB /\!/ H$ 面，$Bb \perp H$ 面，所以 $AB \perp Bb$；又 $AB \perp BC$，所以 $AB \perp$ 平面 $BbcC$；因为 $ab /\!/ AB$，所以 $ab \perp$ 平面 $BbcC$，于是 $ab \perp bc$，即 $\angle abc$ 是直角。投影图如图 6-6(b) 所示。

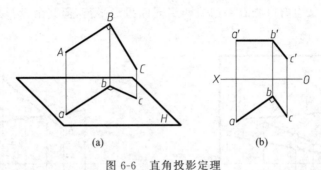

(a)　　　　　　　　　(b)

图 6-6　直角投影定理

直角投影定理的逆定理仍然成立，即如果空间两直线在某一投影面上的投影垂直，且其中有一直线是该投影面的平行线，那么空间两直线垂直。

6.3.5　直角三角形法求实长

一般位置直线的三面投影均不反映直线的实长及其与投影面的倾角，用直角三角形法可以求出一般位置直线的实长及其与投影面的倾角。

如图 6-7(a) 所示，AB 为一般位置直线，在平面 $BbaA$ 内过点 B 作 H 面投影 ba 的平行线交 Aa 于 A_0，该直角三角形的一条直角边 $BA_0 = ba$，另一直角边 $AA_0 = Aa - Bb = Z_A - Z_B = \Delta Z$，$\angle ABA_0 = \alpha$。由此可见，只要设法作出这个直角三角形，就能确定 AB 的实长和倾角 α。这种求作一般位置直线的实长及其对投影面倾角的方法就称为直角三角形法。作图过程如图 6-7(b) 所示。

方法一：以 ba 为直角边，过 a 作 ba 的垂线，在垂线上量取 $aA_0 = \Delta z$，直角三角形的斜边 bA_0 就是直线 AB 的实长，bA_0 与 ba 的夹角 α 就是 AB 与 H 面的倾角 α。

方法二：过 b' 作平行于 X 轴的直线交 aa' 于 a_0'，使 $a_0'B_0 = ba$，连接 $a'B_0$，即为 AB 的实长，$a'B_0$ 与 $a_0'B_0$ 的夹角 α 就是 AB 与 H 面的倾角 α。

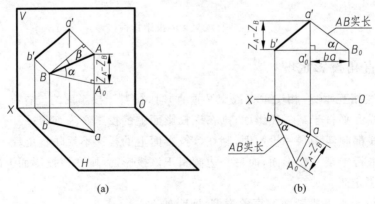

(a)　　　　　　　　　(b)

图 6-7　直角三角形法求实长

同理,利用直线的 V 面投影及直线两端点的 Y 坐标差所构成的直角三角形可以求出直线的实长及直线与 V 面的倾角 β；利用直线的 W 面投影及直线两端点的 X 坐标差所构成的直角三角形可以求出直线的实长及直线与 W 面的倾角 γ。

6.4 项目实施

6.4.1 有些情况下,特别是涉及距离问题,依据直角投影定理可使解题显得极为简便

【例 6-1】 求图 6-8(a)所示两直线 AB、CD 之间的距离。

分析：要求两直线之间的距离,必须求出两直线的公垂线。由于 AB 是铅垂线,而与铅垂线垂直的直线是水平线,所以公垂线 EF 是一条水平线,如图 6-8(b)所示,所以由直角投影定理可得 $ef \perp cd$。

作图过程如图 6-8(b)所示：

(1) 过 $a(b)$(即 e)向 cd 作垂线,垂足为 f ,求出 f'；

(2)过 f' 作 $e'f'$//OX,与 $a'b'$ 交于 e',则 $e'f'$、ef 即为公垂线 EF 的两面投影,ef 即为两直线之间的距离, 如图 6-8(c)所示。

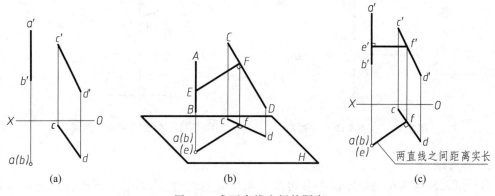

图 6-8 求两直线之间的距离

6.4.2 在涉及距离的求解中,有时也常用到直角三角形法

【例 6-2】 求图 6-9(a)所示点 A 到直线 BC 的距离。

分析：求点 A 到直线 BC 的距离,也就是求过点 A 所作的 BC 垂线的实长。由图 6-9(a)可知,BC 是水平线,根据直角投影定理,水平投影可以反映直角。又由于与水平线垂直的直线是一般位置直线,所以可用直角三角形法求出实长。

作图过程如图 6-9(b)所示：

(1) 过 a 作 $ad \perp bc$,垂足为 d；

(2) 由 d 作出 d',连接 $a'd'$；

(3) 量取 $d2 = a'1$,则 $a2$ 为 AD 的实长,即为点 A 到直线 BC 距离的实长,如图 6-9(c)所示。

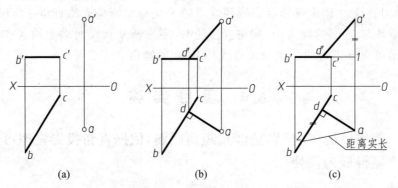

图 6-9　求点到直线的距离

6.5　项 目 练 习

1. 判断题

（1）在图 6-10 的投影图中，试判断点 A 是否在直线 CD 上。

（2）在图 6-11 的投影图中，试判断直线 AB 与直线 CD 是否相交。

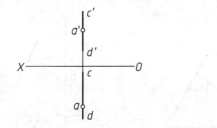

图 6-10　点在直线上的判断

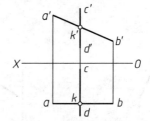

图 6-11　两直线相交的判断

2. 思考题

（1）深入理解直角三角形法中各边及夹角所表达的含义，思考如何根据三边及夹角中任意两个已知条件求另两个未知条件。

（2）在何种条件下，若两直线的正面投影和水平投影分别垂直，则其空间两直线亦垂直？

项目 7　直线与平面、平面与平面的相对位置

7.1　项目目标

知识目标：

（1）了解平面上取点、取线的基本原理和方法；

（2）掌握线、面及面、面相对位置的判断方法。

技能目标：对涉及线、面和面、面之间的平行、相交与垂直问题能进行正确的作图和判断。

7.2　项目导入

面上取点、线面相交及面面相交是在第 3 篇中经常遇到的问题，其基本的作图方法与原理正是本项目讨论的重点。同时，对平行和垂直问题的讨论也是解决空间几何元素定位和度量问题的重要内容，因此，有必要对直线与平面间的位置关系进行分析。

7.3　项目资讯

7.3.1　平面的投影基础及平面上的直线和点

1. 平面投影基础

根据平面对投影面的位置不同可将平面分为投影面的平行面、投影面的垂直面和一般位置平面三类，其投影特性见表 7-1。

表 7-1　平面的投影特性

	正垂面（$\perp V$ 面，$\angle H$、W 面）	铅垂面（$\perp H$ 面，$\angle V$、W 面）	侧垂面（$\perp W$ 面，$\angle H$、V 面）
投影面垂直面	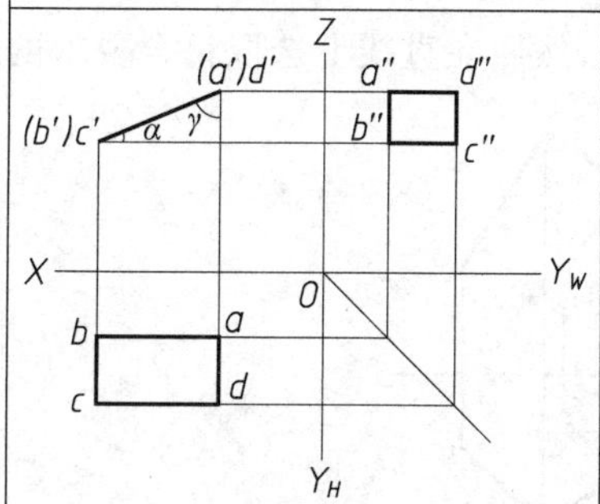	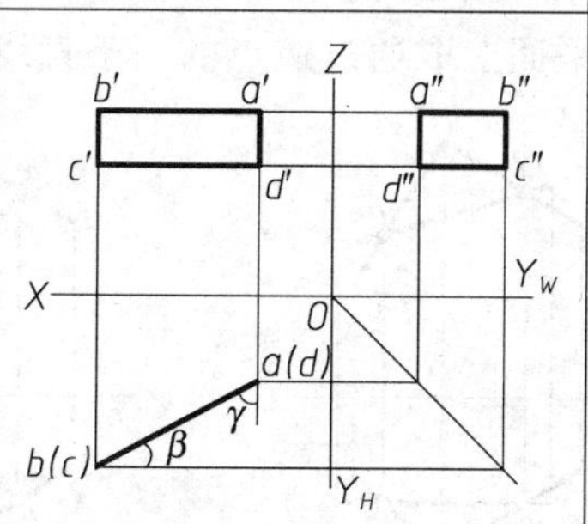	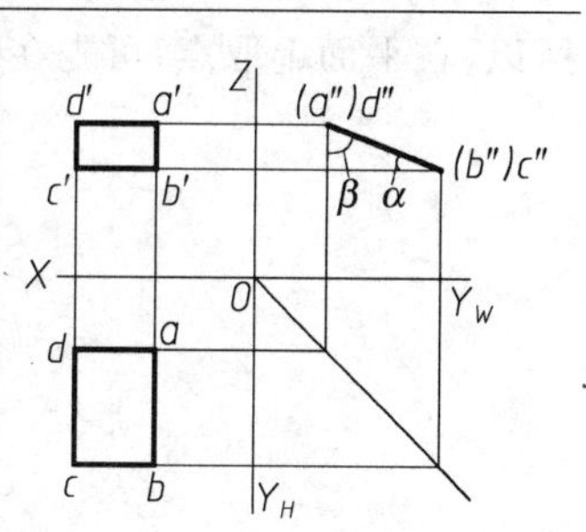
① 在所垂直的投影面上的投影积聚为一直线，该直线与投影轴的夹角反映平面对其他两个投影面的真实倾角； ② 另外两个投影面上的投影均为空间平面的类似形			

续表

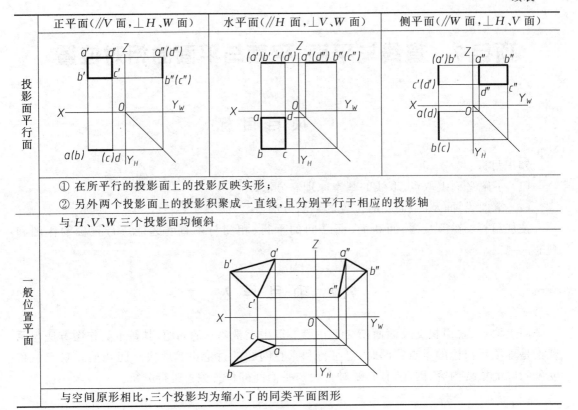

正平面（//V 面，⊥H、W 面）	水平面（//H 面，⊥V、W 面）	侧平面（//W 面，⊥H、V 面）

投影面平行面

① 在所平行的投影面上的投影反映实形；
② 另外两个投影面上的投影积聚成一直线，且分别平行于相应的投影轴

一般位置平面

与 H、V、W 三个投影面均倾斜

与空间原形相比，三个投影均为缩小了的同类平面图形

2. 平面上的直线和点

1）平面上的直线

由立体几何可知，直线在平面上的几何条件是：直线通过平面上的两点（见图 7-1(a)）或直线通过平面上一点且平行于平面上一直线（见图 7-1(b)）。所以，要在平面上取线，可先在平面上的已知直线上取点，再过点作符合要求的直线。

2）平面上的点

由立体几何可知，点在平面上的几何条件是：点在平面内的任一直线上，点必在该平面上。如图 7-1(b)所示，由于点 F 在平面 ABC 上的直线 EF 上，因此点 F 必在平面 ABC 上。所以，在平面上取点，可先在平面上取通过该点的一条直线，然后在直线上选取符合要求的点。

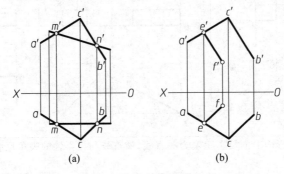

(a)　　　　　　　(b)

图 7-1　平面上的直线和点

7.3.2　直线与平面的相对位置

1. 直线与平面平行

若直线平行于平面内的任意一条直线,则此直线与该平面平行。如图 7-2(a)所示,直线 AB 平行于平面 P 上的直线 CD,则 AB 必与平面 P 平行。当直线与垂直于投影面的平面平行时,直线的投影平行于平面的有积聚性的同面投影,或者,直线、平面在同一投影面上都有积聚性。如图 7-2(b)、(c)所示,EF∥平面 $ABCD$,ef∥$abcd$,以及 GH∥平面 $ABCD$,gh、$abcd$ 都具有积聚性。

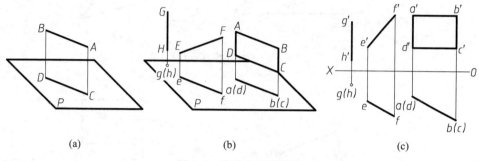

图 7-2　直线与平面平行

2. 直线与平面相交

若直线与平面相交,则必存在一个交点(见图 7-3 中的点 K),交点是直线与平面的共有点,也就是说,该交点既在直线上也在平面上。在投影图中求作交点就是要想办法找出既属于平面又属于直线的点,同时,交点还是直线可见与不可见的分界点。

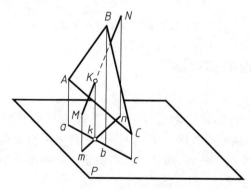

图 7-3　直线与平面相交

3. 直线与平面垂直

若一直线垂直于一平面上任意两相交直线,则直线垂直于该平面,也就垂直于该平面上的所有直线。如图 7-4 所示,直线 MK 垂直于平面 ABC,垂足为 K,若过点 K 作一水平线 AD,则 $MK \perp AD$,根据直角投影定理,则有 $mk \perp ad$,同理,过点 K 作一正平线 CE,则 $MK \perp CE$,$m'k' \perp c'e'$。

当直线与投影面的垂直面相垂直时,直线必定平行于该投影面,且直线的投影垂直于平面有积聚性的同面投影。如图 7-5 所示,直线 EF 垂直于铅垂面 $ABCD$,则 EF 为水平线,$ef \perp abcd$。

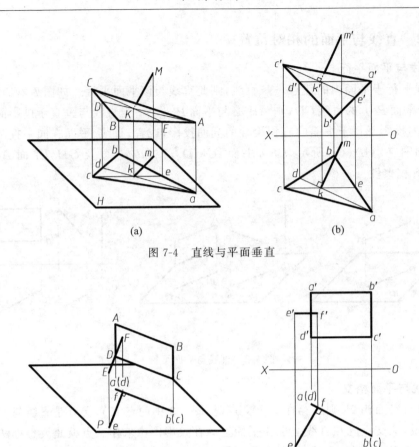

(a)　　　　　　　　　　　　　　　　　(b)

图 7-4　直线与平面垂直

(a)　　　　　　　　　　　　　　　　　(b)

图 7-5　直线与铅垂面垂直

7.3.3　平面与平面的相对位置

1. 平面与平面平行

若一平面内的两相交直线,对应地平行于另一个平面内的两相交直线,则这两个平面互相平行。如图 7-6(a)所示,两相交直线 AB、CD 分别平行于两相交直线 MN、EF,所以 $H /\!/ P$。当垂直于同一投影面的两平面平行时,两平面具有积聚性的同面投影相互平行。如图 7-6(b)、(c)所示,铅垂面 $ABCD /\!/$ 铅垂 $EFGH$,则 $abcd /\!/ efgh$。

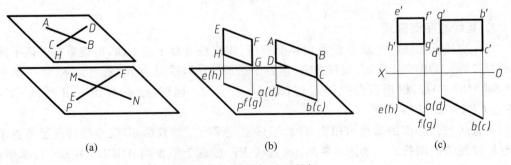

(a)　　　　　　　　　　(b)　　　　　　　　　　(c)

图 7-6　平面与平面平行

2. 平面与平面相交

两平面若相交则必存在一条交线（见图 7-7 中的线段 MN）。交线是两平面的共有线，也就是说，交线 MN 既在 $\triangle ABC$ 上也在 $\triangle DEF$ 上。交线是共有线，其上每一个点均为共有点，投影图中欲求作交线，通常可求出两个共有点，连线即为交线的位置。对于两个给定的平面图形而言，交线亦为一段确定的线段，线段的投影长度一定在两平面图形投影的重合范围内。同时，交线亦是相交平面可见与不可见的分界线。

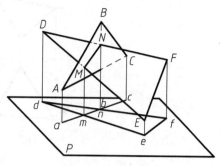

图 7-7　两平面相交

3. 平面与平面垂直

若一平面过另一平面的垂线，则两平面必相互垂直。反之，若两平面互相垂直，则过其中一平面内的任意一点向另一平面所作的垂线必在该平面内。当两个互相垂直的平面同时垂直于一个投影面时，则两平面有积聚性的同面投影相互垂直，交线是该投影面的垂线。如图 7-8 所示，两铅垂面 $ABCD$、$CDEF$ 互相垂直，它们具有积聚性的水平投影垂直相交，交点是两平面的交线——铅垂线 CD 的水平投影。

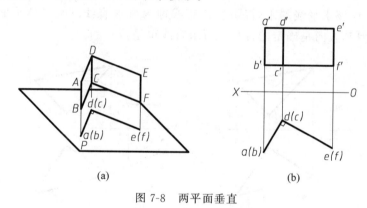

图 7-8　两平面垂直

7.4　项 目 实 施

根据点或直线在平面上的几何条件，有助于在投影图中解决面上取点、取线等问题，这也是一种重要的基本作图方法。

【例 7-1】　如图 7-9（a）所示，已知平面 ABC 上的点 E 的正面投影 e' 和点 F 的水平投影 f，试分别求出它们的另一面投影。

分析：因为点 E、F 是平面上的点，所以过点 E、F 各作一条平面上的直线，则点的投影必在直线的同面投影上。

作图过程如图 7-9（b）所示：

（1）过 e' 点作一条直线 $1'2'$ 平行于 $a'b'$，分别与 $a'c'$、$b'c'$ 交于 $1'$、$2'$ 点，求出其水平投影 12；

（2）过 e' 点作 OX 轴的垂线与 12 相交，其交点即为 E 点的水平投影 e；

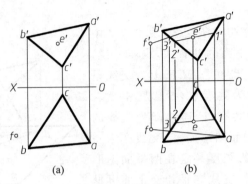

图 7-9　平面上求点

（3）连接 af 与 cb 交于 3 点，求出其正面投影 $3'$；

（4）过 f 点作 OX 轴的垂线与 $a'3'$ 的延长线相交，其交点即为点 F 的正面投影 f'。

下面给出几个常见的平行与相交的作图例题。

1．线、面的平行作图

【**例 7-2**】　过平面 ABC 外一点 M 作一条水平线平行于该平面，如图 7-10(a)所示。

分析：欲过点 M 作一条水平线平行于平面 ABC，只需要先在平面 ABC 内作一条水平线，然后过点 M 作该水平线的平行线，则该直线即为所求直线。又虽然平面 ABC 内的水平线有无数条，但其方向是确定的，因此，所求直线也是唯一的。

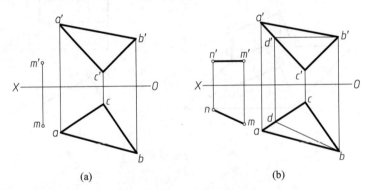

图 7-10　过点 M 作水平线平行于平面 ABC

作图过程如图 7-10(b)所示：

（1）在平面 ABC 内作一条水平线 BD；

（2）过点 M 做 $MN /\!/ BD$，即 $mn /\!/ bd$，$m'n' /\!/ b'd'$，则 MN 即为所求直线。

2．线、面的相交作图

【**例 7-3**】　求一般位置直线 MN 与铅垂面 ABC 的交点 K，如图 7-11(a)所示。

分析：如图 7-11(a)所示，交点 K 在铅垂面 ABC 上，故点 K 的水平投影 k 在该平面积聚为直线的水平投影 abc 上。又点 K 在直线 MN 上，故 k 在该直线的水平投影 mn 上。所以，k 是 abc 与 mn 的交点，而点 K 的正面投影 k' 必在直线 MN 的正面投影 $m'n'$ 上。

作图过程如图 7-11(b)所示：

（1）abc 与 mn 的交点 k 即为点 K 的水平投影；

（2）过点 k 作 OX 轴的垂线，与 $m'n'$ 交于 k'，则点 K 即为所求交点；

（3）判别可见性，由于 NK 位于平面 ABC 的后面，所以 $n'k'$ 与 $a'b'c'$ 重合的部分不可见，用虚线表示。

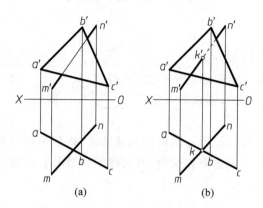

图 7-11　一般位置直线与铅垂面相交

3. 面、面的相交作图

【**例 7-4**】　求铅垂面 ABC 与一般位置平面 DEF 的交线 MN，如图 7-12(a)所示。

分析：如图 7-12(a)所示，交线 MN 是铅垂面 ABC 上的直线，故其水平投影 mn 和该平面积聚成一条直线的水平投影 abc 重合。又 MN 是平面 DEF 上的直线，则 M、N 点必在平面内的直线上，根据从属性便可求出 MN 的正面投影 $m'n'$。

作图过程如图 7-12(b)所示：

（1）设 abc 与 de 的交点为 m，与 df 的交点为 n，则 mn 即为交线的水平投影；

（2）分别过 m、n 作 OX 轴的垂线，并延长交 $d'e'$、$d'f'$ 于 m'、n'，则 MN 即为两平面的交线；

（3）判别可见性，由水平投影可知，$MNFE$ 位于平面 ABC 的前面，故正面投影中两平面的相交部分 $m'n'f'e'$ 可见，$d'm'n'$ 不可见，应用虚线表示。

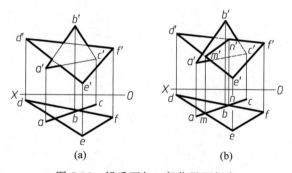

图 7-12　铅垂面与一般位置面相交

值得一提的是，在前面讨论直线与平面及平面与平面的相对位置问题时，为方便起见，所举的例子中大多至少有一个元素是处于特殊位置的，这样显得解题方便，实际上也可能遇到两元素都处于一般位置的情况，这时就会复杂些，由于学时所限，这里不做讨论。实际中遇到此类情况时，也可以通过其他方法加以解决（比如用换面法），这将在本篇的项目 8 中作具体介绍。

7.5　项 目 练 习

1. 填空题

(1) 点在平面上的几何条件是 _____。

(2) 过空间一定点作一定平面的平行线,其解有 _____ 个。

(3) 作一正平线的垂直面,则该面一定是 _____ 面。

2. 思考题

(1) 一个平面若存在到三投影面距离都相等的点,则该平面须具备什么样的条件?

(2) 投影图中任意两个正垂面相交时,其交线的位置和长度如何确定?

项目8 换 面 法

8.1 项目目标

知识目标：
(1) 掌握投影面变换的基本原则；
(2) 熟悉直线、平面的一次或两次变换方法。
技能目标：能用换面法解决常见的几何元素间的定位和度量问题。

8.2 项目导入

由前面的讨论可知，在三投影面体系中，当直线或平面处于特殊位置时，其实长、实形或倾角等往往比较容易确定，而处于一般位置时则不然。换面法就本质而言，是将一个一般的问题转换成一个特殊的问题，从而达到简化解题的目的。如图 8-1 所示，在 V/H 两面体系中，直线 AB 处于一般位置，其投影均不反映空间直线的真实长度及对某投影面的倾角。撇开 V 面不看，选择一个新的 V_1 面，该面平行于直线 AB 且垂直于 H 面，则在 V_1/H 两面体系中直线 AB 成了新的 V_1 面的平行线，显然，这样把一条一般位置线转换为特殊位置线，使 $a_1'b_1'$ 反映了直线 AB 的真实长度，$a_1'b_1'$ 与 O_1X_1 的夹角反映了直线 AB 与 H 面的倾角，从而达到了简化解题的目的。

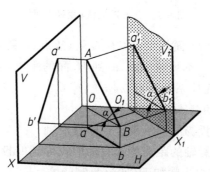

图 8-1　投影面体系的选择对比

8.3 项目资讯

8.3.1　换面法的基本概念

由前面所述可知，一般位置直线的投影既不能反映直线的实长，也不能反映其对投影面的倾角。同样，一般位置平面的投影也不能反映其实形。但是，投影面平行线的投影能反映直线的实长及对投影面的倾角,投影面平行面的投影也能反映平面的实形。由此可知,要想方便地求解出一般位置的几何元素的度量和定位问题,只需设法使空间几何元素相对于投影面处于特殊位置就可以了。为此,我们可以保留两投影面体系中的一个投影面,用垂直于被保留的投影面的新投影面更换另一投影面,组成一个新的投影面体系,使几何元素在新投影面体系中对新投影面处于便于解题的特殊位置,这种利用变换投影面求解空间几何问题的方法称为换面法。

用换面法解题时,新投影面的设置必须遵循下列原则:

(1) 新投影面必须垂直于保留的投影面;

(2) 新投影面应使几何元素处于有利于解题的特殊位置。

8.3.2　点的换面法

点是最基本的几何元素,点的换面法的投影规律是其他几何元素换面法的基础。如图 8-2 所示,空间点 A 在 V/H 两面体系中的投影是 a' 和 a,用一个新的投影面 $V_1(V_1 \perp H)$ 代替 V 面,使之形成新的两投影面体系 V_1/H,V_1 面与 H 面的交线是新的投影轴 O_1X_1。过 A 点向 V_1 面引垂线,垂线与 V_1 面的交点 a_1' 即为点 A 在 V_1 面上的新投影。这样,就得到了点 A 在新投影面体系 V_1/H 中的两个投影 a_1' 和 a。

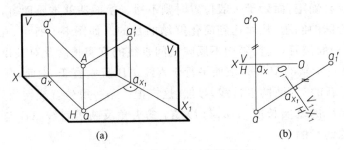

图 8-2　点的换面法(变换 V 面)

由于点 A 的空间位置及 H 面都没有发生变化,故点 A 到 H 面的距离 Z 保持不变。由图 8-2(a)可知,$a'a_X$ 和 $a_1'a_{X_1}$ 都反映了点 A 到 H 面的距离,故 $a'a_X = a_1'a_{X_1} = Aa$。又由点的投影规律可知,新投影面体系展开后,$a_1'a \perp O_1X_1$。

综上所述,点的换面法的基本规律可归纳如下:

(1) 点的新投影与不变投影的连线垂直于新投影轴;

(2) 点的新投影到新投影轴的距离等于点的旧投影到旧投影轴的距离。

所以点的投影变换的作图步骤如下(见图 8-2(b)):

(1) 根据作图需要在适当位置作新投影轴 O_1X_1,则 O_1X_1 代表了 V_1 面的位置;

(2) 过 a 作 $aa_{X_1} \perp O_1X_1$,并在其延长线上取一点 a_1',使 $a_1'a_{X_1} = a'a_X$,则 a_1' 即为所求的新投影。

当然,也可以更换 H 面建立新的投影面体系 V/H_1,其作图步骤与变换 V 面类似,如图 8-3 所示。除此之外,在解决实际问题时还可以连续地更换投影面,如图 8-4 所示。一般情况下,一次换面后的新投影面、新投影轴及新投影的符号应分别加上下标"1",二次换面后的符号应加上下标"2",依次类推,且换面应是交替进行的。

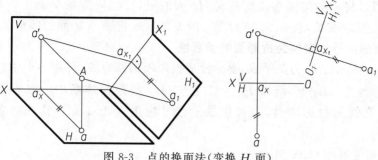

图 8-3 点的换面法(变换 H 面)

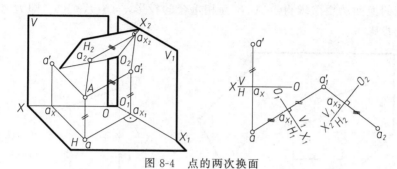

图 8-4 点的两次换面

8.3.3 直线在换面法中的基本情况

1. 一般位置直线变换为投影面的平行线

如图 8-5(a)所示,直线 AB 在原 V/H 投影体系中是一般位置直线,要求其实长和对 H 面的倾角 α,可设一个新投影面 V_1 平行于 AB,且垂直于 H 面,则 H 面与 V_1 组成新的投影体系 H/V_1。AB 在 V_1 面中的新投影既反映实长,又反映直线与 H 面的倾角 α。由投影面平行线的投影特性可知,新投影轴 O_1X_1 在 V_1/H 中应平行于原有投影 ab。作图过程如图 8-5(b)所示:

(1) 在适当位置作 $O_1X_1 /\!/ ab$;

(2) 按点的换面法规律分别求出 a_1'、b_1';

(3) 连接 $a_1'b_1'$,则 $a_1'b_1'$ 反映实长,且 $a_1'b_1'$ 与 O_1X_1 的夹角反映直线与 H 面的倾角 α。

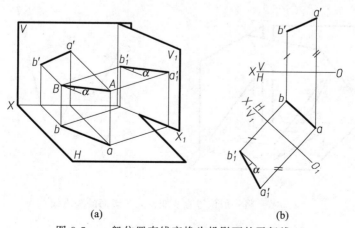

(a)   (b)

图 8-5 一般位置直线变换为投影面的平行线

　　同理,也可以将一般位置直线变换成 H_1 面的平行线,只需在 V 面上作 $O_1X_1 /\!/ a'b'$ 即可。这时,a_1b_1 反映实长,且 a_1b_1 与 O_1X_1 的夹角反映直线与 V 面的倾角 β。

2. 投影面的平行线变换为投影面的垂直线

　　如图 8-6(a)所示,AB 为正平线,要变换成投影面的垂直线,可用一个垂直于 AB 的 H_1 面更换 H 面。因为 $AB /\!/ V$,所以 $H_1 \perp V$,在 V/H_1 投影面体系中,AB 是 H_1 的垂直线。根据投影面垂直线的投影特性,新投影轴 O_1X_1 应垂直于 $a'b'$。作图过程如图 8-6(b)所示:

　　(1) 在适当位置作 $O_1X_1 \perp a'b'$;

　　(2) 按点的换面法规律求得点 A、B 互相重合的投影 $a_1(b_1)$,$a_1(b_1)$ 即为 AB 积聚成一点的 H_1 面的投影。

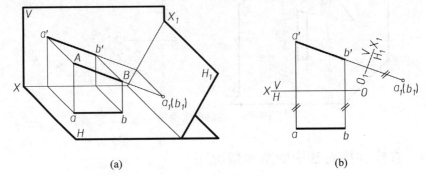

图 8-6　将 V 面的平行线变换为 H_1 面的垂直线

　　同理,也可以通过一次换面将水平线变为 V_1 面的垂直线,只需要在 H 面上作轴 $O_1X_1 \perp ab$,V_1 面的投影便积聚为一点。

3. 一般位置直线变换为投影面的垂直线

　　如图 8-7(a)所示,由于与一般位置直线 AB 相垂直的平面是一般位置平面,与 H、V 面均不垂直,所以要将一般位置直线 AB 变换成投影面的垂直线,一次换面则达不到这个要求,但可先通过一次换面将 AB 变换成 V_1 面的平行线,然后再进行二次换面将 AB 变换成 H_2 面的垂直线。作图过程如图 8-7(b)所示:

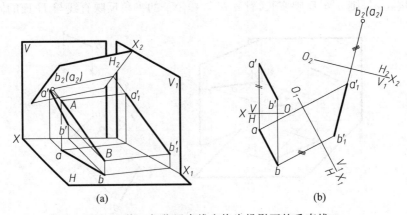

图 8-7　将一般位置直线变换为投影面的垂直线

（1）作 $O_1X_1/\!/ab$，将 V/H 中的 $a'b'$ 变换为 V_1/H 中的 $a_1'b_1'$；

（2）作 $O_2X_2\perp a_1'b_1'$，将 V_1/H 中的 ab 变换为 V_1/H_2 中的 $b_2(a_2)$，AB 即为 H_2 面的垂直线。

同理，通过两次换面也可以将一般位置直线变换成 V_2 面的垂直线，只要先将一般位置直线变换为 H_1 面的平行线，再将 H_1 面的平行线变换为 V_2 面的垂直线即可。

8.3.4　平面在换面法中的基本情况

1. 一般位置平面变换为投影面的垂直面

如图 8-8(a)所示，平面 ABC 在 V/H 投影面体系中是一般位置平面，为了使其成为 V_1/H 投影面体系中 V_1 面的垂直面，可以在平面 ABC 内取水平线 BD，用一个垂直于 BD 且垂直于 H 面的 V_1 面来更换 V 面，则 BD 在 V_1 面内积聚为一点，平面 ABC 也就积聚为一条直线了，即平面 ABC 成为 V_1 面的垂直面。这时，新投影轴 O_1X_1 应与平面 ABC 内的水平线 BD 的水平投影 bd 相垂直。作图过程如图 8-8(b)所示：

（1）在平面 ABC 内作水平线 BD，先作 $b'd'/\!/OX$，再作出 bd。

（2）作 $O_1X_1\perp bd$，作出平面 ABC 在 V_1 面上的投影 $a_1'b_1'c_1'$，则 $a_1'b_1'c_1'$ 必为一直线，即为平面 ABC 在 V_1 面上的积聚性投影。$a_1'b_1'c_1'$ 与 O_1X_1 轴的夹角即为平面 ABC 对 H 面的倾角。

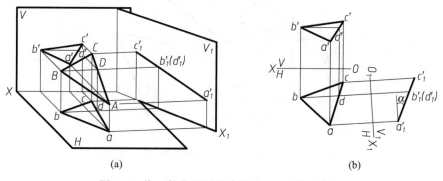

(a)　　　　　　　　　　　(b)

图 8-8　将一般位置平面变换为 V_1 面的垂直面

同理，也可以通过一次换面将一般位置平面变换为 H_1 面的垂直面，只要在一般位置平面上任取一条正平线，用垂直于正平线的 H_1 面来代替 H 面，则平面就变换成 H_1 面的垂直面，并反映平面对 V 面的倾角 β。

2. 投影面的垂直面变换为投影面的平行面

如图 8-9 所示，将 V/H 投影面体系中的正垂面 ABC 变换为 H_1 面的平行面，可用一个平行于平面 ABC 的 H_1 面来更换 H 面。因为 $H_1/\!/$平面 ABC，平面 $ABC\perp V$，所以 $H_1\perp V$。平面 ABC 在 V/H_1 体系中成为 H_1 面的平行面，其在 H_1 面上的投影 $a_1b_1c_1$ 反映实形。这时，$O_1X_1/\!/a'b'c'$。作图过程如图 8-9 所示：

（1）作 $O_1X_1/\!/a'b'c'$；

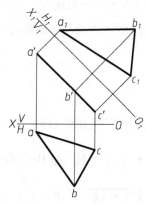

图 8-9　将正垂面变换为 H_1 面的平行面

（2）作出平面 ABC 在 H_1 面上的投影 $a_1b_1c_1$，即为平面 ABC 的实形。

同理，也可以一次换面将铅垂面变换为 V_1 面的平行面，只需作 O_1X_1 平行于铅垂面的水平投影即可。

3. 一般位置平面变换为投影面的平行面

由于平行于一般位置平面的新投影面既不垂直于 H 面，也不垂直于 V 面，所以要将一般位置平面变换为投影面的平行面，一次换面不能解决问题。但可先通过一次换面将一般位置平面变换为投影面的垂直面，再二次换面将投影面的垂直面变换为投影面的平行面。如图 8-10 所示，先将一般位置平面 ABC 变换成 V/H_1 体系中 H_1 的垂直面，再进行二次换面，将 V/H_1 中处于 H_1 面垂直面位置的平面 ABC 变换成 V_2/H_1 中 V_2 面的平行面，其投影 $a_2'b_2'c_2'$ 即为平面 ABC 的实形。作图过程如图 8-10 所示：

（1）在平面 ABC 内作正平线 CD，先作 $cd//OX$，再作出 $c'd'$；

（2）作 $O_1X_1 \perp c'd'$，作出平面 ABC 在 H_1 面上积聚为一条直线的投影 $a_1c_1b_1$；

（3）作 $O_2X_2 // a_1c_1b_1$；

（4）作出平面 ABC 在 V_2 面上的投影 $a_2'b_2'c_2'$，即为平面 ABC 的实形。

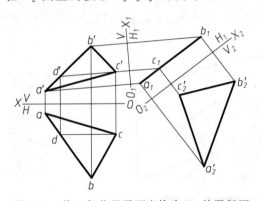

图 8-10　将一般位置平面变换为 V_2 的平行面

当然，也可以先在平面 ABC 上取水平线，第一次换面时作垂直于这条水平线的 V_1 面，将平面 ABC 变换成 V_1/H 体系中 V_1 的垂直面。第二次换面时再作平行于平面 ABC 的 H_2 面，将平面 ABC 变换成 V_1/H_2 体系中 H_2 的平行面，得到它的实形投影 $a_2b_2c_2$。

8.4　项 目 实 施

掌握了换面法后，对于一些相交、夹角和距离等问题的求解就较为方便了。

8.4.1　线、面相交问题

【例 8-1】 在图 8-11(a)中，求作直线 AB 与平面 CDE 的交点。

分析：前面在介绍线、面相交时交点的求法中，由于直线或平面至少有一个处于特殊位置，交点的某一个投影在投影图中可直接确定，根据共有性不难求出其余的投影。而在

图 8-11(a)中,由于直线和平面都处于一般位置,交点的位置在投影图中不能直接确定,则可通过换面法完成作图。

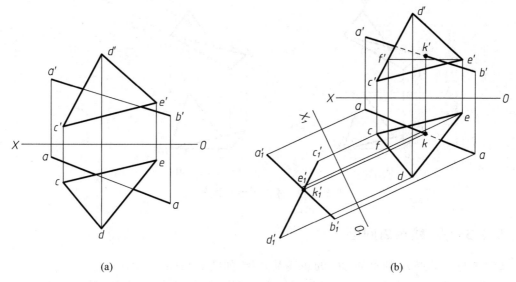

(a)　　　　　　　　　　　　　　　　　　　　　　(b)

图 8-11　求直线与平面的交点

作图过程如图 8-11(b)所示:

(1) 在平面 CDE 上取一条水平线 EF(正面投影 $e'f'$,水平投影 ef)。

(2) 选择和 EF 垂直的面作为新投影面,则平面 CDE 在该面上的投影积聚为直线。

(3) 在适当的位置选择新轴 $O_1X_1 \perp ef$,分别求出直线和平面在新投影面中的投影 $a_1'b_1'$ 和 $c_1'd_1'e_1'$(这时 $c_1'd_1'e_1'$ 在一条直线上)。

(4) 在新投影面上,两条直线的交点 k_1' 即为空间线面交点的投影。返回即可确定交点 K 的投影 k 和 k' 的位置。

8.4.2　面、面夹角问题

【例 8-2】　在图 8-12(a)中,平面 ABC 与平面 ABD 相交,交线 AB 是正平线,求作两平面间的夹角。

分析:平面 ABC 与平面 ABD 是一般位置平面,在 V/H 投影面体系中,两面的投影均不能反映其夹角,只有当两平面同时垂直于某个投影面时,它们在该投影面上积聚成直线的投影间的夹角才能反映两平面间的夹角。要将两个平面同时变换成同一投影面的垂直面,只需将它们的交线变换成投影面的垂直线即可。如果两平面的交线 AB 是正平线,则只需一次换面即可解决问题。

作图过程如图 8-12(b)所示:

(1) 作 $O_1X_1 \perp a'b'$;

(2) 作出平面 ABC 和平面 ABD 在 H_1 面上积聚为直线的投影 $a_1b_1c_1$ 和 $a_1b_1d_1$,则 $a_1b_1c_1$ 和 $a_1b_1d_1$ 间的夹角 θ 即为平面 ABC 和平面 ABD 的夹角。

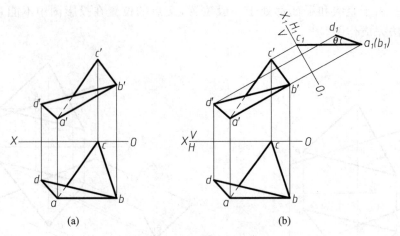

图 8-12　求两平面间的夹角

8.4.3　点、线距离问题

【例 8-3】　求点 A 到直线 BC 的距离及垂足,如图 8-13(a)所示。

分析:过点 A 作直线 BC 的垂线,垂足为 D,则 AD 即为点 A 到直线 BC 的距离。但由于 BC 是一般位置直线,故在 V/H 投影面体系中不能反映其垂直关系。可以通过一次换面将 BC 变换为投影面的平行线,点 A 也同时进行变换,然后利用直角投影定理求出 AD 的投影,再进行二次换面即可求出 AD 的实长。

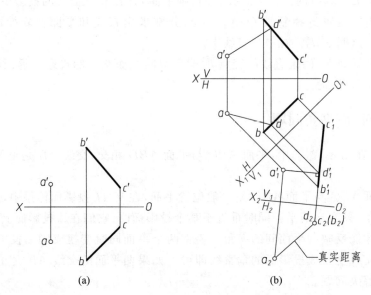

图 8-13　求点到直线的距离

作图过程如图 8-13(b)所示:

(1) 作 $O_1X_1 // bc$,将 V/H 中的 a'、$b'c'$ 变换为 V_1/H 中的 a_1'、$b_1'c_1'$;

(2) 作 $a_1'd_1' \perp b_1'c_1'$,交 $b_1'c_1'$ 于 d_1';

(3) 将 d_1' 返回到 V/H 中求得 d 和 d',连接 ad、$a'd'$,即得垂线 AD,D 为垂足;

（4）作 $O_2X_2 /\!/ a_1'd_1'$，将 V_1/H 中的 a_1'、d_1' 变换为 V_1/H_2 中的 a_2、d_2，连接 a_2d_2，则 a_2d_2 即为点 A 到直线 BC 距离的实长。

8.5 项 目 练 习

1. 填空题

（1）经过一次变换，可以将一条一般位置线变换为新投影面的_____线，将一个一般位置平面变换为新投影面的_____面。

（2）经过两次变换，可以将一条一般位置线变换为新投影面的_____线，将一个一般位置平面变换为新投影面的_____面。

（3）在 V/H 两面体系中，若直线 AB 是一般位置线，欲用换面法求该直线和 V 面的倾角，则此时需保留的投影面是_____面，被更换的投影面是_____面。

2. 思考题

图 8-14（a）所示为一漏斗的简化模型，若要求出其上 $ABCD$ 与 $ABEF$ 两梯形侧面之间的夹角，投影图如图 8-14（b）所示，分析其作图方法。

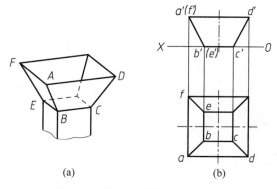

（a） （b）

图 8-14 漏斗简化模型与投影图

第3篇
立体的投影与交线

项目9 平面与立体相交

9.1 项目目标

知识目标：

(1) 了解截交线的性质与形成过程；

(2) 掌握求作截交线的基本方法。

技能目标：能准确找出属于截交线上的一系列共有点，特别是处于特殊位置上的点；会用换面法求截交线的实形。

9.2 项目导入

在形体的组合过程中，切割成形是常用的手法之一。实际工程中用这种方法加工的零件也是较为常见的，图 9-1 即为几个简化的零件模型。切割立体所形成的断面形状取决于立体的形状及立体与截平面的相对位置，在投影图中正确表达该部分的关键就是要准确找出断面边线的位置（即截平面与立体表面的交线——截交线的投影位置）。显然，掌握截交线的求法是组合形体识读和表达的重要基础之一。

(a)   (b)   (c)

图 9-1 简化的零件模型（一）

(a) 压板；(b) 接头；(c) 顶针

9.3 项目资讯

9.3.1 基本立体的投影基础

常见的基本立体有棱柱体、棱锥体、圆柱体、圆锥体、圆球体及圆环体等，其三面投影的表达虽然较为简单，但对其上各个表面的投影分析必须心中有数，特别是曲面立体投影的转向轮廓线概念及含义更要深入理解。而在这些立体表面上取点作图将是后面讲述截交线、相贯线作图的重要前提。常见的基本立体的投影及其表面取点见表 9-1。

表 9-1　常见基本立体的投影及表面取点

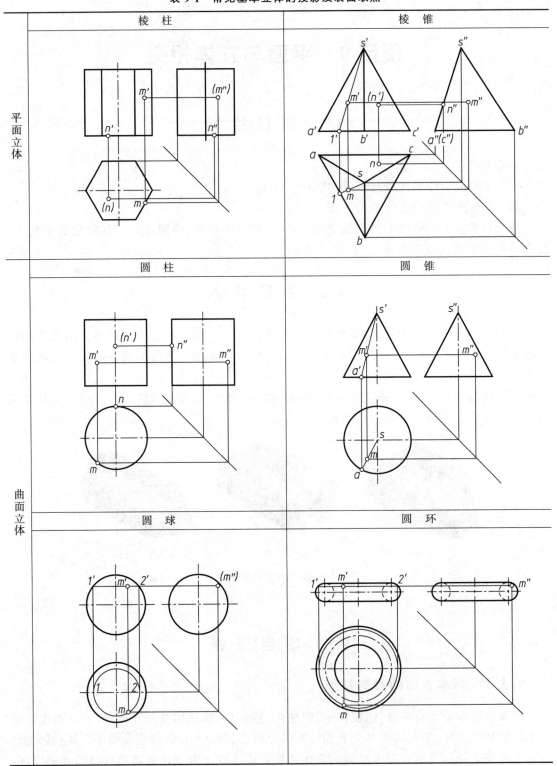

9.3.2　截交线的基本概念与性质

平面与立体表面的交线被称为截交线；当平面切割立体时，该平面通常被称为截平面，而由截交线所围成的平面图形则称为截断面。

截交线具有两个基本性质。

(1) 共有性。截交线是截平面与立体表面的共有线，截交线上的每一点均为截平面与立体表面的共有点。

(2) 封闭性。任何立体都有一定的范围，所以截交线一定是封闭的平面图形。

截交线的求作与判断正是基于这两个性质，依据共有性，说明截交线(包括其上的任何一点)既在截平面上也在立体表面上；依据封闭性，则有利于判断所求作的截交线是否完整。

9.3.3　平面与平面立体相交

平面与平面立体相交时的交线构成一个封闭的平面多边形，多边形的边数取决于截平面和立体表面所相交的平面的个数，多边形的顶点为立体表面上相邻两平面的交线(棱线)与截平面的交点。截交线的求法实际上就是求截平面和立体表面上若干个平面的交线，最终亦是求平面立体的棱线与截平面的交点。

如图 9-2(a)所示，已知正五棱柱的水平投影和被正垂面截切后的正面投影，完成其水平投影及侧面投影。

求作过程如图 9-2(b)所示，将截切的平面用 P 表示，P_V 为截平面的正面投影位置。从五棱柱被截切的位置可看出，该五棱柱的表面有 5 处和截平面相交，即 4 个侧表面和 1 个顶面。交线的求法实际上就是求与截平面相交的各棱线与截平面的交点，求得图中 F、G、H、I、J 各点，然后将属于同一面上的两点分别相连就可得到截交线的轮廓位置，即俯视图中

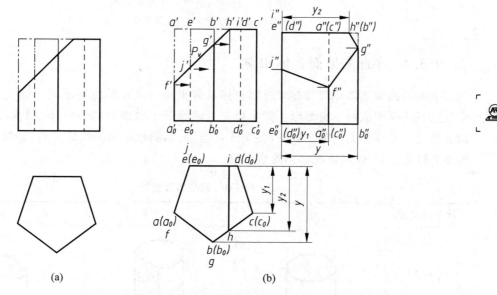

图 9-2　五棱柱的截交线

(a) 五棱柱的水平投影及被截切后的正面投影；(b) 五棱柱被截后的三面投影

的 $fghij$ 和左视图中的 $f''g''h''i''j''$。需要指出的是：俯视图从形式上看只是在原有的正五边形上增画了一条 hi 边线，实际上根据共有性，截交线的其余几条边线都落在具有积聚性的五边形边上；左视图中完成截交线的投影后需画出 CC_0 这条棱线的投影 $c''c_0''$，其中不可见的投影用虚线表示。

图 9-3(a)所示为共轴线的四棱锥与四棱柱组合后被两次切割所形成的立体。其截交线的求法如图 9-3(b)所示。具体作图过程是分别求出每个截平面截切时所形成的截交线，分别是 $ABCDHIJ$ 和 $DHGFE$ 两个平面图形。当立体被多次切割时，若两截平面相交，则其交线必为两截交线的共用边线，如图中的 DH 线段。如前所述，在投影图中截平面范围内原有不可见棱线的投影必须补画出（如左视图中的 $a''f''$ 和 $c''i''$ 两处虚线）。

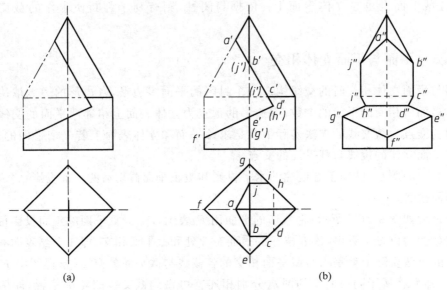

图 9-3　组合的平面立体的截交线
(a) 立体被截切的已知条件；(b) 立体被截切后的三视图

9.3.4　平面与曲面立体相交

平面与曲面立体相交时的交线因立体及截平面与立体的位置不同可能是曲线、直线或曲线加直线所围成的平面图形。其中最常见的是基本曲面立体圆柱体、圆锥体和圆球被截切的情况。圆球体无论怎么截切，截交线都是圆，而圆柱体和圆锥体被截切时的情况分析见表 9-2 和表 9-3。这些情况必须熟练掌握。

表 9-2　圆柱的截交线

截平面位置	⊥轴线	//轴线	∠轴线
立体图			

续表

截平面位置	⊥轴线	//轴线	∠轴线
投影图			
截交线的形状	圆	矩形	椭圆

表 9-3　圆锥的截交线

截平面位置	不过锥顶				过锥顶
	⊥轴线 $\theta=90°$	∠轴线 $\theta>\alpha$	∠轴线 $\theta=\alpha$	//轴线 $\theta=0°$	
立体图					
投影图					
截交线的形状	圆	椭圆	抛物线加直线	双曲线加直线	三角形

　　实际工程中有些切割形成的零件可能要复杂得多,图 9-4 所示为一连杆零件模型,其上就有多处是切割产生的交线。下面对该零件右端连杆头部的截交线进行分析作图。

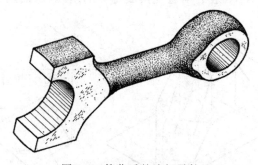

图 9-4　简化后的连杆零件

从图 9-5(b)可以看出该连杆头是由三部分组成的,从右到左依次是圆球、圆环、圆柱,这三个立体共轴线且圆环面一端与球面相切,另一端与圆柱面相切,而切线圆就是各回转曲面之间的分界线。该分界线圆的确定十分重要,截平面与此圆相交时的交点即为各段截交线的分界点。图 9-5(a)表达了用两个正平面切割时的截交线情况,图中 5′、6′两点就是分界点,右侧为截切圆球得到的圆,左侧为截切圆环得到的曲线。求截交线时首先应尽可能求出其特殊点,如极限位置点、分界点等,然后再根据需要求出几个一般位置上的点。

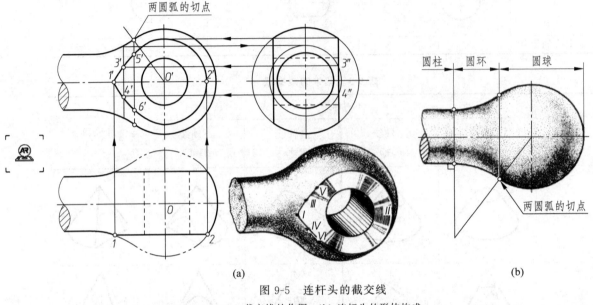

(a) 　　　　　　　　　　　　　　　　　　　(b)

图 9-5　连杆头的截交线

(a) 截交线的作图;(b) 连杆头的形体构成

9.3.5　换面法求截交线的实形

在第 2 篇中讨论点、线、面的投影时已知,当空间几何元素相对于投影面体系处于特殊位置时,对于解决元素间的定位及度量等问题是较为方便的,而处于一般位置时则不然。如图 9-6 所示,直线 AB 在 V/H 投影面体系中处于一般位置,投影图中无论是实长还是倾角都无法直接确定。当用一个新的 V_1 面替换原来的 V 面构成一个新的 V_1/H 投影面体系时,在该体系中直线 AB 就是其中一个投影面的平行线,其实长可直接确定。换面法本质上就是通过更换投影面将一个一般的问题变换成特殊的问题,从而达到简化解题的目的。

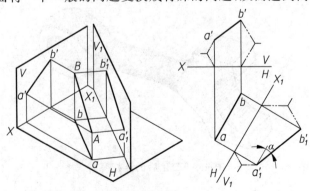

图 9-6　用换面法求线段实长

图 9-2(a)所表达是五棱柱被截切后的立体,当需要求截断面的真实形状时,可用换面法来完成。作图过程如图 9-7 所示(这里省略了投影轴)。

(1) 在水平投影中过点 f 作断面上正平线的投影,与 hi 相交,并分别作出点 G、H 和 J 在点 F 之前或之后的距离。

(2) 过 f'、j'、g' 和 $h'i'$ 分别作 P_V 的垂线。在过 f' 的垂线上的适当位置任取 f_1,过 f_1 作 P_V 的平行线,与其他各条垂线相交。将在水平投影中所反映出的点 J、G、H、I 在点 F 之前或之后的距离,分别由垂足量到这些垂线上,在点 F 之前的距离量在过 f_1 的 P_V 的平行线一侧,而在点 F 之后的距离量在另一侧,就可以得到 j_1、g_1、h_1、i_1,然后将点 f_1、g_1、h_1、i_1、j_1 顺次相连,得到五边形 $f_1g_1h_1i_1j_1$,该五边形即反映出断面 $FGHIJ$ 的真实形状。

图 9-8 所示是球柱组合后被截切的立体,该立体的截交线是由两段曲线构成的,即由截切圆球的圆弧和截切圆柱的椭圆弧构成。其截交线求作过程的说明省略,这里重点说明用换面法求作该截交线的实形:在适当的位置作 $a'd'$ 的平行线,此处为 $a_1'd_1'$,过 o' 作 $a'd'$ 的垂线 $o'k$ 并延长交 $a_1'd_1'$ 于 o_1',以 o_1' 为圆心、$o_1'd_1'$ 长度为半径作圆,并留取 $c_1'd_1'e_1'$ 一段圆弧。再求作 f_1'、b_1' 两点($f_1'b_1'$ 线段的长度等于 fb),光滑连接 e_1'、f_1'、a_1'、b_1'、c_1' 各点所得曲线连同 $c_1'd_1'e_1'$ 圆弧构成的封闭曲线即为所求截交线的实形。

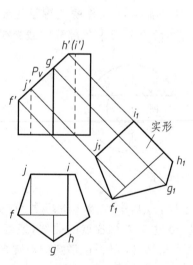

图 9-7　用换面法求断面实形(一)

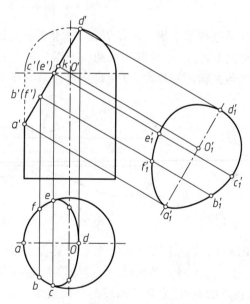

图 9-8　用换面法求断面实形(二)

9.4　项目实施

(1) 在多数情况下,平面立体可能是被多次切割而形成的。图 9-9(a)所示是一四棱台的底部被五个平面截切所形成的立体的两视图,其三视图的作图过程如图 9-9(b)～(d)所示。

(2) 对曲面立体的形成而言,有时也会出现由多个立体构成且被切割多次而形成的新的立体。图 9-10 所表达的立体由圆球、圆台、圆环(内环面部分)和圆柱共轴线构成,在此基

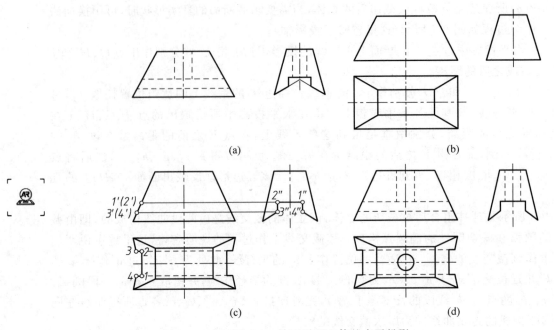

图 9-9　补画平面立体的水平投影

础上又被截切了个槽。不难看出,被水平面截切时其截交线由四段构成:截切圆球的圆、截切圆台的双曲线、截切圆环的曲线及截切圆柱的直线。这类截交线求作的关键是先要准确区分出各曲面的分界线,以便确定各段截交线的分界点,然后再分段求各部分的截交线。

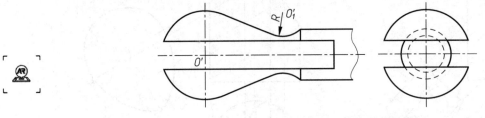

图 9-10　组合的曲面立体的两面投影

图 9-11 表达了该立体的水平投影及截交线的求作过程,其中经过 1、3、5 各点的曲线(或经过 2、4、6 各点的曲线)为截切圆台的一段双曲线,经过 5、7、9 各点的曲线(或经过 6、8、10 各点的曲线)为截切圆环的一段曲线。而正面投影中 $a'b'$ 和 $c'd'$ 正是圆球与圆台表面及圆台与圆环表面分界线圆的位置。

(3) 熟练掌握换面法对我们解题是很有帮助的。例如,在球表面取点时通常用辅助圆法,如图 9-12(a)所示,已知点 A 的正面投影 a',求水平投影 a,在作辅助圆时一般都是作平行于投影面的圆,如平行于水平面的圆或平行于正平面的圆。而该题利用换面法进行作图则显得更为简单,连辅助圆也不用画出。作图过程如图 9-12(b)所示:先作 $a'O$ 的连线,过 a' 作 $a'O$ 的垂线交球的正面投影轮廓线圆于 b' 点,设 $a'b'$ 的长度为 l,再过 a' 点作水平投影连线,针对该投影连线,在球的水平投影中,经过 O 点的水平轴线向前量取长度 l 即得所求的 a 点。

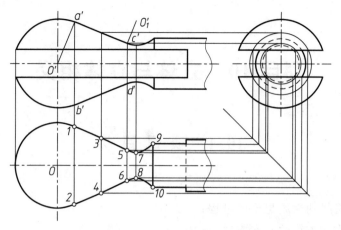

图 9-11　补画曲面立体的水平投影

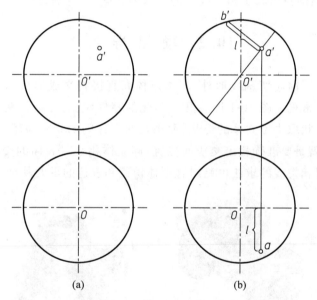

(a)　　　　　　　　　　　(b)

图 9-12　用换面法在球面取点

9.5　项 目 练 习

1. 填空题

(1) 平面截切圆柱面时,由于截平面的位置不同,截交线可为_____。

(2) 平面截切圆锥面时,由于截平面的位置不同,截交线可为_____。

(3) 换面法中的面是指_____。

2. 思考题

(1) 平面截切平面立体时,截断面的顶点数与截平面所经过的立体棱线数有何关系?为什么?

(2) 当立体由多个曲面围成时,求其截交线时为什么要先区分各曲面间的分界线?

(3) 在图 9-12(b)中,介绍了求作点 A 的水平投影 a 的方法,试说明其利用换面法的原理。

项目 10　立体与立体相交

10.1　项目目标

知识目标:

(1) 了解相贯线的性质与形成过程;

(2) 掌握求作相贯线的基本方法。

技能目标:能准确找出属于相贯线上的一系列共有点,特别是处于特殊位置上的点。

10.2　项目导入

形体的成形,除了前述切割成形外,基本形体间直接相交成形更为常见。在实际工程中,这类零件也十分常见。图 10-1 即为几个简化的零件模型。通常,两立体相交时表面必产生交线,交线的形状取决于立体的形状、大小及两立体间的相对位置。在投影图中,正确表达该部分的关键就是要准确找出交线的位置,即立体相交时表面的交线——相贯线的投影位置。同样,掌握相贯线的求法也是组合形体识读和表达的重要基础之一。

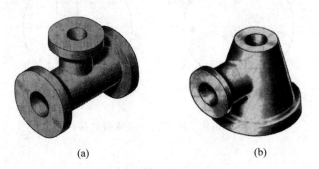

(a)　　　　　　　　　　　(b)

图 10-1　简化的零件模型(二)

(a) 三通管接头(柱、柱相交);(b) 三通管接头(柱、锥相交)

10.3　项目资讯

10.3.1　相贯线的基本概念与性质

两立体相交表面产生的交线称为相贯线。一般来说,相交的两个立体可能都是平面立体,也可能一个平面立体和一个曲面立体,或两个都是曲面立体,如图 10-2 所示。就本质而言,前两者求表面交线实际上就是求截交线。这里重点讨论两回转立体相交的情况。

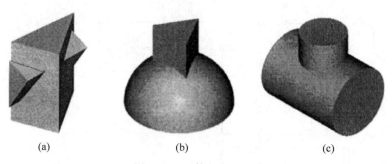

图 10-2　立体相交的类型

（a）两平面立体相交；（b）平面立体与曲面立体相交；（c）两曲面立体相交

相贯线的性质：

（1）共有性。相贯线是两个相交立体表面的共有线，其上每一个点均为共有点。

（2）封闭性。一般情况下，两曲面体相交时相贯线为封闭的空间曲线，特殊情况下可能是平面曲线或直线。

在投影图中求作相贯线的基本方法是找出一系列共有点，然后依次相连得到相贯线投影。

10.3.2　利用积聚性投影求相贯线

当投影图中相交的两立体中有一个立体的某个投影具有积聚性时，那么相贯线在该投影面的投影随之确定，且必定落在这条具有积聚性的线上。根据共有性，该线也在另一个立体表面上，这样相贯线的求作就转化为在另一个立体表面上取点和取线的问题。图 10-3 所示为两圆柱轴线正交时相贯线作图的典型例子。

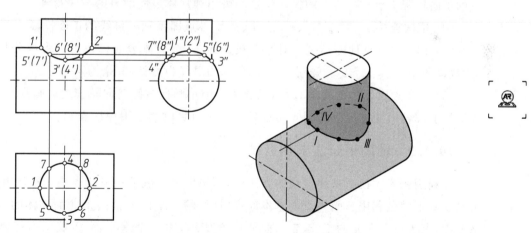

图 10-3　两圆柱轴线正交时相贯线作图

在两立体的形状、大小确定的情况下，相贯线的形状也会因为两立体的相对位置不同而发生变化。图 10-4 表达了两圆柱体轴线交叉垂直时相贯线的求法。从图中可以看出，小圆柱的水平投影及大圆柱的侧面投影具有积聚性，故相贯线的水平投影和侧面投影均在具有积聚性的圆上。这里关键是要求相贯线的正面投影，具体作图方法如下：

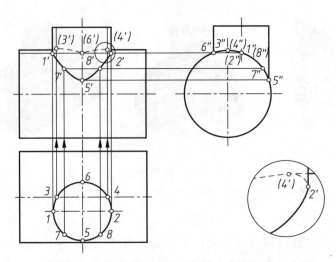

图 10-4　两圆柱轴线交叉垂直时相贯线作图

（1）尽可能找出相贯线上特殊位置的点，如最高、最低点，最前、最后点，最左、最右点等。该图中由于小圆柱的水平投影具有积聚性，大圆柱的侧面投影具有积聚性，故相贯线在这两个投影面上的投影可直接确定，即水平投影的圆和侧面投影中两立体投影重合范围内的那段圆弧。特殊位置点有Ⅰ、Ⅱ两点为最左、最右点，Ⅲ、Ⅳ两点同为最高点，Ⅴ、Ⅵ两点为最前、最后点（点Ⅴ同时也是最低点）。根据这些点的水平投影及侧面投影不难作出其正面投影位置，分别是 $1'$、$2'$、$3'$、$4'$、$5'$、$6'$ 各点。

（2）根据需求作相贯线上一般位置的点。一般来说，当两个特殊点间距较大时，为了较好地控制相贯线的走向，在这之间还需要适当找出若干个处于一般位置的点，如Ⅶ、Ⅷ两点的正面投影 $7'$、$8'$，这些点的投影位置均可用圆柱体表面取点的方法得到。

（3）依次连接 $1'$、$7'$、$5'$、$8'$、$2'$、$4'$、$6'$、$3'$、$1'$ 各点即得到相贯线的正面投影。

（4）相贯线可见性的判别。对某个投影而言，两立体表面都可见的那部分相贯线才可见，故该图中 $1'$、$7'$、$5'$、$8'$、$2'$ 各点连线部分的相贯线为可见，其余为不可见。

（5）完善原有立体的轮廓投影，见放大图中小圆柱右侧转向轮廓线应画到 $2'$ 点的位置，大圆柱上部转向轮廓线应画到 $4'$ 点的位置且不可见的那段用虚线表示。

10.3.3　辅助平面法求相贯线

除利用积聚性投影求相贯线的方法外，用辅助平面法求相贯线也是一种常用的方法，该方法实际上就是利用三面共点的基本原理，这里的三个面包括两个曲面立体的表面和一个截平面，点为三个平面的汇交点。如图 10-5 所示，用一个水平面 P 截切由柱锥组成的立体，这时截切圆柱表面的交线是直线，截切圆锥表面的交线是圆，则两交线的交点 D、C 为共有点，也就是相贯线上的点。需要强调的是：在选择截平面的位置时一定要使截平面去截切两立体所得交线的投影均是简单易画的线（如直线或圆），否则其交点难以准确找到。用图 10-6 中的 T 面截切时交线也是简单易画的线，若用其他位置的截平面去截切，交点就不易求出了。

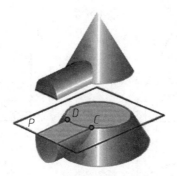

图 10-5   辅助平面法求相贯线原理

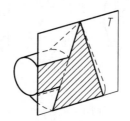

图 10-6   辅助平面的选择

图 10-7 具体表达了图 10-5 中立体相贯线的求法及步骤,这里是用辅助平面法求作相贯线的,除最高点、最低点可由正面投影直接确定外,其余各点均用辅助平面法求得。

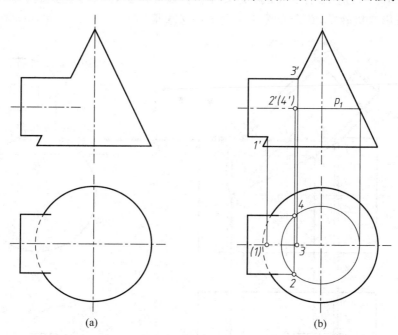

图 10-7   轴线正交时柱锥相贯线作图

(a) 柱锥相交给定条件;(b) 求作相贯线上的特殊位置点;

(c) 求作相贯线上的一般位置点;(d) 连线并判别可见性

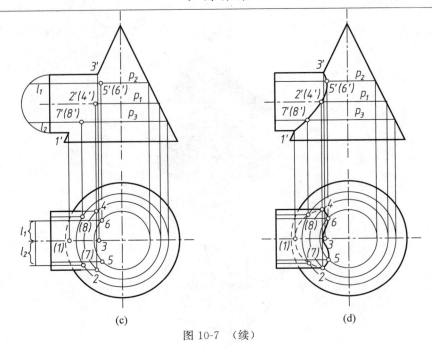

图 10-7　（续）

10.4　项 目 实 施

（1）图 10-8 表达了两圆柱倾斜交叉时相贯线的求法，其中最前、最后两点可由正面投影与侧面投影直接确定，其余点可用辅助平面法求得。

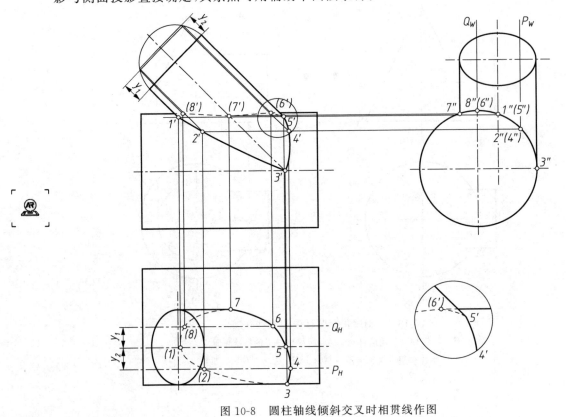

图 10-8　圆柱轴线倾斜交叉时相贯线作图

（2）当遇到多个立体组合相交时，其相贯线的求法要分段进行，分别确定立体两两相交的交线，如图 10-9 所示，图中Ⓐ、Ⓑ两处为相贯线，Ⓒ处为截交线，作图时Ⅰ、Ⅲ两点须准确求出。必要时还需求出相交的三曲面的共有点。

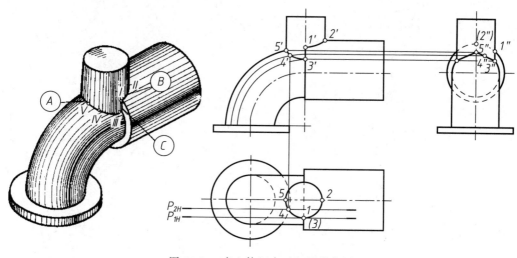

图 10-9　多立体组合时相贯线作图

10.5　项 目 练 习

1. 填空题

（1）一般而言，两平面立体相贯时，其相贯线为 _____。

（2）两曲面立体相贯时，其相贯线多为 _____。

（3）用辅助平面法求相贯线时，辅助平面的选择条件是 _____。

2. 思考题

（1）分别理解图 10-7(c)中水平投影 l_1、l_2 长度的量取理由和图 10-8 中正面投影 y_1、y_2 长度的量取理由。

（2）一般情况下，两个曲面立体相交时相贯线为封闭的空间曲线，试各举两个相贯线为平面曲线和直线的例子。

（3）在图 10-7 的例子中，补作侧面投影后，试思考利用积聚性投影求相贯线的作图方法。

第4篇
组 合 体

项目 11　组合体画法

11.1　项 目 目 标

知识目标：

(1) 了解组合体的组合形式，正确处理基本体之间表面连接处的连接关系；

(2) 掌握形体分析法及线面分析法的分析要点。

技能目标：能用形体分析法分析立体的组合形式，能对组合体进行合理的视图表达。

11.2　项 目 导 入

产品中有些零件的形态由于功能的需要往往显得较为复杂，如图 11-1 所示的阀体零件，从几何形体的角度而言，都可看作是由若干基本体或简单体经过一定的方式构成的组合形体。了解和掌握这些组合形体的构成方式及表达方法是本课程的重要基础之一。

图 11-1　阀体零件

11.3　项 目 资 讯

11.3.1　组合体的构成方式及表面结合形式

组合体通常是由基本形体构成的。按构成方式的不同，组合体可分为叠加类、挖切类和综合类。叠加类通常指该形体由若干基本体或简单体经过直接堆合而形成的，如图 11-2(a) 所示。挖切类主要指该形体是由某个基本体经过若干次切割、穿孔而形成的，如图 11-2(b) 所示。综合类是指该形体是综合应用叠加与挖切的方法而形成的，如图 11-2(c) 所示。

各基本体在组合过程中，其表面间的结合形式有平齐(共面)、相交和相切三种情况。其中，平齐是指两基本体表面间(平面与平面或曲面与曲面)共处同一面的位置，如图 11-3(a)

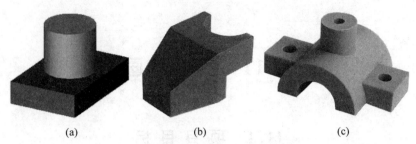

图 11-2　组合体的构成方式

(a) 叠加类；(b) 挖切类；(c) 综合类

所示。相交是指两基本体表面(平面与平面、曲面与曲面或平面与曲面)之间直接交合,相交处有交线,如图 11-3(b)所示。相切是指两基本体表面(平面与曲面或曲面与曲面)之间光滑过渡,相切处无线,如图 11-3(c)所示。

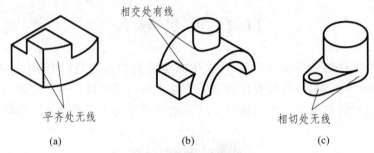

图 11-3　组合体的表面结合形式

(a) 平齐；(b) 相交；(c) 相切

11.3.2　形体分析法与线面分析法

1. 形体分析法

形体分析法是假想把组合体分解成若干个基本体,经叠加或挖切等方式组成,并分析这些基本体的形状、大小、相对位置及表面结合形式,从而得到组合体的完整形体。这种方法可帮助我们深入地了解形体,是使复杂形体简单化的一种思维方法。在画图、看图和尺寸标注过程中,常常要运用形体分析这一基本方法。

对于图 11-4(a)所示的轴承座,可假想分解为四个部分,如图 11-4(b)所示。底板可以看成是一个长方体,其四个侧棱被倒成了圆角,并挖去了四个圆孔,下部中间位置开有方槽；座子为一个挖去半圆柱槽的长方体,位于底板上面的正中部位；两块肋板均为三棱柱,对称地分布在底板上座子的两侧。

2. 线面分析法

在绘制或阅读组合体视图时,对比较复杂的组合体通常在运用形体分析法的基础上,对不易表达或读懂的局部,有时要结合线、面的投影分析,例如,分析组合体的表面形状、组合体上面与面的相对位置、组合体的表面交线等,以帮助表达或读懂这些局部的形状。这种方法称为线面分析法。

如图 11-5(a)所示,已知组合体的三视图,现在要构思组合体的形状。分析思路如下：

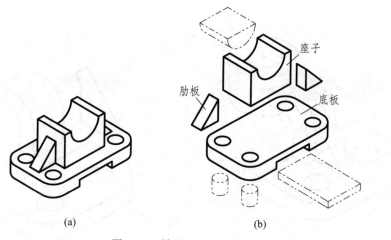

图 11-4　轴承座的形体分析

该形体的基本体是一个长方体,但被一些平面切割后,产生了较复杂的交线。先将主视图分成几个线框,再找出对应的投影。主视图中的线框 a' 在俯视图中有与其长对正的类似形线框 a,而在左视图中找不到与其高平齐的类似形线框,它必对应积聚性斜线 a'',这说明 A 面是侧垂面。线框 b' 和 c' 按长对正在俯视图上均找不到类似形线框,只能找到线段 b、c,说明 B、C 均是正平面,其左视图也各是一直线。线框 d 在主视图上找不到与其对应的类似形线框,它必对应积聚性线段 d',说明 D 面是水平面。由此可以构思出该形体,如图 11-5(b)所示。

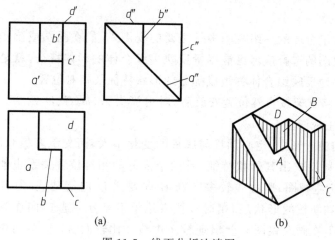

图 11-5　线面分析法读图

11.3.3　组合体三视图画法的基本要求

画组合体的视图时,通常要先对组合体进行形体分析,了解其组合情况,再选择合适的方向作为主视图的投影方向,然后按投影关系画出组合体的各个视图。现以图 11-6(a)所示的支架为例,讨论其作图过程。

1. 形体分析

图 11-6(a)所示的支架由底板Ⅰ、空心圆柱体Ⅱ、支承弯板Ⅲ和肋板Ⅳ组合而成,如

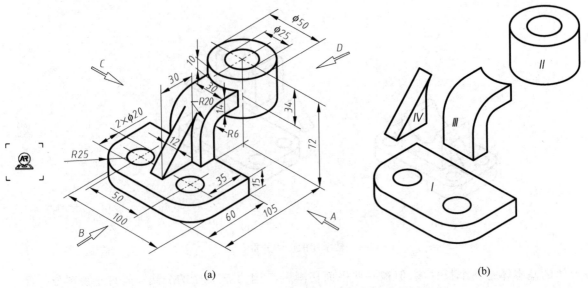

(a)　　　　　　　　　　　　　　　　　　(b)

图 11-6　支架立体图及形体分析

图 11-6(b)所示。支架的宽度方向有前、后对称面,支承弯板的右上部与空心圆柱体侧表面的中部直接相交;支承弯板的左下部与底板相叠加,且右侧面处平齐;肋板的斜面与支承弯板上的圆柱面相切,与底面相交。

2. 视图选择

(1) 主视图选择

主视图是表达组合体的一组视图中最主要的视图,人们在画图或读图时总是先从主视图开始入手。主视图的选择应考虑能尽量反映出组合体的形体特征,就是说所选的主视图应能较清楚或较多地反映组合体各组成部分的形状特征及相对位置。

在图 11-7 中,将支架按自然位置安放后,对由箭头 A、B、C、D 四个方向投影所得的视图进行比较,确定主视图。

在这四个方向的投影中,空心圆柱与底板的变化不大,而支承弯板和肋板从 A 或 C 方向投影时,则较好地反映出其形状特征,且四个部分的相对位置关系也能较清楚地表达出来。若选 D 向作为主视图,则虚线较多。选 B 向要比 D 向清楚些,但各组成部分的形状(特别是支承弯板和肋板的形状)和相对位置表达得不充分。选 C 向作为主视图虽然和 A 向没有太多差别,但在画左视图时会出现较多虚线。比较而言,选 A 向作为主视图的投影方向最好。

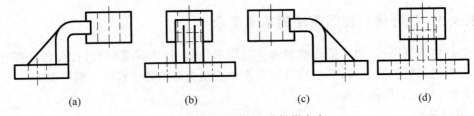

(a)　　　　　　　(b)　　　　　　　(c)　　　　　　　(d)

图 11-7　选择主视图的投影方向

(a) A 向;(b) B 向;(c) C 向;(d) D 向

（2）其他视图的确定

在主视图的位置与投影方向确定后,俯视图和左视图的投影将随之确定。实际应用中,其他视图的数量多少与所表达的对象有关,应尽量做到图形少、表达清楚。

3. 画图步骤

在对组合体做了充分了解的基础上(即上面所进行的形体分析与视图选择),其三视图的具体画法如下。

（1）选比例、定图幅

根据形体大小和复杂程度,选取合适的、符合国家标准的图幅和比例。

（2）图面布置

按视图数量、图幅和比例,均匀地布置视图位置,先确定各视图中起定位作用的对称中心线、轴线和其他直线。

（3）画底稿

根据形体分析法得到的各基本体的形状及相对位置,逐一画出各基本体的视图。需注意在逐个画基本体时,应做到先主要后次要,先整体后局部,几个视图结合起来画。特别应注意处理好各基本体投影时的相互遮挡和表面间的连接问题。对形状较复杂的局部,如具有相贯线和截交线的地方,适当做线面分析,以帮助想象和表达,减少投影图中的疏误。

（4）检查、加深

底稿完成后,要仔细检查,修正错误,擦去多余的图线,再按规定线型逐一加深。

11.4 项 目 实 施

11.4.1 形体分析法画图举例

画出图 11-6(a)所示支架的三视图。该支架的形体分析、视图选择前面均已做了详细分析,按其所确定的尺寸大小,作图过程如图 11-8 所示。

（1）如图 11-8(a)所示,画底板基本外形(长方体)的三视图,其在图中的位置要兼顾另外几个形体。

（2）如图 11-8(b)所示,按底板左端面与空心圆柱体轴线之间的距离 105,以及底板底面与圆柱体顶面之间的距离 72,画出空心圆柱体的三视图。

（3）如图 11-8(c)所示,根据支承弯板的底面与底板的顶面相叠合,右上部与空心圆柱相交,画出支承弯板的三视图。

（4）如图 11-8(d)所示,按照肋板的斜面与底板相交,并与支承弯板的柱面相切,画出肋板的三视图,图中不画切线的投影。

（5）如图 11-8(e)所示,画底板的细部结构(孔和圆角)。

（6）最后进行校核和加深,作图结果如图 11-8(f)所示。

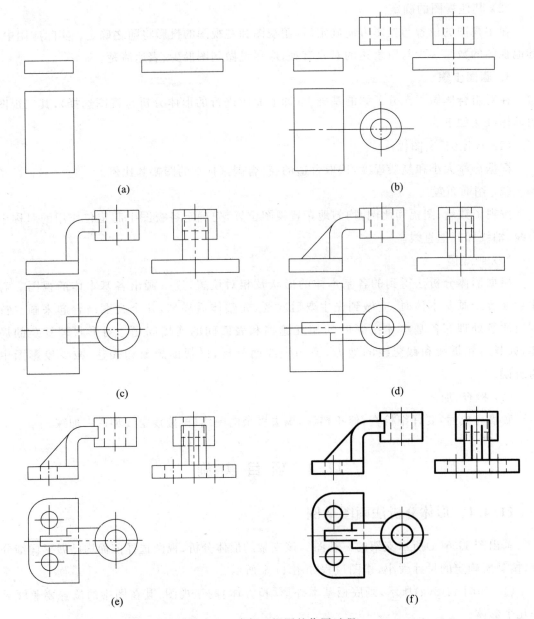

图 11-8　支架三视图的作图过程

（a）画底板的三视图；（b）画空心圆柱体的三视图；（c）画支承弯板的三视图；

（d）画肋板的三视图；（e）画底板的圆角和孔；（f）校核、加深

11.4.2　基于线面分析法的画图举例

切割式组合体一般是由某一基本形体经过一系列截切面（平面或曲面）切割而成的，其画法与上面所讲方法有所不同。首先仍是分析形体，即分析该组合体在没有切割前完整的形体：由哪些截切面切割，每一个截面的位置和形状。然后逐一画出每一个切口所对应的线、面的三面投影。如图 11-9（f）所示，组合体是由一半圆柱经过若干次切割而成的。图 11-9（a）～（e）为

该组合体的画图过程。

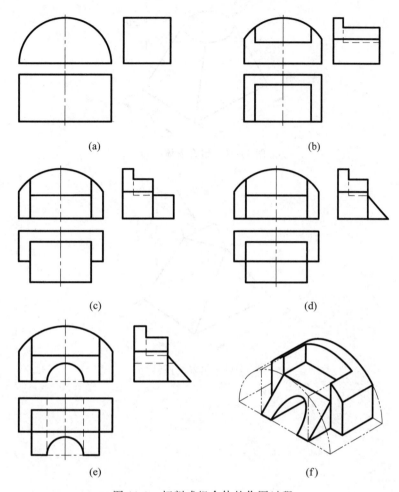

图 11-9　切割式组合体的作图过程

（a）基本体为半圆柱；（b）截切两边、中间开槽；（c）挖切前端部；（d）前端部形成斜坡；

（e）底部挖去半圆孔，完形；（f）完形后的立体图

11.5　项 目 练 习

1. 填空题

（1）组合体的构成方式有 _____。

（2）组合体中形体表面间的连接方式有 _____。

（3）主视图的选择应尽量考虑 _____。

2. 思考题

（1）为什么说形体分析法是组合体画图时常采用的基本方法？

（2）图 11-10 所示为一天圆地方立体模型，试分析其侧表面可能的构成方式。

（3）在图 11-11 的形体中，试分析四个侧表面是否均为平面，为什么？

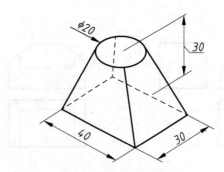

图 11-10　组合形体(一)

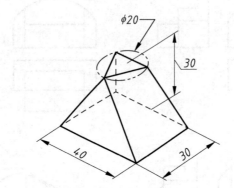

图 11-11　组合形体(二)

项目 12　组合体尺寸标注

12.1　项目目标

知识目标：

(1) 了解组合体尺寸标注中基准的选择问题；

(2) 掌握组合体尺寸标注的基本要求。

技能目标：在对组合体进行形体分析的基础上，能正确、完整、清晰地标注出其全部尺寸。

12.2　项目导入

组合体的视图只能表达组合体的形状。组合体各部分的真实大小及各部分之间的相对位置要通过标注尺寸来确定。标注组合体尺寸的基本要求是：正确、完整、清晰。正确是指符合国家标准规定，如前面所讨论的平面图形尺寸标注的要求，都适用于组合体的尺寸标注。这里主要讲述在标注组合体尺寸时如何达到完整和清晰的要求。

12.3　项目资讯

12.3.1　标注尺寸要完整

为了准确表达组合体的大小，图样上的尺寸要标注完整，既不能遗漏，也不能重复。形体分析法是保证组合体尺寸标注完整的基本方法。图样上一般要标注出组合体必需的定形尺寸、定位尺寸和总体尺寸。

1. 定形尺寸

确定形体形状大小的尺寸称为定形尺寸。在三维空间中，定形尺寸一般包括长、宽、高三个方向的尺寸。由于各基本形体的形状特点不同，因而定形尺寸的数量也各不相同，图 12-1 所示为常见基本体所需的尺寸。

2. 尺寸基准和定位尺寸

标注尺寸的起点就是尺寸基准。在三维空间中应该有长、宽、高三个方向的尺寸基准，每个方向须有一个主要基准，可以有若干个辅助基准。一般采用组合体的对称面、轴线和较大的平面作为尺寸基准，如图 12-2 所示。

定位尺寸是确定形体间相对位置的尺寸。两个形体间应该有三个方向的定位尺寸，如图 12-3 所示。若两形体间在某个方向有叠加(或挖切)、共面、对称、同轴的情况之一时，就可以省略一个定位尺寸，如图 12-4 所示。

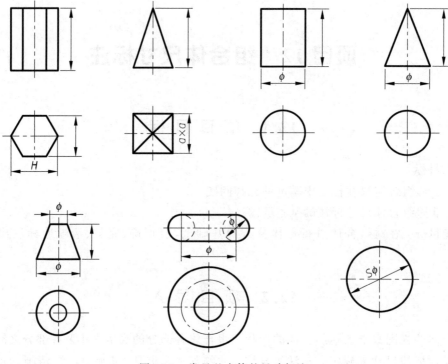

图 12-1　常见基本体的尺寸标注

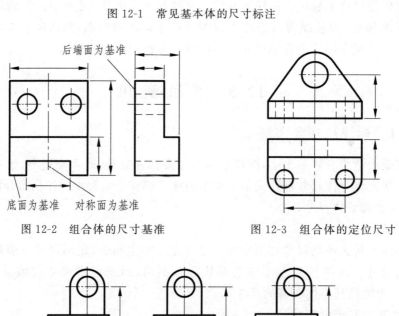

图 12-2　组合体的尺寸基准　　　　　　图 12-3　组合体的定位尺寸

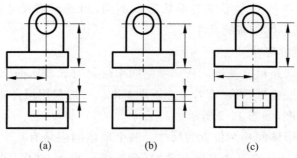

图 12-4　定位尺寸的省略比较图

（a）一般情况；（b）对称；（c）表面平齐

3. 总体尺寸

为了表示组合体所占体积的大小,一般应标注组合体的总长、总宽和总高,称为总体尺寸。有时形体尺寸就反映了组合体的总体尺寸,如图 12-5 所示,底板的长和宽就是该组合体的总长和总宽,不必另外标注,否则需要调整尺寸。因按形体标注定形尺寸和定位尺寸后,尺寸已完整,若再加注总体尺寸就会出现多余尺寸,必须在同方向减去一个尺寸。如图 12-5 所示,在高度方向上,加注总高尺寸后,应去掉一个基本体的高度尺寸,图中去掉了圆柱体的高度尺寸。

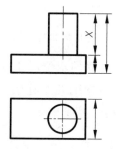

图 12-5　调整总体尺寸

当组合体的端部不是平面而是回转面时,该方向一般不直接标注总体尺寸,通常由确定回转面轴线的定位尺寸和回转面的定形尺寸(半径或直径)来间接确定,如图 12-6 所示。

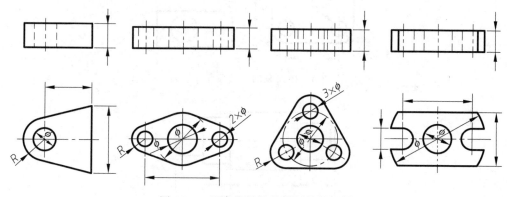

图 12-6　不直接标注总体尺寸的图例

12.3.2　标注尺寸要清晰

清晰是指尺寸标注的位置排列清楚,便于看图,主要应考虑以下几个方面。

(1) 尺寸应尽量标注在形状特征明显的视图上。如图 12-7(a)所示形体的中下部燕尾槽处的尺寸,在主视图上标注就比在俯视图上标注好。对直径尺寸不要注写半径值,同轴回转体的直径应尽量标注在投影为非圆的视图上。而半径尺寸或定位圆的尺寸应标注在投影为圆弧或圆的视图上,如图 12-7(b)中所作的比较。尺寸尽量不要注在虚线上。

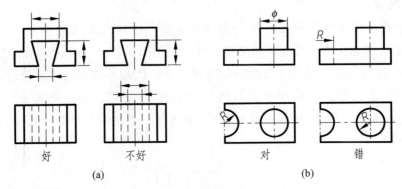

图 12-7　考虑形状特征标注尺寸

（2）同一基本体的定形尺寸及有关联的定位尺寸应尽量集中标注，如图 12-8 所示。

（3）标注尺寸要排列整齐。同一方向的几个连续尺寸应尽量注在同一条尺寸线上，如图 12-9 所示。要避免尺寸线与另一尺寸界线相交。

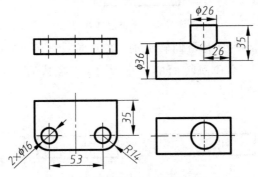

图 12-8　相关联的尺寸应集中标注

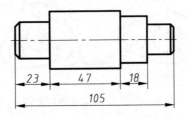

图 12-9　标注尺寸要排列整齐

（4）截交线与相贯线上不注尺寸。平面截切立体时，截平面的位置一旦确定，截交线便产生，故不应标注截交线本身的形状尺寸，只需标注确定截平面的位置尺寸即可，如图 12-10（a）所示；对相贯线而言，当两立体的形状、大小、相对位置确定时，相贯线随之确定，故也不应在相贯线上标注尺寸，如图 12-10（b）所示。

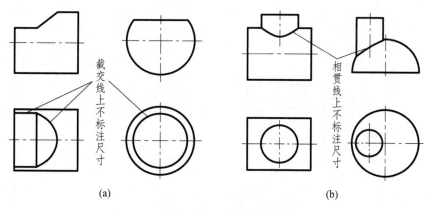

图 12-10　截交线与相贯线上不标注尺寸

12.4　项 目 实 施

下面以图 12-11(a)所示的立体为例,说明具体标注组合体尺寸的步骤与方法。

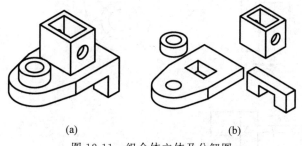

图 12-11　组合体立体及分解图

（1）形体分析,初步考虑各基本体的定形尺寸。根据前面所述的形体分析法,该组合体可分解为四个简单立体,如图 12-11(b)所示,各基本体的尺寸如图 12-12 所示。

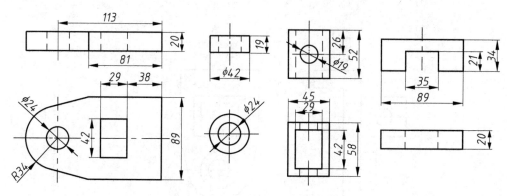

图 12-12　各基本体的尺寸标注

（2）选定尺寸基准。该组合体高度方向可以底板的底面为主要尺寸基准;宽度方向以前后对称面为基准,长度方向以底板右端面为主要基准,如图 12-13(a)所示。

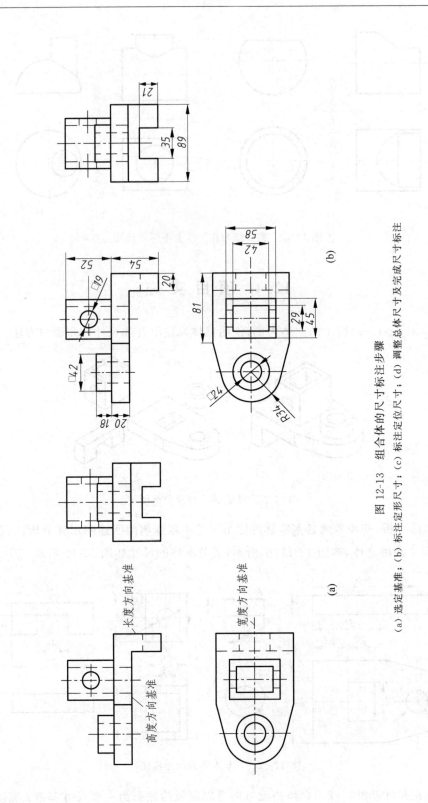

图 12-13　组合体的尺寸标注步骤

(a) 选定基准；(b) 标注定形尺寸；(c) 标注定位尺寸；(d) 调整总体尺寸及完成尺寸标注

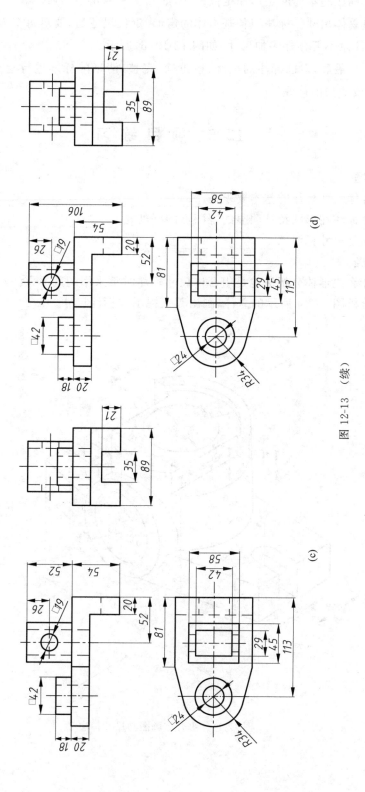

图 12-13　（续）

（3）逐个标注基本体的定形和定位尺寸，如图 12-13(b)、(c)所示。

（4）调整总体尺寸。标注完各基本体的定形、定位尺寸后，要对每个方向的总体尺寸做必要的调整，注意不要额外多加尺寸，如图 12-13(d)所示。

（5）检查。最后，对已标注的尺寸，按正确、完整、清晰的标准进行检查，如有遗漏或不妥，应作补注或适当的修改。

12.5　项 目 练 习

1. 填空题

（1）组合体尺寸标注的基本要求是　　　　　　　　　　　　　　　　　。

（2）尺寸标注在形状特征明显的视图上的好处是　　　　　　　　　　　　　。

（3）基准是尺寸标注的　　　　　　　　　　　。

2. 思考题

（1）为什么说形体分析法也是组合体尺寸标注时常采用的基本方法？

（2）试分析图 12-14 所示的立体，画出其三视图并标注尺寸。

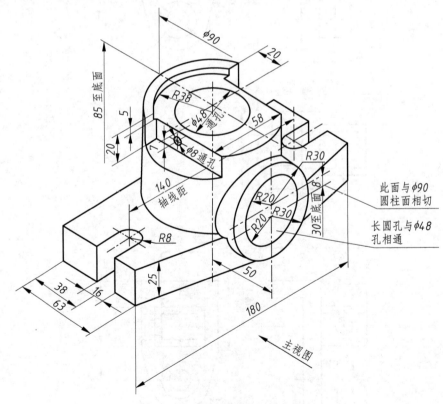

图 12-14　组合体画图与尺寸标注

项目 13　组合体看图

13.1　项 目 目 标

知识目标：

（1）掌握组合体视图识读的一般方法；

（2）能正确识读中等以上复杂程度组合体的视图。

技能目标：能根据所给的视图条件，运用形体分析法或线面分析法，正确识读组合体的三视图并想象出其空间形状。

13.2　项 目 导 入

看图是画图的逆过程，画图是把所给定的形体用正投影法表示在平面上，而看图则是根据已有的视图，运用投影规律，想象出组合体的空间形状。

13.3　项 目 资 讯

13.3.1　看图要点

1. 要从反映形体特征的视图入手，将几个视图联系起来看

一个组合体常需要两个或两个以上的视图才能表达清楚，其中主视图通常最能反映组合体的形体特征和各形体间的相互位置。因而，在看图时，一般从主视图入手，将几个视图联系起来看，才能准确识别各形体的形状和形体间的相对位置，切忌看了一个视图就轻易下结论。一个视图不能唯一确定组合体的形状，如图 13-1 所示。某些情况下，两个视图也不能唯一确定组合体的形状，如图 13-2 所示。

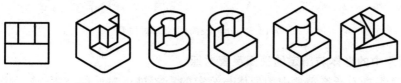

图 13-1　一个视图不能唯一确定物体的形状示例

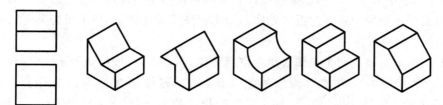

图 13-2　两个视图不能唯一确定物体的形状示例

2. 要明确视图中线框、图线的含义，识别形体表面间的相互位置

视图中的每个封闭线框总表示为物体上某个表面（平面或曲面）的投影。如图 13-3 所示，主视图中 a' 处为圆柱的投影，b' 处为平面的投影，c' 处为圆柱及切平面的投影。俯视图中的封闭线框 d 为立体顶部平面的投影。

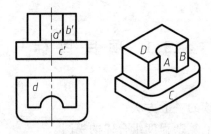

图 13-3　视图中的封闭线框表示一个面

视图中的每条图线可能表示三种情况：

（1）平面或柱面的积聚性投影，如图 13-4 中的Ⅲ；

（2）面与面（平面与平面、平面与曲面、曲面与曲面）交线的投影，如图 13-4 中的Ⅱ；

（3）曲面投影的转向轮廓，如图 13-4 中的Ⅰ。

看图时，对形体各表面间相互位置的识别也是非常重要的。当组合体的某个视图出现几个线框相连或线框内还有线框时，通过对照投影关系，区分出它们的前后、上下、左右和相交等位置关系，可以帮助想象形体，如图 13-5 所示。

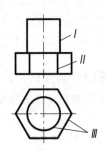

图 13-4　视图中图线的含义

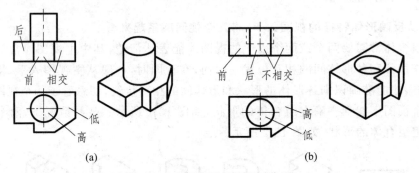

(a)　　　　　　　　　　　　　　　(b)

图 13-5　分析表面间的相对位置

3. 将想象中的形体与给定的视图反复对照

看图的过程是不断将想象中的形体与给定的视图进行对照的过程，或者说看图的过程是不断修正想象中的组合体的思维过程。既要做到视图中的每条图线与想象中的形体相对应，同时也要保证想象中形体的投影轮廓与给定视图不发生矛盾，切不可轻易下结论。现以图 13-6 为例加以分析。

由图 13-6(a)给定的两个视图去想象空间形体，粗略看，一般可认为是一个圆筒，左侧面中部安置一个开槽的长方体所构成的组合体，且长方体的宽度与圆筒外直径相同，如图 13-6(b)所示。仔细分析则不然，因为若按所想象的形体，长方体底平面（水平面）与圆柱

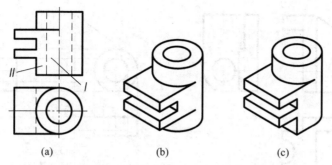

图 13-6　将想象中的形体与给定的视图认真对照

相交的交线为半圆,主视图上的投影(Ⅰ处)应有一条直线段,故Ⅱ处不应再为圆柱,实际形状如图 13-6(c)所示。

13.3.2　看图的方法

1. 用形体分析法看图

形体分析法同样也是看图的基本方法,这时虽不能直观得出组合体的组合情况,但仍然可以通过所给定的视图分解为若干部分,通过划分线框、对照投影找出各视图中的相关部分,分别想象出各部分的形状,然后综合起来把各个组成部分按图示位置加以组合,构思出立体的整体形状。

2. 用线面分析法看图

看图时,对某些不便用形体分析法进行分析的物体(如某些切割体或组合体中的某些复杂部位),可以用线面分析法进行处理。根据封闭线框表示一个面和图线的三种含义逐个面或逐条线地进行分析,围成立体表面的每个面的投影都求出了,则整个物体的投影就解决了。

对于切割类的形体,在用线面分析法进行分析时,通常不需要把立体的每个面分析一遍,这样也过于烦琐,而是应抓住几个关键面分析清楚,其余的面往往相应地易于确定。

13.4　项 目 实 施

13.4.1　用形体分析法看图举例

下面以图 13-6 为例说明看图的具体步骤。

(1) 分线框、对投影

从主视图入手,按照投影原理,将几个视图联系起来看,把组合体大致分成几个部分。如图 13-7(a)所示,由所给定的视图可以看出该组合体大致由 A、B、C、D 四部分组成。

(2) 识形体、定位置

根据每一部分的视图想象出形体,并确定它们的相互位置,如图 13-7(b)~(e)所示。

(3) 综合起来想整体

确定了各个形体及相互位置后,整个组合体的形状也就清楚了,如图 13-7(f)所示。此时需要把看图过程中想象的组合体与给定视图的各部分逐个对照检查。

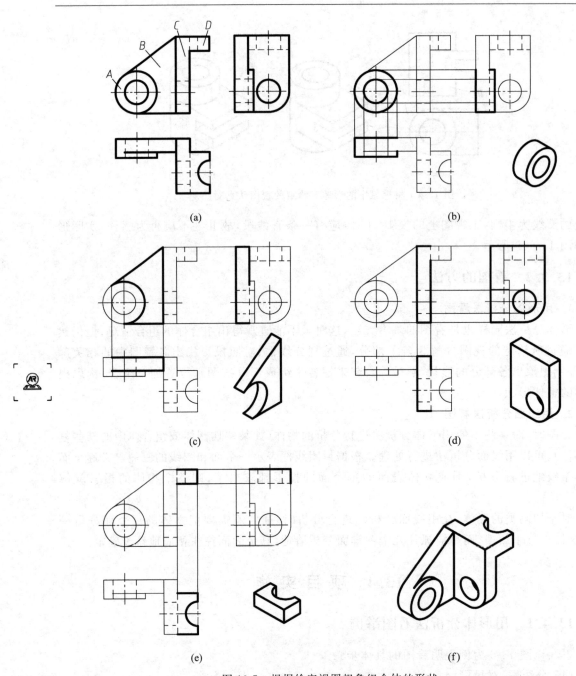

图 13-7　根据给定视图想象组合体的形状

(a) 看图实例；(b) 想象形体 A；(c) 想象形体 B；(d) 想象形体 C；(e) 想象形体 D；(f) 综合起来想整体

13.4.2　用线面分析法看图举例

如图 13-8(a)所示，根据所给的两个视图想象其形状，补画第三视图。分别对照主、俯视图可以看出，该立体是在一个长方体的基础上被截平面(一个正垂面和一个铅垂面)截切两次而形成的，通过画线框、对投影，主视图上的封闭线框(五边形)$1'2'3'4'5'$，对应在俯视图上是一条直线，根据该五边形(铅垂面)的两个投影，很容易求出它的侧面投影 $1''2''3''4''5''$，如

图 13-8(b)所示。同理可求出四边形(正垂面),水平投影为 4567 的侧面投影,如图 13-8(c)所示。最后,考虑没有被完全截切的长方体侧表面的投影情况,可得出该物体的左视图及整体形状,如图 13-8(d)所示。

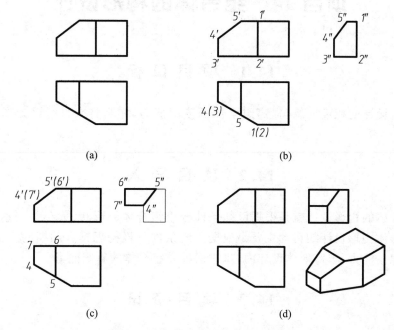

(a)   (b)

(c)   (d)

图 13-8   用线面分析法求第三投影

(a)题目;(b)补画五边形的侧面投影;(c)补画四边形的侧面投影;(d)完成左视图,想象空间形状

13.5   项 目 练 习

1. 填空题

(1) 视图中的每条图线可能表示的三种情况是_____。

(2) 形体的某一投影为矩形,其空间所表达的形体可能是_____(说出 5 种以上形体)。

2. 思考题

(1) 为什么组合体读图时,进行形体分析主要是通过画线框、对投影、想形体来完成的?

(2) 在图 13-9 中,已知左视图和俯视图,试用形体分析法及线面分析法分析该组合形体,并在指定位置画出主视图。

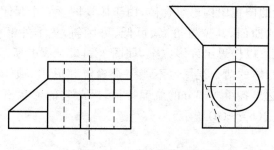

图 13-9   组合体读图

项目 14　组合体的构形设计

14.1　项 目 目 标

通过构形设计的积极训练,提高组合体的读图能力,亦为将来自行设计形体零件打好基础。

14.2　项 目 导 入

所谓组合体的构形设计就是根据已知条件构思组合体的形状、大小并表达成图形的过程。组合体形体构形设计的目的主要是根据所给条件积极构思符合预期的立体形状,进一步提高空间想象能力、丰富形体设计内容,进而提升组合体的看图能力。

14.3　项 目 资 讯

14.3.1　组合体的构形原则

就实际情况而言,进行组合体构形设计时,必须考虑以下原则。

(1) 组合体的构形应基本符合工程上物体结构的设计要求。

(2) 构形应符合物体结构的工艺要求且便于成形。一般来说,在满足功能需求的前提下,构形时,组成组合体的各基本体应尽可能简单,一般采用常用回转体和平面立体,尽量不用不规则曲面,结构应简单紧凑,这样有利于画图、标注尺寸及制造。

(3) 在设计与产品外形相关的形体构形时,其形态应考虑便于使用、造型美观等因素。

14.3.2　组合体构形设计的方法

1. 构形设计

根据给出的一个或两个视图构思出不同结构的组合体的方法,称为构形设计。由于一个视图不能完全确定物体的形状,所以根据物体的一个视图就可以构思出不同的形体。如图 14-1(a)所示,按所给的俯视图构思组合体,由于俯视图含六个封闭线框,上表面可有六个表面,它们可以是平面或曲面,其位置可高、可低、可倾斜,整个外框可表示底面,可以是平面、曲面或斜面,这样就可以构思出许多方案,如图 14-1(b)~(d)所示。

有时,即使给出了物体的两个视图也不能完全确定其形状。如图 14-2(a)所示,由于给出的主、俯视图没有表达出各组成部分的位置特征,因此它的形状不是唯一的,由此可构思出不同的形体,如图 14-2(b)~(d)所示。

2. 切割法设计

给定一基本体,经过不同的切割方式而构成不同的组合体的方法称为切割法设计。如

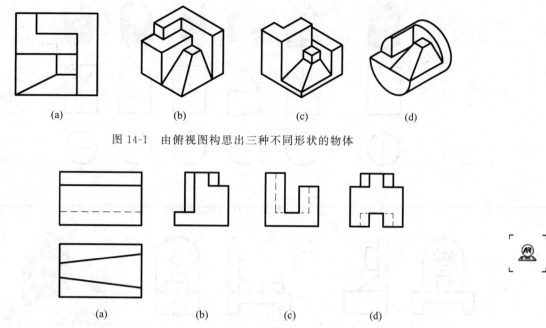

图 14-1 由俯视图构思出三种不同形状的物体

图 14-2 三种不同的左视图

图 14-3 所示的主、俯视图,可以表达多种组合体,可以认为是由一个四棱柱或圆柱体分别经 1～5 次切割获得的,所以分别用五个左视图表示。

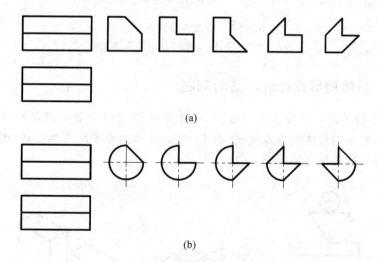

(a)

(b)

图 14-3 基本体切割后构成的组合体

　　将一个立体进行一次切割即得到一个新的表面,该表面可以是平面、曲面,可凸、可凹等,变换切割方式和切割面间的相互关系即可生成多种组合体。如图 14-4(a)所示的圆柱体,若将其顶面用不同的方式切割,可得到图 14-4(b)所示的多种形体,但其俯视图均为圆形。

3. 叠加法设计

　　组合体可由多个基本形体叠加而成。如图 14-5(c)所示的四个基本形体可以叠加组合形成多种形体,图 14-5(a)、(b)所示为其中两种叠加的组合方案。

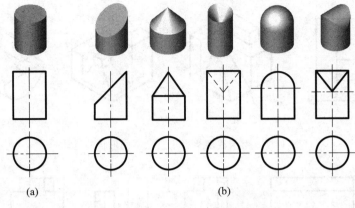

图 14-4　圆柱一次切割后构成的几何体

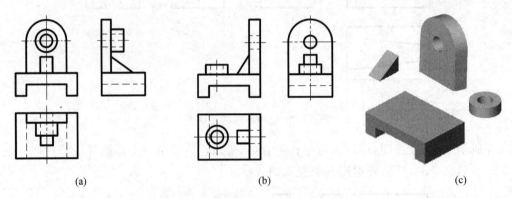

图 14-5　叠加法设计组合体

（a）方案（一）；（b）方案（二）；（c）形体分解

14.3.3　形体构形设计应注意的问题

（1）组合体的各组成部分应牢固连接，两个形体组合时不能是点接触、线接触或面连接。图 14-6(a)所示的形体间为点接触，图 14-6(b)所示的形体间为线接触，图 14-6(c)所示的形体为面连接，这些都是错误的。

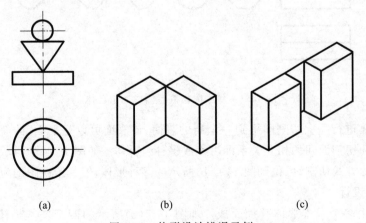

图 14-6　构形设计错误示例

（a）点接触；（b）线接触；（c）面连接

（2）封闭的内腔不便于成形，一般不要采用，如图 14-7 所示。当然，这也要视材料的不同及成形方法而定。

（3）构形应考虑便于使用，符合人机工程学原理。一般来说，设计一个产品时，内部各零件设计首先考虑的是其功能性及合理性，在此前提下，形态设计越简单，成形越好，但对于一些外形相关的零件，如外壳、操作手柄等，其形态构成在满足功能的前提下还应尽量考虑造型的美观，使用过程中的方便、舒适、安全、高效等因素。如图 14-8 中的瓶起的形状设计，既便于随身携带，使用起来也舒适方便。

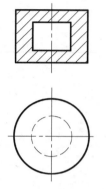

图 14-7　形体组合中不要出现封闭的内腔　　　　图 14-8　瓶起的形状

14.4　项 目 练 习

（1）为什么说两形体在组合时不可以是点接触或线接触？

（2）图 14-9 中所示是某医用检测设备中的操纵手柄，(a)和(b)的操作方式及功能完全一样，只是外部形态的设计有区别。试从使用的舒适度方面，分析两者的优劣。

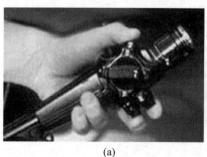
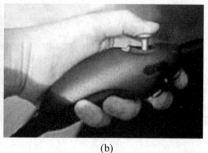

(a)　　　　　　　　　　　　　　　　(b)

图 14-9　构形设计对比

第5篇

轴 测 图

项目 15　轴测图的基本知识

15.1　项 目 目 标

（1）了解轴测图的形成过程。
（2）掌握轴测图的类型、分类方法及投影特性。

15.2　项 目 导 入

多面正投影图能准确表达机件各部分的形状、相对位置和大小，具有度量性好、作图简便等优点，是工程上应用最广的图样。但它的直观性差，缺乏立体感，必须具有一定的图学知识才能看懂，如图 15-1(a)所示。为此，工程上常用一种富有立体感的单面投影图来辅助表达机件，以弥补多面正投影图的不足。这种单面投影图称为轴测图，如图 15-1(b)所示。

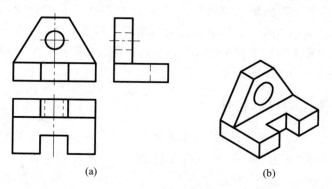

(a)　　　　　　　　　　　(b)

图 15-1　多面正投影与轴测投影的比较

15.3　项 目 资 讯

15.3.1　轴测图的形成

图 15-2 表明了正投影图和轴测投影图的形成方法。假想将物体放在一空间直角坐标体系中，其坐标轴与物体上三条互相垂直的棱线重合，O 为原点。在图 15-2(a)中，物体的 XOZ 面与投影面 P 平行，投射方向 S 垂直于投影面，得到的投影为单面正投影图。

在图 15-2(b)中，让物体绕 O 点旋转，使物体的 X、Y、Z 轴均与投影面形成一个夹角，投射方向 S 仍垂直于投影面，这样得到的投影图称为正轴测投影图。

在图 15-2(c)中，物体的 XOZ 面仍与投影面 P 平行，改变投射方向 S，使它倾斜于投影面 P，这样得到的投影图称为斜轴测投影图。

在轴测投影中,投影面 P 称为轴测投影面,投射方向 S 称为轴测投射方向。

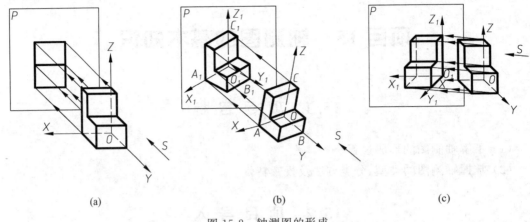

(a)　　　　　　　　　　　(b)　　　　　　　　　　　(c)

图 15-2　轴测图的形成

15.3.2　轴测图的轴测轴、轴间角及轴向伸缩系数

(1) 轴测轴:确定物体空间位置的参考直角坐标系的三个坐标轴 OX、OY、OZ 在轴测投影面上的投影 O_1X_1、O_1Y_1、O_1Z_1,称为轴测轴。

(2) 轴间角:相邻两轴测轴之间的夹角,即角 $\angle X_1O_1Y_1$、$\angle X_1O_1Z_1$、$\angle Y_1O_1Z_1$。

(3) 轴向伸缩系数:轴测轴上的单位长度与相应空间直角坐标上的单位长度之比。

X_1、Y_1、Z_1 轴的轴向伸缩系数分别用 p_1、q_1、r_1 表示,$p_1=O_1A_1/OA$,$q_1=O_1B_1/OB$,$r_1=O_1C_1/OC$,如图 15-2 所示。

15.3.3　轴测图的投影特性

由于轴测投影采用的是平行投影,因此具有平行投影的如下基本特性:

(1) 平行性,即物体上互相平行的线段在轴测图上仍然互相平行;

(2) 定比性,即物体上两平行线段或同一直线上的两线段长之比,在轴测图上保持不变;

(3) 从属性,即直线上的点投影后仍在直线的轴测投影上,平面上的线段投影后仍在平面的轴测投影上;

(4) 实形性,即物体上平行于轴测投影面的直线和平面在轴测图上反映实长和实形。

15.3.4　轴测图的分类

(1) 根据投射方向与轴测投影面的相对位置关系,可以将轴测图分为两种。

① 正轴测图,投射方向与轴测投影面垂直,即用正投影法得到的轴测图,如图 15-2(b)所示;

② 斜轴测图,投射方向与轴测投影面倾斜,即用斜投影法得到的轴测图,如图 15-2(c)所示。

(2) 根据轴向伸缩系数的不同,轴测图又可以分三种。

① 等轴测图,三个轴向伸缩系数都相等的轴测图,即 $p_1=q_1=r_1$。等轴测图包括正等

轴测图和斜等轴测图,简称正等测和斜等测。

② 二等轴测图,有两个轴向伸缩系数相等的轴测图,即 $p_1 = q_1 \neq r_1$,或 $p_1 = r_1 \neq q_1$ 或 $p_1 \neq q_1 = r_1$。二等轴测图包括正二等轴测图和斜二等轴测图,简称正二测和斜二测。

③ 三轴测图,三个轴向伸缩系数均不相等的轴测图,即 $p_1 \neq q_1 \neq r_1$。三轴测图包括正三轴测图和斜三轴测图,简称正三测和斜三测。

15.3.5 绘制轴测图的一般步骤

(1) 确定轴测图的种类。选择轴测图时应力求图形表达清晰、完整,尽量避免物体上的面和棱线有积聚或重叠现象,力求作图简便、快捷。

(2) 确定轴间角和轴向伸缩系数。

(3) 确定轴测图的坐标原点和轴测轴。轴测图中的 3 个轴测轴应配置成便于作图的特殊位置,绘图时,轴测轴随轴测图同时画出,也可以省略不画。

(4) 沿着平行于轴测轴的方向,按照相关轴测轴的轴向伸缩系数确定物体上点的轴测投影位置。

(5) 平行于坐标轴的各线段的轴测投影可平行于对应的轴测轴画出,并按对应坐标轴的轴向伸缩系数来度量其尺寸。与坐标轴不平行的线段只能按步骤(4)的方法确定该线段的端点,然后连线画出。

(6) 轴测图中一般只用粗实线画出物体的可见部分。

项目 16　　正等轴测图

16.1　项目目标

(1) 掌握正等轴测图的轴间角和轴向伸缩系数。

(2) 掌握正等轴测图的画法。

(3) 能熟练绘制平面立体的正等轴测图；会正确绘制曲面立体的正等轴测图。

16.2　项目导入

项目 15 中我们介绍了轴测图有六种，在选择轴测图时应尽量选择作图简便、快捷的那种。在六种轴测图中，正等轴测图因其三个方向的轴向伸缩系数相等，三个轴间角也都相等，作图最为简单，因而成了人们最常选用的一种轴测图。

16.3　项目资讯

16.3.1　轴间角和轴向伸缩系数

在正等轴测图中，由于空间的三个坐标轴都倾斜于轴测投影面，所以三个轴向直线的投影都将缩短，即 p、q、r 小于 1；三个轴间角相等，都是 120°，如图 16-1 所示。根据理论计算，正等轴测图的轴向伸缩系数 $p_1 = q_1 = r_1 = 0.82$。为了便于作图，在画正等轴测图时，常采用各轴向的简化伸缩系数，即 $p_1 = q_1 = r_1 = 1$，这样沿轴向的尺寸就可以直接量取物体实长，但画出的正等轴测图比原投影放大 $1/0.82 \approx 1.22$ 倍。在作图时，Z 轴画成铅垂位置，X 轴与 Y 轴可以用 30°三角板画出。

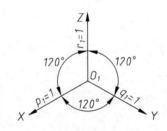

图 16-1　正等轴测图的轴间角和轴向伸缩系数

16.3.2　平面立体正等轴测图的画法

绘制平面立体正等轴测图的方法有坐标法、切割法和叠加法三种。

1. 坐标法

坐标法是画轴测图的基本方法。所谓坐标法就是根据立体表面上每个顶点的坐标画出它们的轴测投影，然后连成立体表面的轮廓线，从而获得立体轴测投影的方法。下面举例说明用坐标法画正等轴测图的步骤。

【例 16-1】　如图 16-2 所示，已知正六棱柱的主、俯视图，求作其正等轴测图。

解：(1) 在两视图上确定直角坐标系，坐标原点取正六棱柱顶面的中心，如图 16-2 所示。

（2）画轴测轴，分别在 X、Y 方向上量取长度 A、B，再利用平行性及六边形边长作出顶面的轴测投影，如图 16-3(a)、(b)所示。

（3）根据正六棱柱的高度，在 Z 方向截取 H，作出底面各点轴测投影，如图 16-3(c)所示。

（4）连接各边与棱线，擦去作图线，即完成正六棱柱的正等轴测图，如图 16-3(d)所示。

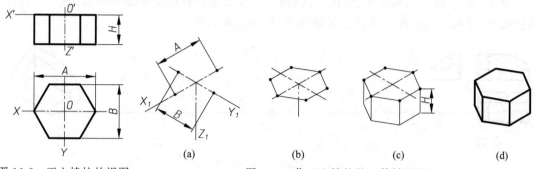

图 16-2　正六棱柱的视图　　　　　　　图 16-3　作正六棱柱的正等轴测图

2. 切割法

切割法是指对于某些以切割为主的立体，可以先画出其切割前的完整形体，再按形体形成的过程逐一切割而得到立体轴测图的方法。

【例 16-2】　如图 16-4(a)所示，已知一平面立体的三视图，绘制其正等轴测图。

分析：由投影图可知，该立体是在长方体的基础上切去左上方的三棱柱及正前上方的一个四棱柱后形成的。绘图时，应先用坐标法画出长方体，然后逐步切去各个部分，绘图步骤如图 16-4 所示。

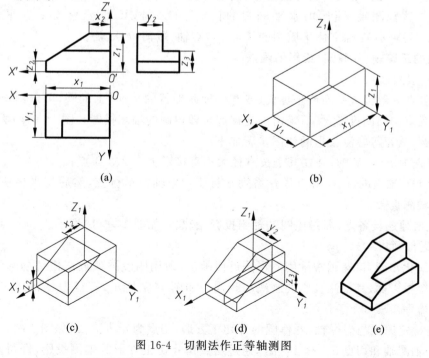

图 16-4　切割法作正等轴测图

（a）定坐标；（b）画长方体；（c）切去左上角；（d）切去前上角；（e）整理完成全图

3. 叠加法

叠加法是指对于某些以叠加为主的立体,可按形体形成的过程逐一叠加从而得到立体轴测图的方法。

【例 16-3】 作出图 16-5(a)所示平面立体的正等轴测图。

分析:该平面立体由底板、背板、右侧板三部分组成。利用叠加法分别画出这三部分的轴测投影,即得到该平面立体的正等轴测图,作图步骤如图 16-5 所示。

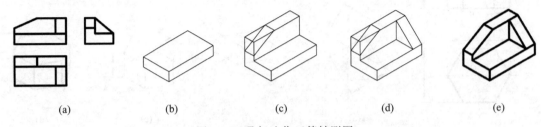

(a)　　　　　　(b)　　　　　　(c)　　　　　　(d)　　　　　　(e)

图 16-5　叠加法作正等轴测图
(a)三视图;(b)画底板;(c)画背板;(d)画右侧板;(e)擦去作图线,描粗加深

16.3.3　曲面立体的正等轴测图的画法

曲面立体表面除了直线轮廓线外,还有曲线轮廓线,工程上用得最多的曲线轮廓线就是圆或圆弧。

1. 平行于坐标面的圆的正等轴测投影

根据正等轴测图的形成原理,平行于坐标面的圆的正等轴测图是椭圆。根据理论分析,坐标面(或其平行面)上圆的正等测投影(椭圆)的长轴方向与该坐标面的垂直轴测轴垂直,短轴方向与该轴测轴平行,即水平椭圆的长轴$\perp OZ$ 轴,短轴$/\!/OZ$ 轴;正平椭圆的长轴$\perp OY$ 轴,短轴$/\!/OY$ 轴;侧平椭圆的长轴$\perp OX$ 轴,短轴$/\!/OX$ 轴。

2. 圆的正等轴测(椭圆)投影的画法

(1)一般画法

对于处在一般位置平面或坐标面(或与坐标面平行的平面)上的圆,可以用坐标法作出圆上一系列点的轴测投影,然后光滑地连接起来即得圆的轴测投影。图 16-6(a)所示为一水平面上的圆,其正等轴测投影的作图步骤如下:

① 首先画出 X、Y 轴,并在其上按直径大小直接定出 1、2、3、4 点;

② 过 OY 轴上的 A、B 等点作一系列平行于 OX 轴的平行弦,然后按坐标法作出这些平行弦的轴测投影;

③ 光滑地连接各点,即得该圆的轴测投影(椭圆),如图 16-6(b)所示。

(2)近似画法

为了简化作图,该椭圆常采用菱形法近似画出,即用四段圆弧近似代替椭圆弧,无论圆平行于哪个投影面,其轴测投影的画法均相同。如图 16-7 所示,直径为 d 的水平圆正等轴测投影的作图步骤如下:

① 先确定原点与坐标轴,并作圆的外切正方形,切点为 a、b、c、d,如图 16-7(a)所示。

② 作轴测轴和切点 a_1、b_1、c_1、d_1,通过切点作外切正方形的轴测投影,即得菱形,并作菱形的对角线,如图 16-7(b)所示。

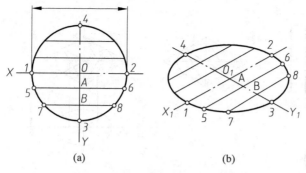

图 16-6　圆的正等轴测投影的一般画法

(a) 水平面上的圆；(b) 圆的正等轴测投影

③ 过 a_1、b_1、c_1、d_1 作各边的垂直线，得圆心 O_1、O_2、O_3、O_4，如图 16-7(c) 所示。

④ 以 O_1、O_3 为圆心，O_1a_1 为半径，作圆弧 a_1d_1、b_1c_1；以 O_2、O_4 为圆心，O_2a_1 为半径，作圆弧 a_1b_1、c_1d_1，连成近似椭圆，如图 16-7(d) 所示。

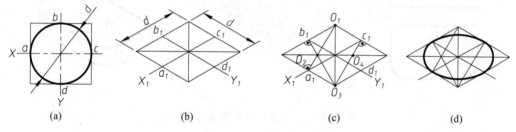

图 16-7　菱形法的近似椭圆画法

图 16-8 画出了平行于三个坐标面上圆的正等轴测图，它们都可用菱形法画出。只是椭圆的长、短轴方向不同，并且三个椭圆的长轴构成等边三角形。

3. 回转体的正等轴测图的画法

画回转体的正等轴测图时，只要先画出底面和顶面圆的正等轴测图——椭圆，然后作出两椭圆的公切线即可。

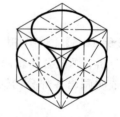

图 16-8　平行于三个坐标面的圆的正等轴测图

【例 16-4】　如图 16-9(a) 所示，已知圆柱的主、俯视图，作出其正等轴测图。

解：(1) 选择坐标系，原点选定为顶圆的圆心，XOY 坐标面与顶圆重合，如图 16-9(a) 所示。

(2) 用菱形法画出顶圆的轴测投影——椭圆，将该椭圆沿 Z 轴向下平移 H，即得底圆的轴测投影，如图 16-9(b)、(c) 所示。

(3) 作椭圆的公切线，擦去不可见部分，加深后即完成作图，如图 16-9(d) 所示。

4. 圆角的正等轴测图的画法

立体上的 1/4 圆角在正等轴测图上是 1/4 椭圆弧，可用近似画法作出，如图 16-10 所示。作图时根据已知圆角半径 R，找出切点 A_1、B_1、C_1、D_1，过切点分别作圆角邻边的垂线，两垂线的交点即为圆心，以此圆心到切点的距离为半径画圆弧即得圆角的正等轴测图。底面圆角只要将顶面圆弧下移 H 即可，如图 16-10(b)、(c) 所示。

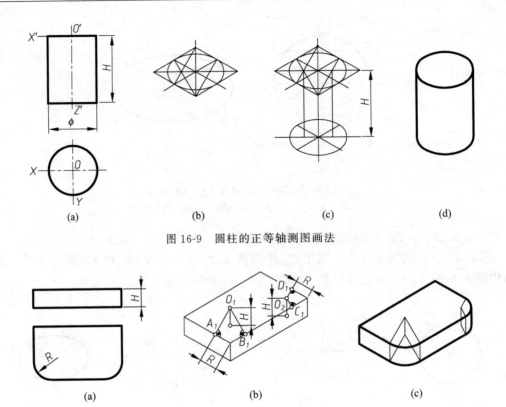

图 16-9　圆柱的正等轴测图画法

图 16-10　1/4 圆角的正等轴测图画法

16.4　项 目 实 施

【例 16-5】　画出如图 16-11 所示的直角支板的正等轴测图。

分析：画组合体轴测图时，先用形体分析法分解组合体，然后将分解的形体按坐标用叠加法依次画出各部分的轴测图。在作图过程中还要注意各个形体的结合关系。

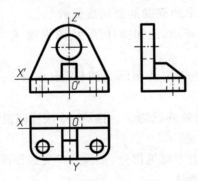

图 16-11　直角支板的视图

解：(1) 在投影图上定出坐标系，如图 16-11 所示。

(2) 画底板和侧板的正等轴测图，如图 16-12(a)所示。

(3) 画底板圆角、侧板上圆孔及上半圆柱面的正等轴测图，如图 16-12(b)所示。

（4）画底板圆孔和中间肋板的正等轴测图，如图 16-12(c)所示。

（5）整理并加深即完成全图，如图 16-12(d)所示。

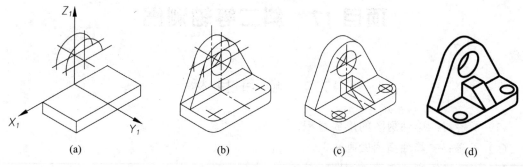

图 16-12　直角支板的正等轴测图画法

项目 17　斜二等轴测图

17.1　项目目标

（1）了解斜二等轴测图的形成过程。

（2）了解斜二等轴测图的画法。

（3）能正确绘制斜二等轴测图。

17.2　项目导入

正等轴测图在绘制平面立体时比较简单，但在绘制曲面立体时比较麻烦，这是由于圆的正等轴测图是椭圆，而椭圆的画法比较复杂造成的。对于部分曲面立体，如果选用斜二等轴测图来绘制则比较简单。

17.3　项目资讯

17.3.1　斜二等轴测图的形成

将物体连同确定其空间位置的直角坐标系用斜投影法投射到与 XOZ 坐标面平行的轴测投影面上，便得到物体的斜二等轴测图，简称斜二测。

17.3.2　斜二等轴测图的轴间角和轴向伸缩系数

由于轴测投影面平行于 XOZ 坐标面，因此物体上平行于 XOZ 坐标面的直线段和平面图形在斜二等轴测图中反映实长和实形，轴间角 $\angle X_1O_1Z_1 = 90°$（轴测轴 Z_1 按习惯处于铅垂位置），X_1、Z_1 轴向伸缩系数 $p_1 = r_1 = 1$。

轴测轴 Y_1 的方向和轴向伸缩系数是随着斜投影的方向与轴测投影面的倾斜度变化的，均可任意选定。但为了画图简便，同时立体感又比较强，国家标准规定：轴测轴 Y_1 与水平线成 $45°$ 角，其轴向伸缩系数 $q_1 = 0.5$，如图 17-1(b) 所示。

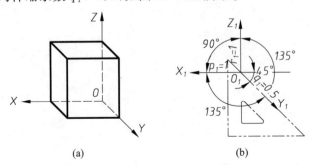

图 17-1　斜二等轴测图的轴间角

17.3.3 斜二等轴测图的画法

斜二等轴测图的特点是物体上与轴测投影面平行的表面在轴测投影中反映实形,因此,画斜二等轴测图时,应尽量使物体上形状复杂的一面平行于 $X_1O_1Z_1$ 面。斜二等轴测图的画法与正等轴测图的画法相似,但它们的轴间角不同,而且其伸缩系数 $q_1 = 0.5$,所以画斜二等轴测图时,沿 Y_1 轴方向的长度应取物体上相应长度的一半。

17.4 项 目 实 施

【例 17-1】 画出图 17-2(a)所示组合体的斜二等轴测图。

解:由投影图可知,组合体的形状特点是在一个方向有相互平行的圆。选择圆的平面平行于坐标面 $X_1O_1Z_1$,则这些圆的斜二等轴测图仍为圆,只要正确作出这些圆的圆心的斜二等轴测图,就可以方便地作出这个组合体的斜二等轴测图。具体的作图方法和步骤如下:

(1) 定坐标轴,如图 17-2(a)所示;

(2) 画轴测轴,定圆心,如图 17-2(b)所示;

(3) 画圆并作公切线,如图 17-2(c)所示;

(4) 擦去多余的线并按规定加粗即完成作图,如图 17-2(d)所示。

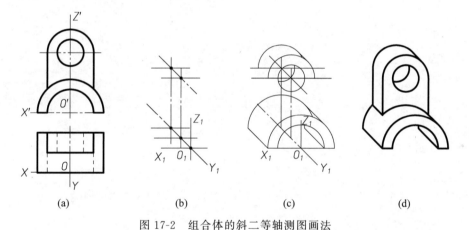

(a)　　　　　(b)　　　　　(c)　　　　　(d)

图 17-2　组合体的斜二等轴测图画法

第6篇

机件常用的表达方法

项目 18 视 图

18.1 项目目标

知识目标：

(1) 掌握基本视图、向视图、局部视图和斜视图的画法；

(2) 掌握视图的选择和配置要求，做到视图选择和配置恰当。

技能目标：能正确绘制各种不同的视图；能根据机件的形状结构选择合适的视图进行表达。

18.2 项目导入

在生产实际中，简单的机件往往只需用一个或两个视图并注上尺寸，就可以表达清楚了，但有些形状比较复杂的机件，用三个视图也难以清楚地表达其内外结构。因此，要想把机件的形状结构表达得正确、完整、清晰、简练，以便于他人看图，就要根据机件的结构特点与复杂程度，采用不同的表达方法。

其中有一类表达方法是将机件的整体或局部向投影面投射，所得的图形称为视图。视图主要用来表达机件的外部形状，必要时才画出其不可见部分。视图按其投影方式或图形布局位置的不同，可分为基本视图、向视图、局部视图和斜视图四种。

18.3 项目资讯

18.3.1 基本视图

机件向基本投影面投射所得到的图形称为基本视图。

国家标准《机械制图》中规定，采用正六面体的六个面为基本投影面。机件向六个基本投影面投射，得到六个基本视图，其名称分别为主视图（由前向后投射）、左视图（由左向右投射）、俯视图（由上向下投射）、右视图（由右向左投射）、仰视图（由下向上投射）和后视图（由后向前投射）。将六个基本投影面展开的方法如图 18-1 所示。

展开后视图的布置如图 18-2 所示，各视图之间保持"长对正、高平齐、宽相等"的投影关系，即主视图、俯视图、仰视图、后视图等长；主视图、左视图、右视图、后视图等高；俯视图、仰视图、左视图、右视图等宽。

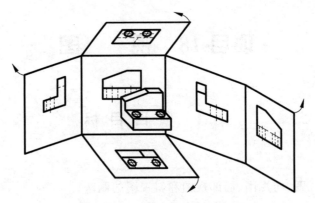

图 18-1　六个基本投影面的展开

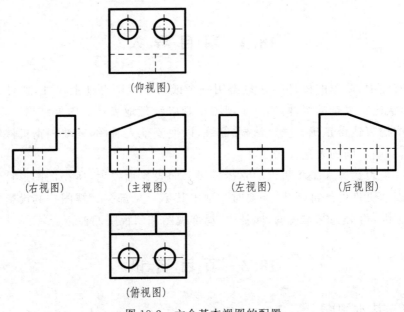

(仰视图)

(右视图)　　(主视图)　　(左视图)　　(后视图)

(俯视图)

图 18-2　六个基本视图的配置

18.3.2　向视图

　　向视图是基本视图的另一种表达方式,是移位配置后的基本视图。向视图的投射方向必须与基本投影面垂直,并必须完整地画出投射后所得的图形。

　　向视图的标注方式如图 18-3 所示。在向视图上方用大写拉丁字母标出名称为"X",在相应的视图附近用箭头指明投射方向并标注同样的字母"X",如图 18-3 中的"A""B""C"所示。

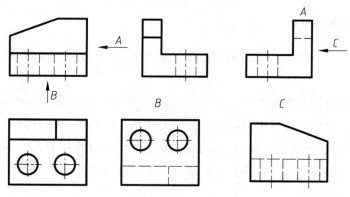

图 18-3　向视图的标注方式

18.3.3　局部视图

局部视图是将机件的局部结构向基本投影面投射所得的视图。

在工程图样中,局部视图的配置可选用以下两种方式:

(1) 按基本视图的配置形式配置,如图 18-4 中的视图 A;

(2) 按向视图的配置形式配置,如图 18-4 中的视图 B。

局部视图的标注及画法:

(1) 局部视图一般需要标注,标注方法为在相应的视图附近用箭头标明所要表达的部位和投射方向,并注上相应的字母,在局部视图的上方标注视图的名称,如图 18-4 中的"A"视图。但当局部视图按投影关系配置,中间又没有其他图形隔开时,可省略标注。当局部视图按向视图的配置形式配置时,应按向视图的标注方法进行标注,如图 18-4 中的"B"视图。

(2) 局部视图表达的是机件的局部结构,局部视图的断裂边界用波浪线或双折线表示。当所表示的局部结构完整,且其投影的外轮廓线封闭时,波浪线可省略不画,如图 18-4 中的"B"视图。波浪线不应超出机件实体的投影范围,如图 18-4 中的"A"视图。

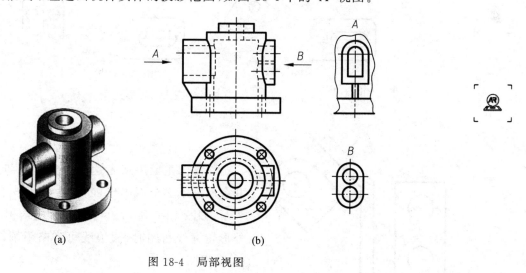

(a)　　　　　　　　　　　(b)

图 18-4　局部视图

18.3.4 斜视图

将机件向不平行于基本投影面的辅助平面投射所得的视图称为斜视图,如图 18-5 所示。

斜视图通常按向视图的配置形式配置和标注。箭头一定要垂直于被表达的倾斜部分,而字母及符号均要按水平位置书写,如图 18-6(a)中的"A"视图。有时为了合理利用图纸或方便作图,允许将斜视图旋转配置,标注时加旋转符号(半径为字高的半圆弧)"⌒ X"或"X ⌒",其字母靠近箭头端,旋转符号的方向与图形的旋转方向一致,如图 18-6(b)中的"A"视图。

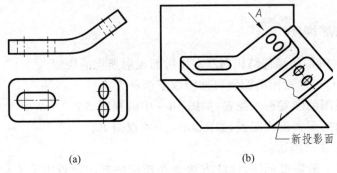

(a)   (b)

图 18-5 支板斜视图的形成

(a)基本视图;(b)斜视图的形成

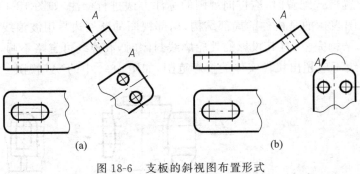

(a)   (b)

图 18-6 支板的斜视图布置形式

(a)一种布置形式;(b)另一种布置形式

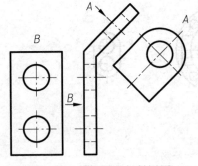

图 18-7 局部视图与斜视图

斜视图主要用来表达机件上倾斜部分的实形,故其余部分不必全部画出,断裂边界用波浪线或双折线表示,如图 18-6 所示。当所表示的结构是完整的,且外形轮廓线封闭时,波浪线可省略不画,如图 18-7 中的 A 视图。

18.4　项　目　实　施

【例 18-1】　选择合适的视图将图 18-8(a)所示的阀体表达清楚。

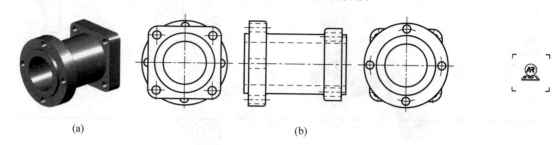

(a)　　　　　　　　　　　　　　　　　　　　(b)

图 18-8　阀体

　　分析：要确定合适的表达方法，首先要对机件的形体结构进行分析，该机件的主体结构为回转体，由中间一圆柱体和左端一圆柱形板和右端一带圆角的方形板连接而成，左右两块板上各有一大小相同的圆柱形凸台，整个机件中间开大孔，左右两块板上开有四个小孔。按照视图选择的思路，优先考虑三个基本视图，从三个基本视图中我们会发现主视图和俯视图的图形相同，出现了重复表达的现象，因此只需保留主视图即可；再分析主视图和左视图的表达是否存在不足，从左视图中可以发现右边的方板的结构大部分是虚线，并且方板上的凸台完全被遮挡，为了清楚地表达右边的方板及凸台的形状，我们可以增加一个右视图，这样整个机件的外部形状就可清楚地表达了，最终表达方案如图 18-8(b)所示。

　　【例 18-2】　选择合适的视图将 18-9(a)所示的支座表达清楚。

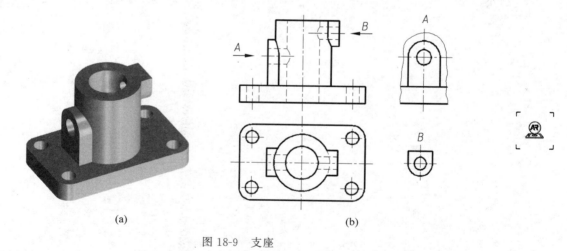

(a)　　　　　　　　　　　　　　　　　　　　(b)

图 18-9　支座

　　分析：首先对机件进行形体结构分析，该机件与图 18-4 所示的机件相似，主体结构为一底板上叠加一圆柱，圆柱左右各有一凸台；然后进行视图选择，首先考虑主、俯、左三个基本视图，分析发现利用主、俯两视图可以清楚地表达底板和圆柱的主体结构，左视图对底板和圆柱的结构进行了重复表达，为了简化作图，可以考虑省略左视图，增加两个局部视图来表达左右两个凸台的特征形状，最后的表达方案如图 18-9(b)所示。

【例 18-3】　选择合适的视图将 18-10(a)所示的支架表达清楚。

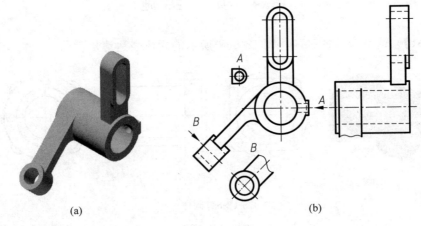

(a)　　　　　　　　　　　　　(b)

图 18-10　支架

分析：首先对该机件进行形体分析，主体结构为一圆筒，上方连接一板，再通过一倾斜板与一小圆筒相连，大圆筒右侧有一小凸台，上方的连接板上也有凸台。接着选择视图，首先考虑主、俯、左三个基本视图，主视图可以表达中间大圆筒和上方板的特征形状及小圆筒的高度和连接板的厚度，但小圆筒和大圆筒右侧凸台的特征形状均未表达，再分析左视图和俯视图，由于圆筒处于倾斜位置，在左视图和俯视图中仍不能表达出其特征形状，因此考虑采用斜视图表达小圆筒及连接板的特征形状，再利用一个局部左视图完整地表达大圆筒及其上方板的形状，最后增加一个局部视图表达小凸台的形状特征，完整的表达方案如图 18-10(b)所示。

项目 19 剖 视 图

19.1 项目目标

知识目标：
(1) 掌握全剖视图、半剖视图和局部剖视图的应用场合及画法；
(2) 掌握用多个剖切平面剖切机件时的画法。

技能目标：能正确绘制机件的各种剖视图；能根据机件的内部结构选择合适的剖视图进行表达。

19.2 项目导入

视图主要用于表达机件的外部形状，视图中机件的内部结构用虚线表示。当机件的内部结构复杂时，视图上的虚线很多，如图 19-1 中的轴承座的俯视图和左视图。这些虚线既影响图形的清晰又不便于标注尺寸。为此，国家标准规定可用剖视图来表示机件的内部结构。

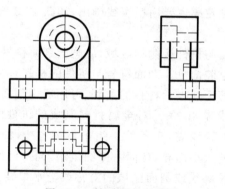

图 19-1 轴承座的三视图

19.3 项 目 资 讯

19.3.1 剖视图的概念

如图 19-2 所示，假想用一平面剖开机件，将位于观察者与剖切面之间的部分移去，将剩余部分向投影面投射所得的图形称为剖视图，简称剖视。

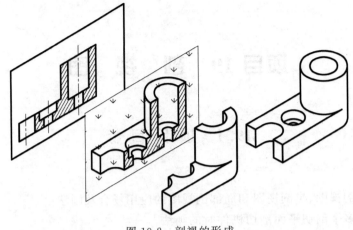

图 19-2 剖视的形成

19.3.2 画剖视图的方法、步骤

1. 剖视图的画法

(1) 确定剖切面的位置

剖切平面一般应通过机件的对称面且平行于相应的投影轴,即通过机件的对称中心线或通过机件内部的孔、槽的轴线,如图 19-2 所示。

(2) 画出机件的轮廓线

机件经过剖切后,内部不可见轮廓变为可见,将剖切面上的可见轮廓线用粗实线画出,同时剖切面后的机件的可见轮廓也要用粗实线画出,如图 19-3 所示。

(3) 填充剖面区域

剖面区域是指剖切平面与机件接触的区域,应画上剖面符号,以区分机件上被剖切到的实体部分和未被剖切到的空腔部分。剖面符号与机件的材料有关,表 19-1 是国家标准规定的常用材料的剖面符号。若无须表示材料的类别,可用通用剖面线表示,通用剖面线与主要轮廓线或剖面区域的对称线成 45°角。对金属材料制成的机件的剖面符号,一般应画成与主要轮廓线或剖面区域的对称线成 45°角的一组平行细实线,如图 19-3 中的主视图。剖面线之间的距离因剖面区域的大小而异,在同一张图纸中,同一机件各个剖面区域的剖面线画法应一致。当图形的主要轮廓线或剖面区域的对称线与水平线夹角为 45°或接近 45°时,该图形的剖面线可画成与主要轮廓线或剖面区域的对称线成 30°或 60°角的平行线,其倾斜方向仍与其他图形的剖面线方向一致,如图 19-4 所示。

表 19-1 常用材料的剖面符号

材 料 名 称	剖面符号	材 料 名 称		剖面符号
金属材料,通用剖面线 (已有规定剖面符号者除外)		混凝土		
非金属材料 (已有规定剖面符号者除外)		木材	纵剖面	
型沙、填沙、粉末冶金、砂轮、陶瓷 刀片等			横剖面	

材 料 名 称	剖面符号	材 料 名 称	剖面符号
玻璃及其他透明材料		木质胶合板	
砖		液体	

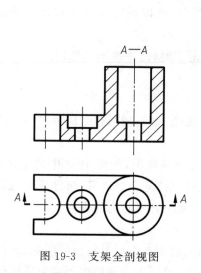

图 19-3　支架全剖视图

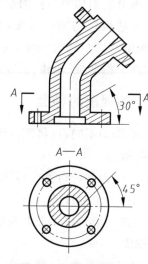

图 19-4　剖面线的画法

2. 剖视图的标注

　　为了便于看图时找出剖视图与其他视图的投影关系，一般应在相应的视图上画出剖切符号，用粗短画线表示。在粗短画线处注上大写拉丁字母"X"，在剖视图正上方标注出剖视图的名称"$X-X$"，如图 19-5 所示。

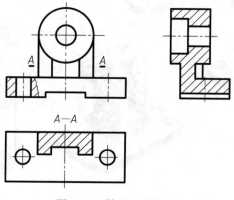

图 19-5　轴承座剖视图

　　当剖视图按投影关系配置，中间又没有其他图形隔开时，可省略箭头，如图 19-5 中的 $A-A$ 剖视图，在主视图中的剖切符号可省略箭头标注；当剖切平面通过机件的对称平面或基本对称平面，且剖视图按投影关系配置，中间又没有其他图形隔开时，可全部省略标注，如图 19-3 中的主视图与图 19-5 中左视图的标注均全部省略。

3. 画剖视图时应注意的问题

（1）由于剖切是假想的，所以将一个视图画成剖视图后，其他视图仍按完整的机件画出。

（2）画剖视图时，在剖切面后面的可见部分一定要全部画出，在剖切面后面的不可见轮廓线一般不画，只有对尚未表达清楚的结构才用虚线表示。

（3）要仔细分析剖切面后面的形状，可见部分都要画出，不能遗漏。

（4）根据表达机件的实际需要，在一组视图中，可以同时在几个视图中采用剖视，如图 19-5 中轴承座的三个视图中均采用了剖视图。

（5）对零件上的肋板、轮辐、紧固件、轴纵向剖切时，通常按不剖处理。

19.3.3　剖视图的种类

根据剖切范围的不同，可将剖视图分为全剖视图、半剖视图和局部剖视图三种。

1. 全剖视图

用剖切面完全地剖开机件所得的剖视图称为全剖视图，如图 19-3 中的主视图，图 19-5 中的俯、左视图均为全剖视图。由于全剖视图是将机件完全地剖开，机件外形的表达受到影响，因此全剖视图一般适用于外形简单、内部结构复杂且不对称的机件。

2. 半剖视图

当机件具有对称平面时，向垂直于对称平面的投影面上投射所得的图形，可以对称中心线为界，一半画成剖视图用来表达机件的内部结构，另一半画成视图用来表达机件的外部形状，如图 19-6(b) 所示，这种组合的图形称为半剖视图。

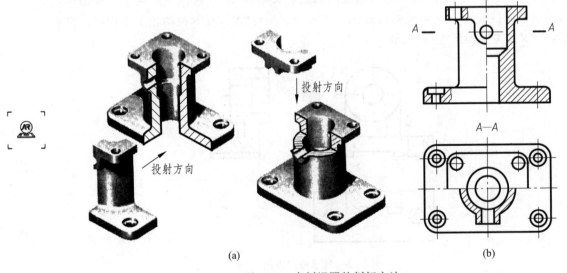

(a)　　　　　　　　　　　　　　(b)

图 19-6　半剖视图的剖切方法

半剖视图标注规则与全剖视相同。图 19-6(b) 中的主视图标注全省略，由于机件上下结构不对称，故在俯视图中标注了 "A—A"，由于俯视图按投影关系布置，故可省略箭头。

画半剖视图应注意如下问题：

（1）视图和剖视图的分界线应是细点画线，不应画成粗实线或虚线；

（2）半剖视图中由于图形对称，机件的内部形状已在半个剖视图中表示清楚，所以在不剖的半个外形视图中，虚线应省略不画，如图 19-6(b)中的主、俯视图；

（3）画半剖视图时，不应影响其他视图的完整性；

（4）当对称机件的轮廓线与中心线重合时，不宜采用半剖视图表示。

3. 局部剖视图

用剖切面局部地剖开机件，以波浪线或双折线为分界线，一部分画成视图以表达机件的外部形状，其余部分画成剖视图以表达内部结构，这样所得的图形称为局部剖视图，如图 19-7 所示。

局部剖视图是一种较为灵活的表达方法，适用范围较广，常用于下列情况：

（1）需要同时表达不对称机件的内外形状时，可以采用局部剖视图；

（2）当对称机件的轮廓线与对称中心线重合时，不宜采用半剖视图，可采用局部剖视图；

（3）表达机件底板、凸缘上的小孔等结构，如在图 19-7(b)中为表达底板上的小孔，主视图上采用了局部剖视。

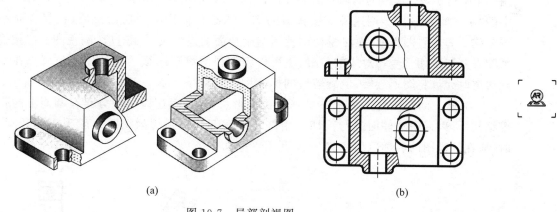

(a)   (b)

图 19-7 局部剖视图

局部剖视图与全剖视图的主要区别在于它是局部地而不是全部地剖开机件，因此，局部剖视图存在一条分界线。这条分界线是被剖切部分和未剖部分的分界线，也可以说是视图与剖视图的分界线，还可以认为是断裂面的投影。关于波浪线的画法，应注意以下几点。

（1）局部剖视图与视图之间用波浪线或双折线分界，但同一图样上一般采用一种线型。

（2）波浪线或双折线必须单独画出，不能与图样上的其他图线重合。只有当被剖切结构为回转体时，才允许将该结构的轴线作为局部剖视图与视图的分界线。

（3）波浪线应画在机件的实体部分，在通孔或通槽中应断开，不能穿空而过，当用双折线时，没有此限制。

（4）波浪线不能超出视图的轮廓之外，当用双折线时，双折线要超出视图的轮廓线少许。

局部剖视图一般可省略标注，但当剖切位置不明显或局部剖视图未按投影关系配置时，必须加以标注。

　　局部剖视图中的剖切位置与范围应根据实际需要确定。剖切范围的确定一般是在尽可能保留需要表达的外部形状的前提下,以最大的剖切区域展示内部形状。在同一机件的表达上,局部剖视不宜采用过多,否则会使图形过于零乱。

19.3.4　剖切面的种类

　　根据机件的结构特点,可选择适当的剖切面获得上述三种剖视图。根据剖切面相对于投影面的位置及剖切面组合数量的不同,国家标准将剖切面分为三类:单一剖切面、几个平行的剖切平面和几个相交的剖切平面(交线垂直于某一基本投影面)。

1. 单一剖切面

　　单一剖切面是指仅用一个剖切面剖开机件,包括单一剖切平面、单一斜剖切平面和单一剖切柱面,它们均可剖切机件得到三种剖视图。

　　(1) 单一剖切平面,本项目前述图例均为单一剖切平面。用单一剖切平面可剖切机件得到全剖视图(见图 19-3～图 19-5)、半剖视图(见图 19-6)和局部剖视图(见图 19-7)。

　　(2) 单一斜剖切平面,即用一个不平行于任何基本投影面的平面作为剖切平面剖开机件。若机件上有倾斜的内部结构需要表达时,可选择一个与该倾斜部分平行的辅助投影面,用一个平行于该投影面的剖切平面剖开机件,则可在辅助投影面上获得剖视图,如图 19-8(b)中的"$A—A$"剖视图。用这种方法获得的剖视图必须标注出剖切面位置、投射方向和剖视图名称。为了看图方便,应尽量使剖视图与剖切面的投影关系相对应,剖视图一般按投影关系配置在与剖切符号相对应的位置,也可以将剖视图移至图纸的其他适当位置。在不致引起误解时允许将图形旋转,但旋转后的标注形式应为"⌒ $X—X$",如图 19-8(c)所示。

　　(3) 单一剖切柱面。如图 19-9 所示的扇形块,为了表达该零件分布在圆周上的孔与槽等结构,可以采用圆柱面进行剖切。用剖切柱面剖切得到的剖视图一般采用展开画法,此时,应在剖视图的名称后加注"$X—X$ 展开"字样。

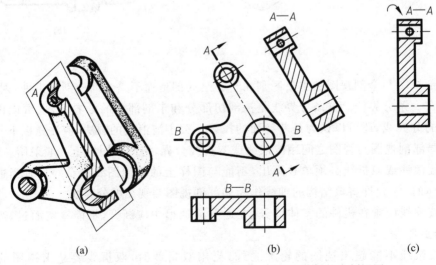

(a)　　　　　　　　　　　(b)　　　　　　　　　　　(c)

图 19-8　用不平行于基本投影面的单一剖切面获得的全剖视图

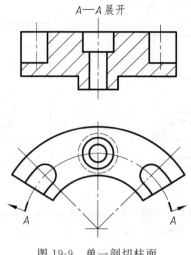

图 19-9　单一剖切柱面

2．几个平行的剖切平面

当机件上具有几种不同的结构要素(如孔、槽等)，且它们的中心线排列在几个互相平行的平面上时，可采用几个平行的平面同时剖开机件，如图 19-10 所示。几个平行的剖切平面可能是两个或两个以上，具体数量应根据机件的结构需要来选定，各剖切平面的转折处必须是直角。

采用几个平行的剖切平面时应注意的问题有：

(1) 虽然各个剖切平面不在同一个平面上，但剖切后所得到的剖视图应看成是一个完整的图形，在剖视图中不能画出剖切平面转折处的分界线。

(2) 剖切平面的转折处不应与图中的轮廓线重合。

(3) 要正确选择剖切平面的位置，在剖视图中不应出现不完整的要素，如图 19-11(a) 所示。

(4) 当机件上有两个要素在图形上具有公共对称中心线或轴线时，允许各画一半不完整的要素，如图 19-11(b) 所示。

(5) 采用几个平行的剖切平面剖切机件时必须要标注。标注方法是在剖切平面的起、讫、转折处画上剖切符号，标上同一字母，并在起、讫处画上箭头表示投射方向。在所画剖视图的上方中间位置用同一字母写出其名称"$X—X$"，如图 19-10(a) 所示。

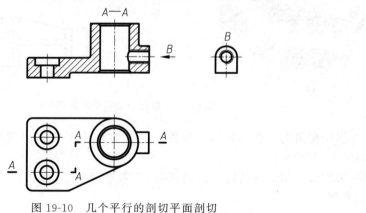

图 19-10　几个平行的剖切平面剖切

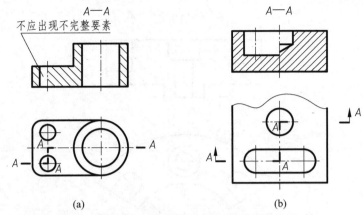

图 19-11　用几个平行的剖切平面剖切机件

(a) 出现不完整要素的错误画法；(b) 允许出现不完整要素的示例

3．几个相交的剖切平面（交线垂直于某一基本投影面）

（1）用两个相交的剖切平面剖切。用两个相交的剖切平面剖开机件时，先假想按剖切位置剖开机件，然后将被倾斜剖切面剖开的结构及其有关部分旋转到与选定的基本投影面平行后再进行投射，得到图 19-12(b)所示的"*A—A*"全剖视图。

这种剖切方法主要用于表达具有公共回转轴线的机件内部形状和盘、盖、轮等机件的成辐射状分布的孔、槽等的内部结构。

采用两个相交的剖切平面剖切表达机件时应注意以下问题：

① 当机件具有明显的回转轴时，两个剖切面的交线应与机件上的回转轴线相重合，并垂直于某一基本投影面，如图 19-12(b)所示；

② 被倾斜的剖切平面剖开的结构应绕两剖切面的交线旋转到与选定的投影面平行后再进行投射，但处在剖切平面后的其他结构，规定仍按原来的位置投射，如图 19-12(b)中机件下部的小圆孔，在"*A—A*"视图中仍按原来的位置投射画出；

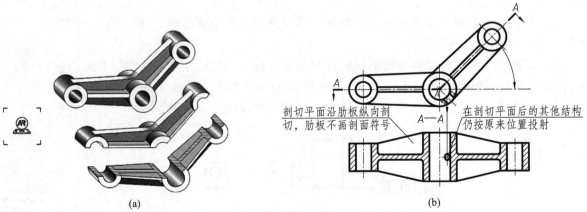

图 19-12　相交的剖切平面剖切机件

③ 当相交两剖切平面剖切到机件上的结构产生不完整要素时，规定这部分按不剖绘制，如图 19-13 所示；

④ 采用两个相交的剖切平面剖切时，必须进行标注，标注方法与用几个平行的平面剖切方法相同。

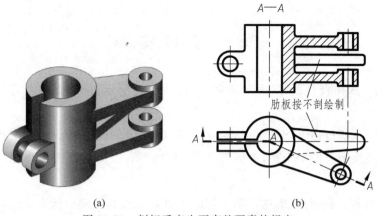

(a)　　　　　　　　　　(b)

图 19-13　剖切后产生不完整要素的规定

（2）用一组相交的剖切平面剖切。如图 19-14 所示的机件，不宜采用前面讲的两个相交的剖切平面剖切，而采用一组相交的剖切平面剖切就能充分表达其结构。采用一组相交的剖切平面剖切时的画法和标注如图 19-14 和图 19-15 所示。如遇到机件的某些内部结构投影重叠而表达不清楚或剖切平面为圆柱面时，可将其展开画出，但在剖视图上方应标注"$X—X$ 展开"，如图 19-15（b）所示。

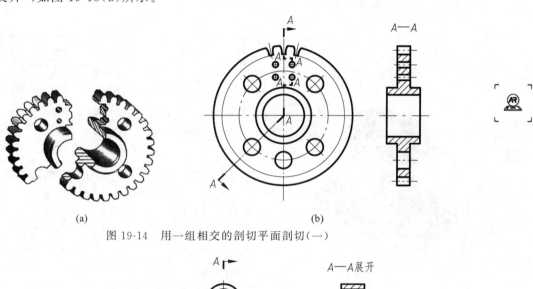

(a)　　　　　　　　　　(b)

图 19-14　用一组相交的剖切平面剖切（一）

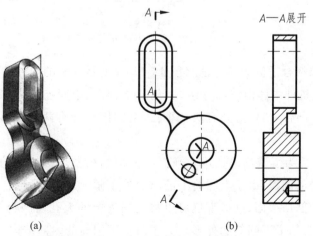

(a)　　　　　　　　　　(b)

图 19-15　用一组相交的剖切平面剖切（二）

19.4　项 目 实 施

【例 19-1】　选择合适的表达方法将图 19-16(a)所示的支座的内外结构形状表达清楚。

形体分析：该机件由五部分组成，包括上下底板、中间圆柱及前后两个凸台，上底板上有 U 形槽，下底板上有四个小孔，中间有大孔，凸台上有一前后贯通的小孔，总体结构比较简单。

表达方案分析：利用主、俯两个基本视图可以将机件的外部形状表达清楚，但内部结构全为虚线，如图 19-16(b)所示。为了清楚地表达机件的内部结构，必须采用剖视。由于凸台的特征形状必须通过主视图才能表达清楚，因此主视图不能全剖，考虑到该机件左右结构完全对称，主视图采用半剖，为了表达底板上的小孔的结构，在底板的主视图中增加一处局部剖视。为了表达凸台上孔的内部结构，俯视图也必须采用剖视，若从 A—A 处采用全剖视图，则上底板的结构无法表达清楚，并且该机件的前后结构也对称，因此在 A—A 处采用半剖视图，最终表达方案如图 19-16(c)所示。

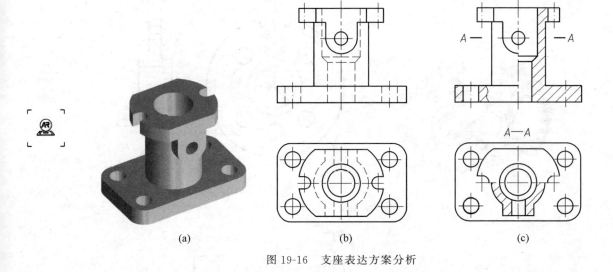

　　　　(a)　　　　　　　　　　　(b)　　　　　　　　　　　(c)

图 19-16　支座表达方案分析

【例 19-2】　选择合适的表达方法将图 19-17(a)所示支架的内外结构形状表达清楚。

形体分析：该机件主体由三部分组成，包括下圆筒、中间连接板和上圆筒，在上圆筒的倾斜方向上有一个凸台，凸台上开有两个小孔，下圆筒上开有两个锥形沉孔，总体结构比较简单。

表达方案分析：为了清楚地表达上圆筒的内部结构及下圆筒上的锥形沉孔的结构，主视图采用了两处局部剖视，由于上圆筒上的凸台处于倾斜方向，因此上圆筒上的局部剖视采用的是两个相交的剖切平面，这样不仅可以将上圆筒上的大孔及凸台上的小孔内部结构表达清楚，主视图还表达了下圆筒的外形。为了表达下圆筒的内部结构，在左视图上采用了一处局部剖视,此外,左视图还表达了下圆筒上锥形沉孔和上圆筒的特征形状。利用主、左两个视图将机件的主体形状和内部结构基本表达清楚,但上圆筒上凸台的形状和连接板的形状还未表达清楚,为此增加了一个 A 向的斜视图和连接板的移出断面图对这两部分结构进行辅助表达,最终表达方案如图 19-17(b)所示。

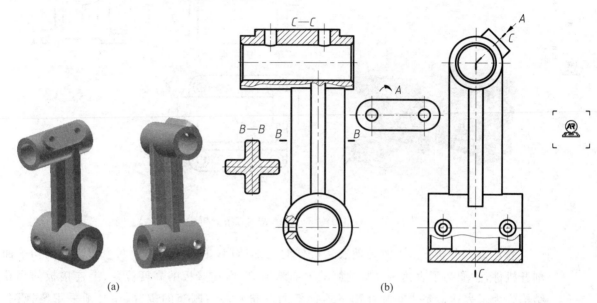

(a)　　　　　　　　　　　　　　　　　　　　(b)

图 19-17　支架表达方案分析

【例 19-3】　选择合适的表达方法将图 19-18(a)所示的箱体的内外结构形状表达清楚。

形体分析:该机件的主体结构由三大部分组成,包括下面的底板、上面的圆柱和中间的连接部分。底板下从左到右开有一通槽,四个角上各有一沉孔,另外还有两个定位孔,圆柱从左至右开有台阶孔,左端面上均匀分布了四个螺纹孔,中间有一螺纹孔,总体结构比较复杂。

表达方案分析:利用主、俯、左三个基本视图可以将机件的外部形状表达清楚,为了清楚表达机件的内部结构,必须采用剖视。该机件外部结构比较简单,主视图重点表达机件的内部结构,因此采用全剖视图。左视图需要表达上面两个大小不同的圆筒的特征形状和机件的内部结构,考虑到该机件前后结构基本对称,因此左视图选择半剖视图,为了表达底板上的小孔和沉孔的结构,半剖视图的剖切位置选择通过小孔的中心面,而另外用一处局部剖视表达沉孔的内部结构。最后为了表达中间连接部分的特征形状,在俯视图中也采用半剖视图进行表达,最终表达方案如图 19-18(b)所示。

【例 19-4】　选择合适的表达方法将图 19-18(a)所示机件的内外结构形状表达清楚。

形体分析:该机件的主体结构由三大部分组成,中间为一直立的圆柱筒,圆柱筒上端连一方形连接板,下端连一圆形连接板;直立圆筒左右各与一个带连接板的水平圆柱筒相连;四个连接板上均开有小孔。

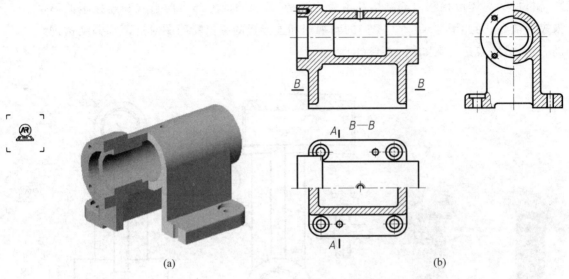

图 19-18　箱体表达方案分析

　　表达方案分析：为了清楚地表达机件的内部结构，主视图采用了两个相交的剖切平面剖开机件，主要为了表达三个圆柱筒的内部结构、左右连接板的高度位置、上连接板的小孔结构。为了表达清楚中间圆柱筒下连接板的形状及左右圆筒的位置，还必须采用俯视图。若直接采用俯视图，直立圆筒的上连接板会将下连接板遮挡，因此俯视图采用了剖视，剖切平面采用的两个平行的剖切面将左右两个圆筒剖开，同时将右边圆筒上的小孔结构表达清楚。通过主、俯两个视图已经将阀体的主体结构表达清楚，还剩余左右两圆筒的连接板及中间圆筒的上连接板的形状不清楚，因此增加一个 D 向局部视图表达上连接板的形状及小孔分布，增加一个 $C—C$ 剖视图表达左连接板的形状及小孔分布，增加一个 $E—E$ 剖视图表达右连接板的形状，最终表达方案如图 19-19(b)所示。

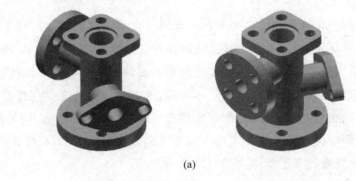

(a)

图 19-19　阀体表达方案分析

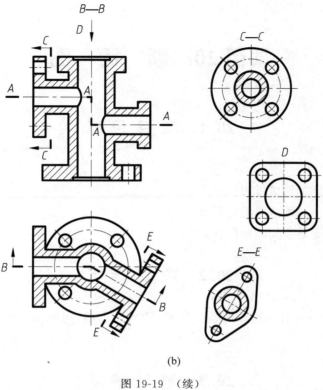

(b)

图 19-19　（续）

项目 20　断　面　图

20.1　项目目标

知识目标：

（1）了解断面图的形成过程；

（2）掌握断面图的画法及配置要求。

技能目标：能正确绘制断面图。

20.2　项目导入

为了突出表达一些简单机件（如轴、杆）上的内部结构，国家标准中规定了一种表达方法，即断面图。

20.3　项目资讯

20.3.1　断面图的形成

假想用剖切面将机件某处切断，仅画出剖切面与机件实体接触部分（截断面）的图形，称为断面图，简称断面。如图 20-1(a)所示的轴，为了表示左端键槽的深度，假想在键槽处用一个垂直于轴线的剖切平面将轴切断，只画出断面的形状，并在断面上画上剖面符号。

画断面图时，应特别注意断面图与剖视图的区别，断面图只画出机件的断面形状，而剖视图除了画出断面的形状外，还必须画出机件剖切面后面的轮廓线，如图 20-1(b)所示。

断面图主要用于表达机件某部位的断面形状，如机件上的肋板、轮辐、键槽、杆件及型材的断面等。

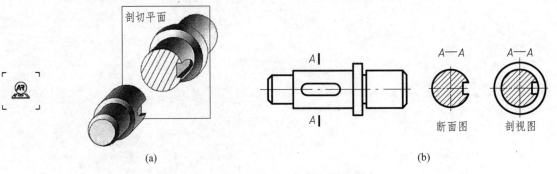

图 20-1　断面图的形成

20.3.2　断面图的分类

根据配置位置的不同,断面图可分为移出断面图和重合断面图两种。

1. 移出断面图

画在视图轮廓线之外的断面图称为移出断面图。

(1) 移出断面图的画法

① 移出断面图的轮廓线用粗实线绘制,并在断面上画上规定的剖面符号,如图 20-2 所示。

② 当剖切平面通过回转面形成的孔或凹坑的轴线时,这些结构按剖视图绘制,如图 20-2 和图 20-3 所示。

③ 当剖切平面通过非圆形通孔,导致出现完全分离的两个断面时,这些结构应按剖视图绘制,如图 20-4(a)所示。

④ 剖切平面一般应垂直于被剖切结构的主要轮廓线或轴线,如图 20-4(b)所示。当遇到如图 20-4(c)所示的肋板结构时,可用两个相交的剖切面分别垂直于左、右肋板剖切机件,所得到的断面图中间应用波浪线断开。

(2) 移出断面图的配置

① 移出断面图应尽量配置在剖切符号或剖切线(指示剖切面位置的线,用点画线表示)的延长线上,如图 20-2(a)所示。

② 移出断面图也可以按投影关系配置,如图 20-1 所示,或配置在其他适当位置,如图 20-2(b)所示。

③ 当断面图形对称时,也可以画在视图的中断处,如图 20-2(c)所示。

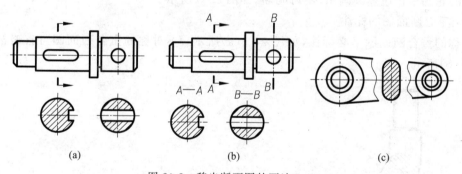

图 20-2　移出断面图的画法(一)

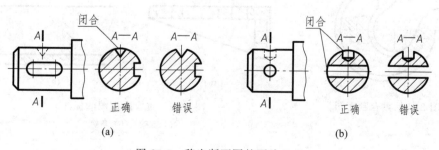

图 20-3　移出断面图的画法(二)

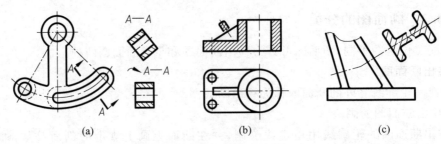

图 20-4　移出断面图的画法(三)

（3）移出断面图的标注

① 移出断面图一般应用粗短线表示剖切位置,用箭头表示投射方向并注上字母,在断面图的上方应用同样的字母标出相应的名称"$X—X$",如图 20-2(b)和图 20-4(a)所示。

② 对于配置在剖切符号或剖切线的延长线上的移出断面图,如果断面图不对称可省略字母,但应标注投射方向;如果图形对称可省略标注,如图 20-2(a)和图 20-4(b)所示。

③ 没有配置在剖切线延长线上的对称移出断面或按投影关系配置的移出断面均可省略箭头,如图 20-2(b)和图 20-3 所示。

④ 配置在视图中断处的移出断面均可不作标注,如图 20-2(c)所示。

2. 重合断面图

画在视图轮廓线之内的断面图称为重合断面图。

（1）重合断面图的画法

重合断面图的轮廓线用细实线绘制,当视图中的轮廓线与重合断面图的轮廓线重叠时,视图中的轮廓线仍应连续画出,不可间断,如图 20-5 所示。

（2）重合断面图的标注

对称的重合断面图不必标注,如图 20-6(a)所示;不对称的重合断面图可省略标注,如图 20-6(b)所示。

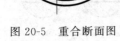
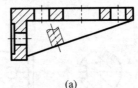
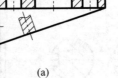
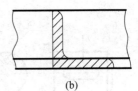

(a)　　　　　　　　(b)

图 20-5　重合断面图　　　　　　　　图 20-6　重合断面图的标注

　　　　　　　　　　　　　　　　　　　（a）支架；（b）角钢

20.4　项 目 实 施

【例 20-1】　选择合适的表达方法将图 20-7(a)所示机件的内外结构形状表达清楚。

分析：图 20-7 所示轴承座是前后对称的机件，其主体为安放轴的圆筒，圆筒的左面有方形凸缘，凸缘上有四个小孔。下面部分是一个长方形的安装板，安装板上有六个相同的通孔；圆筒与安装板之间由具有空腔的支架连接；支架由前、后、左、右四个壁构成，在支架的右壁与主体圆筒、安装板的相接处有一块平行于正面的肋板。主视图重点表达内部结构，因此选用全剖视图。对主视图尚未表达清楚的结构形状，选用其他视图补充表达。因为该轴承座前后对称，所以采用了 A—A 半剖视左视图，既保留了外形，又可以清晰地表达出圆筒及支架的内腔。由于主、左两视图已将轴承座的内部形状表达清楚，所以俯视图只需画出外形，用一个局部剖视表达方形凸缘上的盲孔即可。另外，在主视图上用一个重合断面来表达右端肋板的厚度，这样就完整、清楚地表达了轴承座的内外结构，最终表达方案如图 20-7(b)所示。

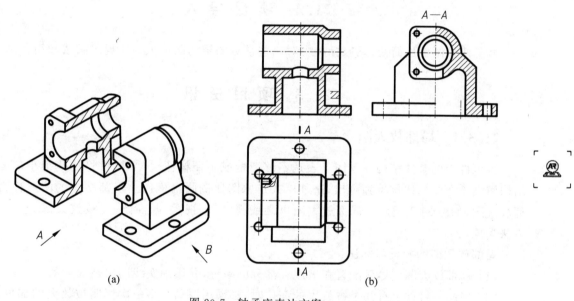

图 20-7　轴承座表达方案

项目 21　其他表达方法

21.1　项目目标

知识目标：

(1) 掌握局部放大图的画法与标注；

(2) 了解一些常用的规定画法及简化画法；

(3) 了解第三角投影的画法。

技能目标：能正确绘制局部放大图；能正确使用简化画法。

21.2　项目导入

为了使作图更加简便，国家标准中对一些常见的结构制定了一些规定画法和简化画法。

21.3　项目资讯

21.3.1　局部放大图

当机件上的某些结构在原图上表达不够清楚或不便标注尺寸时，可将这些细小部分的结构用大于原图的比例单独画出，这种用大于原图比例画出机件上局部结构的图形称为局部放大图，如图 21-1 所示。局部放大图可画成视图、剖视图、断面图，与被放大部分的表示方法无关。

局部放大图的配置与标注：

(1) 局部放大图应尽量配置在被放大部分的附近，并用细实线圈出被放大的部位；

(2) 当同一机件上有几个被放大的部位时，必须用罗马数字依次标明被放大的部位，并在局部放大图的上方标注出相应的罗马数字和采用的比例；

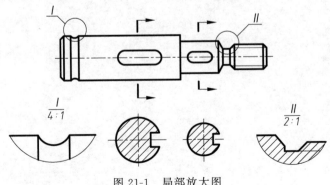

图 21-1　局部放大图

（3）当机件上被放大的部分仅有一处时，在局部放大图的上方只需注明所采用的比例即可；

（4）局部放大图中所标注的比例与原图所采用的比例无关，它仅表示放大图中的图形尺寸与实物之比。

21.3.2 有关肋板、轮辐的规定画法

机件上的肋板、轮辐、薄壁等结构，如按纵向剖切均不画剖面符号，用粗实线将它们与其相邻的结构分开即可，如图 21-2 所示。当回旋体零件上均匀分布的肋、轮辐、孔等结构不处于剖切平面上时，可将这些结构旋转到剖切平面上画出，如图 21-3 所示。

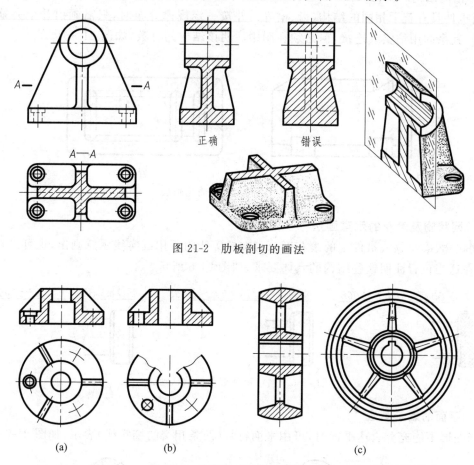

图 21-2 肋板剖切的画法

图 21-3 均布孔、肋和轮辐的画法

21.3.3 简化画法

1. 相同孔的简化画法

若干直径相同且按一定规律分布的孔，可以仅画出一个或几个，其余的只需用细点画线表示其中心位置，并标注孔的总数即可，如图 21-4 所示。

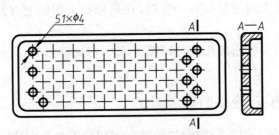

图 21-4　相同孔的简化画法

2．相同结构的简化画法

当机件具有若干相同的结构（齿、槽等），并按一定规律分布时，只需画出几个完整的结构即可，其余的用细实线连接，但必须在图中注明该结构的总数，如图 21-5 所示。

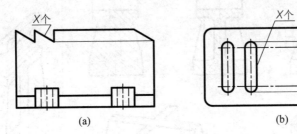

图 21-5　相同结构的简化画法

3．网状物及滚花的示意画法

网状物、编织物或机件上的滚花部分可在轮廓线附近用细实线示意画出，也可以省略不画，并在适当位置注明这些结构的具体要求，如图 21-6 所示。

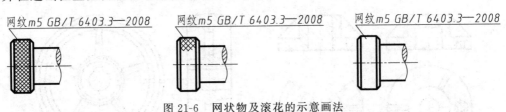

图 21-6　网状物及滚花的示意画法

4．平面的表示画法

当图形不能充分表达平面时，可用平面符号（两条相交的细实线）表示，如图 21-7 所示。

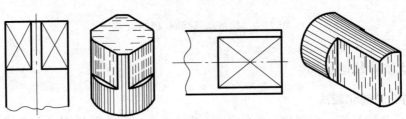

图 21-7　回转体上平面的表示画法

5. 移出断面剖面符号的画法

在不致引起误解的情况下,机件图中的移出断面允许省略剖面符号,但剖切位置和断面图的标注必须遵照原来的规定,如图 21-8 所示。

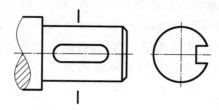

图 21-8 剖面符号的省略

6. 倾斜圆的规定画法

与投影面倾斜角度小于或等于 30°的圆或圆弧,其投影可用圆或圆弧代替,如图 21-9 所示。

7. 圆柱形法兰孔的规定画法

圆柱形法兰和类似的零件上均匀分布的孔可按图 21-10 所示的方法绘制。

8. 折断画法

对于较长的机件(轴、杆、型材等),当沿长度方向的形状一致或按一定规律变化时,可将其断开缩短绘制,但尺寸仍要按机件的实际长度标注,如图 21-11 所示。

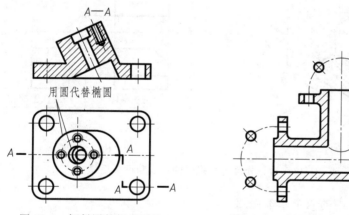

图 21-9 倾斜圆的规定画法   图 21-10 圆柱形法兰孔的简化画法

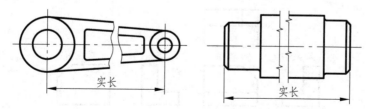

图 21-11 较长机件断开后的画法

21.3.4 第三角投影的画法

1. 第三角投影法

图 21-12 表示三个互相垂直的投影面 V、H、W，将 W 面左侧的空间分成四个分角，其编号如图所示，将机件放在第三分角（V 面的后方、H 面的下方和 W 面的左方）向各投影面进行正投影，从而得到相应的正投影图。这种画法称为第三角投影法。

2. 第三角投影法的特点

（1）将物体放在第三分角内，使投影面处于观察者与物体之间，并假想投影面是透明的，从而得到物体的投影图。在 V、H、W 三个投影面上的投影图分别称为主视图、俯视图、右视图，如图 21-13(a) 所示。

（2）展开时，V 面不动，H、W 面按箭头方向旋转，如图 21-13(a) 所示，展开后三视图的配置如图 21-13(b) 所示。

（3）第三角投影的三视图之间同样符合"长对正，高平齐，宽相等"的投影规律。但应注意方向：在俯视图和右视图中，靠近主视图的一边是物体前面的投影。

图 21-12　四个分角

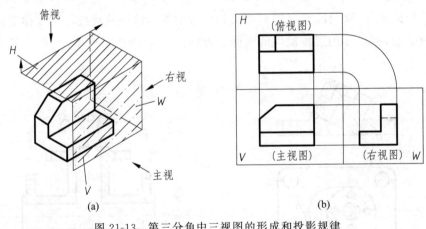

(a)　　　　　　　　　　　　　　　　(b)

图 21-13　第三分角中三视图的形成和投影规律

（4）第三角投影法中的六个基本视图

第三角投影法中六个基本视图的配置如图 21-14 所示。

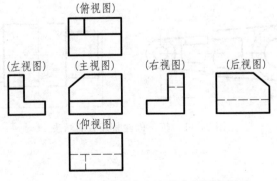

图 21-14　第三分角中六个基本视图的配置

3. 第三角投影法的符号

国家标准(GB/T 14692—2008)中规定,采用第三角投影法时,必须在图样中画出第三角投影的识别符号,而在采用第一角画法时,如有必要也可以画出第一角投影的识别符号。两种投影的识别符号如图 21-15 所示。

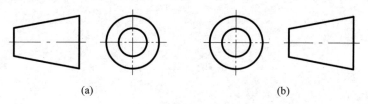

(a)　　　　　　　　　　　　　　　(b)

图 21-15　两种投影法的符号

(a) 第一角投影符号; (b) 第三角投影符号

第7篇

标准件与常用件

项目 22 螺纹与螺纹紧固件

22.1 项目目标

知识目标：

（1）掌握螺纹的基本要素、代号、分类及规定画法；

（2）掌握螺纹连接的规定画法。

技能目标：能正确绘制出三种常见螺纹紧固件连接的画法；能查表确定螺纹及螺纹连接件的相关参数。

22.2 项目导入

在各种机械中，广泛使用了螺钉、螺栓、螺母、垫圈等零件。为了便于组织专业化生产，对这些零件的结构、尺寸实行了标准化，故称它们为标准件。

22.3 项目资讯

22.3.1 螺纹的基本知识

螺纹是零件上常见的结构形式，主要用于连接零件，也可用于传递运动，前者称为连接螺纹，后者称为传动螺纹。一般的螺栓、螺母上的螺纹即为连接螺纹，而机床丝杠上的螺纹则为传动螺纹。

1. 螺纹的基本要素

（1）牙型。在通过回转体轴线的断面上，螺纹断面轮廓的形状称为螺纹牙型。常见的牙型有三角形、梯形等，不同的牙型有不同的用途，见表 22-1。

（2）公称直径。代表螺纹尺寸的直径称为公称直径，也称大径，即螺纹牙型的最大直径（与外螺纹的牙顶或内螺纹的牙底相重合的假想圆柱直径，分别用 d、D 表示）。

小径，与外（内）螺纹的牙底（顶）相重合的假想圆柱直径，用 d_1、D_1 表示。

中径，在大径和小径之间，母线通过牙型上的沟槽和凸起宽度相等处假想圆柱的直径，用 d_2、D_2 表示，如图 22-1 所示。

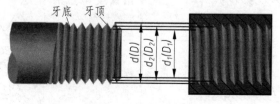

图 22-1 螺纹的直径

（3）线数 n。螺纹有单线和多线之分，沿一条螺旋线形成的螺纹称为单线螺纹，沿两条或两条以上，在轴间等距分布的螺旋线所形成的螺纹称为多线螺纹，如图 22-2 所示。

（4）螺距 P 和导程 Ph。螺纹相邻两牙体上的对应牙侧与中径线相交两点间的轴向距离称为螺距 P。同一条螺旋线上相邻两牙体上的对应牙侧与中径线相交两点间的轴向距离称为导程 Ph。对单线螺纹有 $Ph=P$，对多线螺纹有 $Ph=n \times P$，如图 22-2 所示。

（5）旋向。螺纹的旋向指内、外螺纹旋进的方向，如图 22-3 所示，有左、右旋之分，按顺时针方向旋入为右旋螺纹，反之则为左旋螺纹。

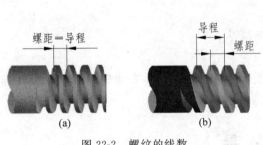

图 22-2　螺纹的线数

（a）单线；（b）双线

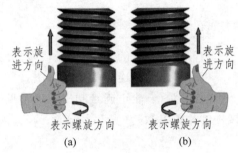

图 22-3　螺纹的旋向

（a）左旋；（b）右旋

　　牙型、大径、螺距、线数和旋向是确定螺纹几何尺寸的五要素。只有五要素完全相同的内、外螺纹才能相互旋合在一起。螺纹的牙型、直径和螺距是决定螺纹的最基本要素，称为螺纹三要素。国家标准对这三个要素规定了标准值，凡是三要素均符合标准的称为标准螺纹；凡是螺纹牙型符合标准，而大径、螺距不符合标准的称为特殊螺纹。若螺纹牙型不符合标准，则称为非标准螺纹。

2. 螺纹的代号及分类

　　螺纹按其用途可分为连接螺纹和传动螺纹两类。连接螺纹包括普通螺纹和管螺纹，普通螺纹有粗牙、细牙之分，管螺纹又包括非螺纹密封的管螺纹、用螺纹密封的管螺纹、60°圆锥管螺纹和米制锥螺纹。传动螺纹包括梯形螺纹、锯齿形螺纹和矩形螺纹，用以传递运动和动力。不同的螺纹有不同的特征代号，见表 22-1。

表 22-1　常用标准螺纹的分类

螺纹分类	螺纹种类	外形及牙型图	特征代号	螺纹种类	外形及牙型图	特征代号
连接螺纹	粗牙普通螺纹		M	非螺纹密封的管螺纹		G
	细牙普通螺纹			用螺纹密封的管螺纹		R₁、R₂（外螺纹）Rc、Rp（内螺纹）
传动螺纹	梯形螺纹		Tr	锯齿形螺纹		B

22.3.2　螺纹的规定画法

国家标准《机械制图　螺纹及螺纹紧固件表示法》(GB/T 4459.1—1995)中规定了螺纹的画法。

1. 单个外螺纹的画法

如图 22-4 所示,在投影为非圆的视图上,螺纹的大径用粗实线绘制;螺纹小径可近似按大径的 85%($d_1 = 0.85\ d$)用细实线绘制,并画进倒角或倒圆内;螺纹终止线用粗实线绘制;当外螺纹终止线处被剖开时,螺纹终止线只画出表示牙型高度的一小段。在投影为圆的视图上,大径圆用粗实线画整圆,小径圆用细实线画约 3/4 圆,倒角圆省略不画。

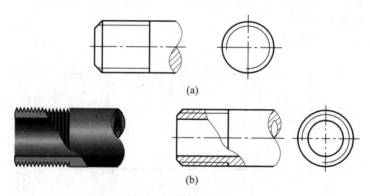

图 22-4　外螺纹的画法

2. 单个内螺纹的画法

如图 22-5 所示,在投影为非圆的视图上,画剖视图时,螺纹大径用细实线绘制,小径($D_1 = 0.85\ D$)和螺纹终止线用粗实线绘制;不剖时,全部按虚线绘制。在投影为圆的视图上,小径圆用粗实线画整圆,大径圆用细实线画约 3/4 圆,倒角圆省略不画。

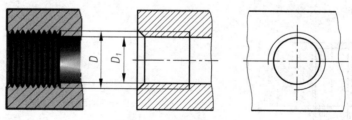

图 22-5　内螺纹的画法

3. 内、外螺纹连接画法

内、外螺纹旋合在一起时,称为螺纹连接。以剖视图表示内、外螺纹的连接时,其旋合部分应按外螺纹的画法绘制,其余部分仍按各自的画法表示,如图 22-6 所示。

因为只有牙型、大径、小径、螺距及旋向都相同的螺纹才能旋合在一起,所以在剖视图中,表示外螺纹牙顶的粗实线必须与表示内螺纹牙底的细实线画在一条直线上;表示外螺纹牙底的细实线也必须与表示内螺纹牙顶的粗实线画在一条直线上。

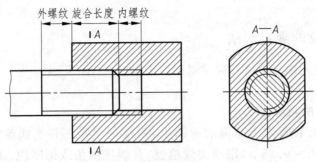

外螺纹 旋合长度 内螺纹

A—A

图 22-6　内、外螺纹连接画法

4. 螺纹牙型表示法

当需要表示螺纹牙型时,可采用局部剖视图、局部放大图表示,也可以直接在剖视图中表示,如图 22-7 所示。

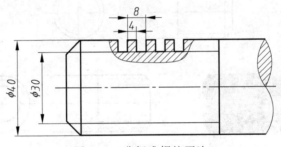

8
4
$\phi 40$　$\phi 30$

图 22-7　非标准螺纹画法

5. 其他规定画法

(1) 不贯通螺纹孔的画法:在绘制不贯通的螺孔时,一般应将钻孔深度与螺纹深度分别画出,如图 22-8 所示。钻孔深度 H 一般应比螺纹深度大 $0.5D$,其中 D 为螺纹大径。钻头端部有一圆锥,锥顶角为 $120°$。

(2) 螺孔中相贯线的画法:螺孔与螺孔或光孔相交时,只在螺纹小径处画一条相贯线即可,如图 22-9 所示。

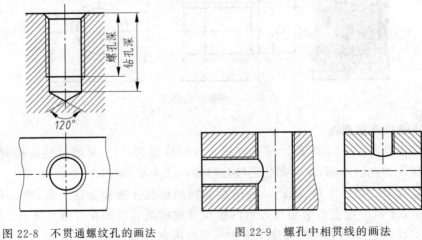

螺孔深　钻孔深

$120°$

图 22-8　不贯通螺纹孔的画法　　　　图 22-9　螺孔中相贯线的画法

22.3.3　螺纹的标记方法

由于螺纹都是按规定画法画出的,为了区别不同类型的螺纹,国家标准 GB/T 197—2018 制定了螺纹的标记方法。

1. 普通螺纹的标记

完整的普通螺纹标记由螺纹特征代号、尺寸代号、公差带代号、旋合长度代号和旋向代号组成。

(1) 特征代号。普通螺纹的特征代号用字母"M"表示。

(2) 尺寸代号。单线螺纹的尺寸代号为:公称直径×螺距。对粗牙螺纹,则省略螺距,如 M16。多线螺纹的尺寸代号为:公称直径×Ph 导程 P 螺距。如果要进一步表明螺纹的线数,可在后面增加括号说明(使用英语进行说明,如双线为 two starts,三线为 three starts)。

(3) 公差带代号。公差带代号包括中径公差带代号和顶径公差带代号,中径公差带代号在前,顶径公差带代号在后。公差带代号由表示公差等级的数值和表示公差带位置的字母(内螺纹用大写字母,外螺纹用小写字母)组成。如果中径公差带代号与顶径公差带代号相同,则应只标注一个公差带代号。螺纹尺寸代号与公差带代号间用符号"-"分开。

(4) 旋合长度代号。普通螺纹的旋合长度有长、中、短三种,分别用 L、N、S 表示。对于短旋合长度组和长旋合长度组的螺纹分别标注 S 或 L,中等旋合长度组螺纹不标注。

(5) 旋向代号。对左旋螺纹,应在螺纹标记的最后标注代号 LH,与前面符号"-"分开,右旋螺纹不标注旋向代号。

标记示例:M8×1-5g6g-LH 表示公称直径为 8 mm,螺距为 1 mm 的单线普通细牙外螺纹,中径公差带为 5 g,顶径公差带为 6 g,中等旋合长度,旋向为左旋。

2. 梯形螺纹的标记

梯形螺纹的完整标记由螺纹代号、公差带代号及旋合长度代号组成。其具体的标记格式分为下列两种情况:

单线梯形螺纹——Tr 公称直径×螺距-中径公差带代号-旋合长度-旋向代号。

多线梯形螺纹——Tr 公称直径×导程(P 螺距)-中径公差带代号-旋合长度-旋向代号。

(1) 螺纹代号,包括牙型代号、公称直径、导程(或螺距)、旋向代号。梯形螺纹的牙型代号为"Tr"。左旋螺纹的旋向代号为 LH,右旋螺纹不标注。例如,Tr32×6LH,Tr32×6。

(2) 公差带代号,只包括中径公差带。

(3) 旋合长度代号,分为中(N)和长(L)两种,长旋合长度标注 L,中等旋合长度不标注。

标记示例:Tr32×12P6-7e-L-LH 表示公称直径为 32 mm,导程为 12 mm,螺距为 6 mm,中径公差带代号为 7e,长旋合长度的双线左旋梯形螺纹。

3. 锯齿形螺纹的标记

锯齿形螺纹标注的具体格式与梯形螺纹完全相同。

锯齿形螺纹的牙型符号为"B"。除此项与梯形螺纹不同外,其余各项的含义与标注方法均同梯形螺纹。

标记示例：B40×7-7H 表示公称直径为 40 mm，螺距为 7 mm，中径公差带代号为 7H，中等旋合长度的右旋锯齿形内螺纹。

4. 管螺纹的标记

管螺纹分为用螺纹密封的管螺纹和非密封的管螺纹，标记的内容和格式是：

55°密封管螺纹——螺纹特征代号 尺寸代号-旋向代号。

55°非密封管螺纹——螺纹特征代号 尺寸代号 公差等级代号-旋向代号。

上述螺纹标记中的螺纹代号分两类：

(1) 螺纹密封的管螺纹特征代号。R_c 表示圆锥内螺纹，R_p 表示圆柱内螺纹，R_1 表示与圆柱内螺纹相配合的圆锥外螺纹，R_2 表示与圆锥内螺纹相配合的圆锥外螺纹。

(2) 非密封圆柱管螺纹的特征代号为 G。

两类螺纹中的尺寸代号标注在螺纹特征代号之后，如 R_p1，$R_c1/2$、G3/4 等。

公差等级代号(只有非螺纹密封的外管螺纹分为 A、B 两个公差等级)标注在尺寸代号之后，如 G3/4A；内螺纹不标注公差等级代号。

管螺纹为右旋时不标注，左旋时应标注"LH"，如 $R_c1/2$-LH。

22.3.4 螺纹紧固件

1. 常用螺纹紧固件及其标记

用螺纹起连接和紧固作用的零件称为螺纹紧固件。它们的结构和尺寸已经标准化，在机械设计中不需要单独绘制它们的图样，可以根据设计的要求从相应的国家标准中查出所需的结构尺寸。常见的螺纹紧固件有螺栓、螺钉、螺柱、螺母和垫圈等，如图 22-10 所示。

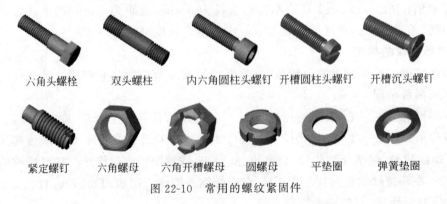

| 六角头螺栓 | 双头螺柱 | 内六角圆柱头螺钉 | 开槽圆柱头螺钉 | 开槽沉头螺钉 |

紧定螺钉　六角螺母　六角开槽螺母　圆螺母　平垫圈　弹簧垫圈

图 22-10　常用的螺纹紧固件

螺纹紧固件规定标记的一般格式为：名称　标准编号-规格尺寸-产品型号-机械性能或材料-产品等级-表面处理。

常用螺纹紧固件的标记见表 22-2。

2. 螺纹紧固件的画法

螺纹紧固件的画法有两种。

(1) 查表画法。紧固件各部分可根据规定标记在国家标准中查出有关尺寸画出，按标准规定的数据画图。

(2) 比例画法。为提高画图速度，螺纹紧固件各部分的尺寸(有效长度除外)可按螺纹

公称直径 d 或 D 的一定比例关系画图,称为比例画法。工程实践中一般采用比例画法,常用螺纹紧固件的比例画法如图 22-11 所示。

表 22-2　常用螺纹紧固件的标记

序号	名称(标准号)	图例及规格尺寸	标记示例
1	六角头螺栓-A 和 B 级(GB/T 5782—2016)	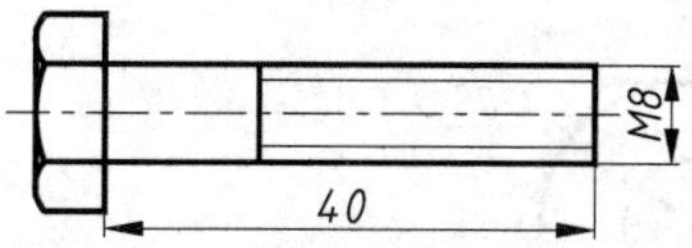	螺纹规格 d = M8,公称长 l = 40 mm,性能等级为 8.8 级,表面氧化,A 级的六角头螺栓:螺栓　GB/T 5782—2016-M8×40-8.8-A-O
2	双头螺柱 b_m = 1 d (GB/T 897—1988)	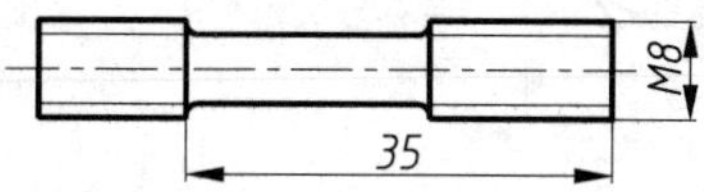	两头均为粗牙普通螺纹,d = 8 mm,l = 35 mm,性能等级为 4.8 级,不经表面处理,B 型,b_m = 1 d 的双头螺纹:螺柱 GB/T 897—1988-M8×35-B-4.8
3	1 型六角螺母-A 和 B 级(GB/T 6170—2015)	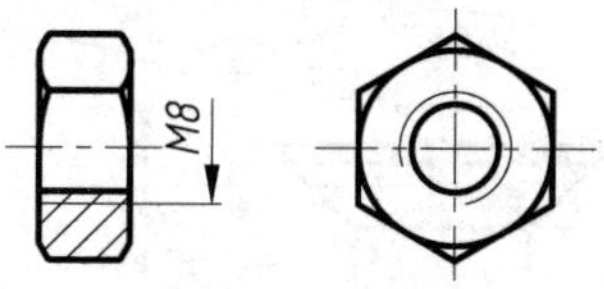	螺纹规格 D = M8,性能等级为 10 级,不经表面处理,A 级的 1 型六角螺母:螺母 GB/T 6170—2015-M8-10-A
4	平垫圈-A 级(GB/T 97.1—2002)	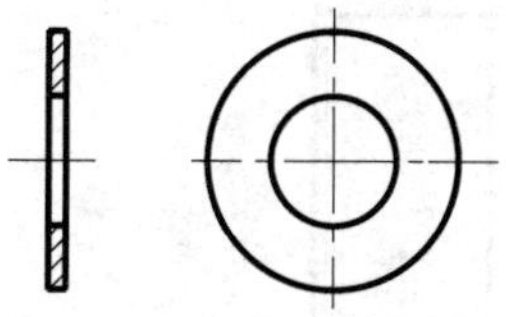	标准系列,公称尺寸 d = 8 mm,性能等级为 200HV 级不经表面处理的 A 级平垫圈:垫圈 GB/T 97.1—2002-8-200HV-A
5	标准型弹簧垫圈(GB/T 93—1987)	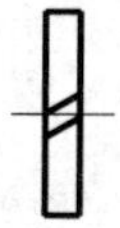	规格 8 mm,材料为 65Mn,表面氧化的标准型弹簧垫圈:垫圈　GB/T 93—1987-8-65Mn-O
6	开槽盘头螺钉(GB/T 67—2016)	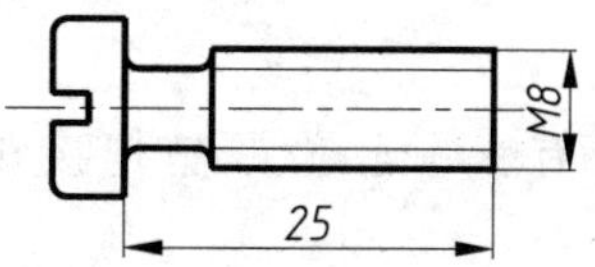	螺纹规格 d = M8,公称长度 l = 25 mm,性能等级为 4.8 级,不经表面处理的开槽盘头螺钉:螺钉 GB/T 67—2016-M8×25-4.8
7	开槽沉头螺钉(GB/T 68—2016)	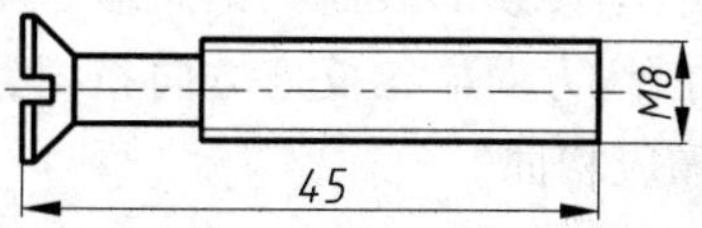	螺纹规格 d = M8,公称长度 l = 45 mm,性能等级为 4.8 级,不经表面处理的开槽沉头螺钉:螺钉 GB/T 68—2016-M8×45-4.8
8	内六角圆柱头螺钉(GB/T 70.1—2008)	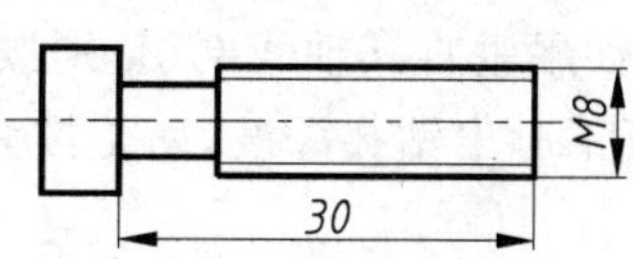	螺纹规格 d = M8,公称长度 l = 30 mm,性能等级为 8.8 级,表面氧化的圆柱头螺钉:螺钉 GB/T 70.1—2008-M8×30-8.8-O
9	开槽锥端紧定螺钉(GB/T 71—2018)	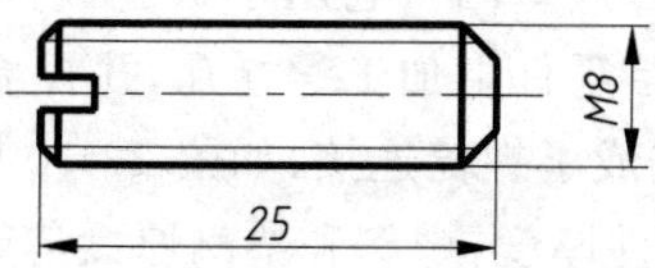	螺纹规格 d = M8,公称长度 l = 25 mm,性能等级为 14H 级,表面氧化的开槽锥端紧定螺钉:螺钉 GB/T 71—2018-M8×25-14H-O

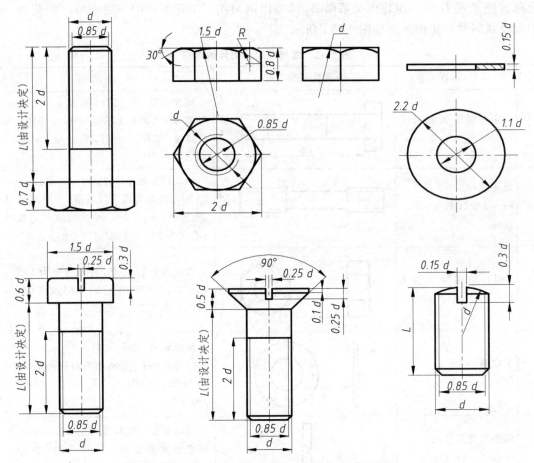

图 22-11　螺栓、螺钉、螺母、垫圈的比例画法

3. 螺纹紧固件的连接画法

常见的螺纹紧固件的连接形式主要有螺栓连接、螺钉连接和双头螺柱连接。画螺纹紧固件连接图时必须遵守如下基本规定。

① 两零件的接触表面只画一条线，不接触的表面无论间隔多小都要画成两条线。

② 在剖视图中，相邻两零件的剖面线方向应相反或方向相同、间隔不同，而同一零件在不同的剖视图中，剖面线的方向和间隔应相同。

③ 当剖切平面沿实心零件或紧固件（如螺钉、螺栓、螺母、垫圈、键、销、球及轴等）的轴线剖切时，这些零件均按不剖绘制。但如果垂直其轴线剖切，则按剖视要求画出。

④ 在装配图中，不贯通的螺纹孔可不画出钻孔深度，而是按有效螺纹部分的深度画出。

（1）螺栓连接

螺栓连接常用的紧固件有螺栓、螺母、垫圈。它用于被连接件都不太厚，能加工成通孔且要求连接力较大的情况。先在被连接零件上加工螺栓孔，孔径应大于螺栓直径，将螺栓插入螺栓孔中，放上垫圈，拧上螺母，即完成了螺栓连接，如图 22-12 所示。

螺栓的公称长度 L 可根据所选零件厚度、螺母和垫圈厚度等计算得出，即

$$L = \delta_1 + \delta_2 + h + m + a \tag{22-1}$$

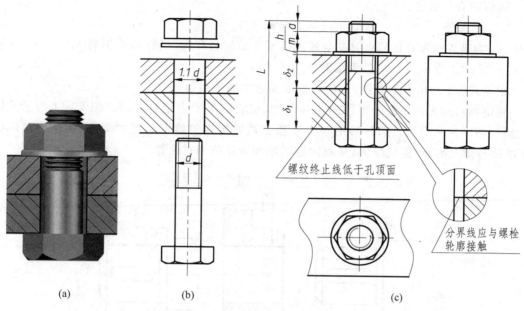

图 22-12　螺栓连接的画法

（a）装配体三维模型图；（b）连接前；（c）连接后

其中，δ_1、δ_2 为两连接零件的厚度；h 为垫圈厚度，$h = 0.15\,d$（d 是螺栓上螺纹的公称直径）；m 为螺母厚度，$m = 0.8\,d$；a 为螺栓伸出螺母的长度，一般可取 $a = 0.3\,d$。按式（22-1）计算后，根据估算的数值查附表选取相近的标准数值。

（2）螺钉连接

螺钉连接一般用于受力不大而又无须经常拆卸的地方。被连接的零件中一个加工出螺孔，另一个加工出通孔。根据螺钉头部的形状不同可分为多种形式，图 22-13 所示是几种常用螺钉连接的画法。

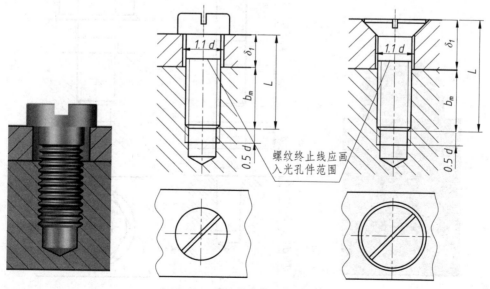

图 22-13　螺钉连接的画法

螺钉的有效长度:

$$L = \delta_1 + b_m \qquad (22\text{-}2)$$

其中,δ_1 为被连接零件的厚度,b_m 与被连接零件的材料有关,当材料为钢时 $b_m = d$,为铸铁时 $b_m = 1.25d$ 或 $b_m = 1.5d$,为铝时 $b_m = 2d$。

根据式(22-2)估算的数值,查附表选取相近的标准数值。

紧定螺钉用来固定两个零件的相对位置,使它们不产生相对运动。图 22-14 所示的轴和齿轮(图中只画出轮毂部分),用一个开槽锥端紧定螺钉旋入轮毂的螺孔,使螺钉端部的 90°锥顶与轴上的 90°锥坑压紧,从而固定了轴和齿轮的相对位置。

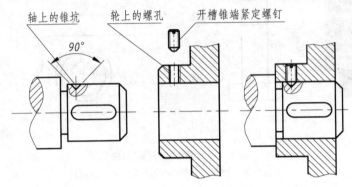

图 22-14　紧定螺钉连接的画法

(3) 双头螺柱连接

螺柱用于被连接件之一较厚或不允许钻成通孔的情况。旋入被连接零件螺纹孔内的一端称为旋入端,与螺母连接的一端则称为紧固端。其连接图如图 22-15 所示。螺柱连接图的下半部分与螺钉连接相似,而上半部分与螺栓连接相似。

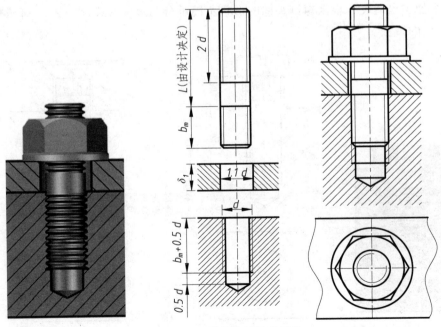

图 22-15　双头螺柱连接的画法

螺柱的公称长度：

$$L = \delta_1 + h + m + a \tag{22-3}$$

其中，δ_1 为薄块厚度；h 为垫圈厚度，$h = 0.15d$；m 为螺母厚度，$m = 0.8d$；a 为螺栓伸出螺母的长度，$a = 0.3d$。

螺柱旋入端 b_m 的长度与被连接件的材料有关，其取值与螺钉相同。

工程实践中为简化作图，在螺纹紧固件连接图中一般采用简化画法，如图 22-16 所示，倒角可以省略不画。

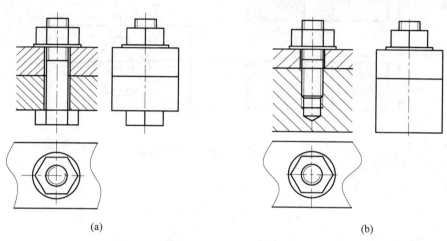

(a)　　　　　　　　　　　　　　　　(b)

图 22-16　螺纹紧固件连接的简化画法

(a) 螺栓连接的简化画法；(b) 螺柱连接的简化画法

22.4　项 目 实 施

【例 22-1】　如图 22-17(a)所示，已知两块板的厚度分别为 30 和 35，板上光孔的直径为 $\phi21$，试选择合适的螺纹紧固件将两块板连接在一起。

分析：

第一步，确定连接方式。由于两块板上加工的是通孔，且都是光孔，所以只能采用螺栓连接。

第二步，确定螺栓的公称直径。由于光孔直径为 $\phi21$，所以选螺栓的公称直径为 M20。

第三步，确定螺栓的公称长度。根据螺栓计算公式(22-1)，将 $\delta_1 = 30$，$\delta_2 = 35$，$h = 0.15d = 3$，$m = 0.8d = 16$，$a = 0.3d = 6$ 代入，初步计算得 $L = 90$，查表可知 90 为标准公称长度，因此螺栓的尺寸为 M20×90，螺母为 M20，垫片采用平垫片，公称尺寸为 20。

第四步，采用比例画法画出连接装配图，如图 22-17(b)所示。

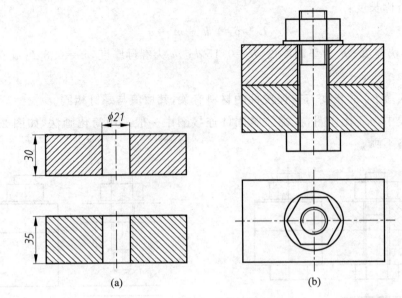

图 22-17　螺纹紧固件连接的画法

项目 23 键、销和滚动轴承

23.1 项目目标

（1）了解键、销的类型与标记；了解滚动轴承的结构。
（2）掌握键连接的画法、销连接的画法。
（3）掌握滚动轴承的规定画法及其代号的含义。

23.2 项目导入

机械中经常使用的标准件除了螺钉、螺栓、螺母和垫圈外，键、销和滚动轴承也大量使用，因此对它们的相关知识也必须掌握。

23.3 项目资讯

23.3.1 键

键是标准件，常用来连接轴和装在轴上的皮带轮、齿轮，起到传递扭矩的作用。它的一部分被安装在轴上的键槽内，另一凸出部分则嵌入轮毂槽内，使两个零件一起转动，如图 23-1 所示。

图 23-1 键连接

1. 键及其标记

常用的键有普通平键、半圆键、钩头楔键等，它们的型式和规定标记见表 23-1。选用时可根据轴的直径查附表得到它的尺寸。

表 23-1 常用键的型式及标注方法

名称及标准编号	型式与图例		规定标记
普通平键 GB/T 1096—2003		h b L	GB/T 1096 键 $b \times h \times L$
半圆键 GB/T 1099.1—2003		d_1 h b	GB/T 1099.1 键 $b \times h \times d_1$

续表

名称及标准编号	型式与图例	规 定 标 记
钩头楔键 GB/T 1565—2003		GB/T 1565 键 $b \times L$

2. 常用的键连接的画法

（1）普通平键连接

普通平键用途最广,因其结构简单、拆装方便、对中性好,而适合高速、承受变载、冲击的场合。用键连接轴和轮时,应先在轴和轮上分别开一个键槽。图 23-2(a)所示为轴上键槽的画法及尺寸注法,图 23-2(b)为轮毂上键槽的画法及尺寸注法。普通平键的两侧面为工作面,连接时与键槽的两侧面接触,键的底面也与轴上键槽的底面接触,因此,在绘制平键连接装配图时,这些接触的表面都画成一条线;键的顶面为非工作面,连接时与孔上键槽的顶面不接触,应画出间隙,如图 23-2(c)所示。

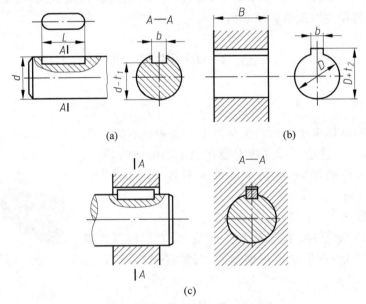

图 23-2　普通平键连接的画法

(a)轴上键槽；(b) 轮毂上键槽；(c) 普通平键连接

（2）半圆键连接

半圆键的工作面也为两侧面,与轴和轮上的键槽的两侧面接触,而半圆键的顶面与轮子键槽顶面之间,留有间隙。由于半圆键在键槽中能绕槽底圆弧摆动,可以自动适应轮毂中键槽的斜度,因此适用于具有锥度的轴,其连接画法如图 23-3 所示。

（3）钩头楔键连接

钩头楔键的工作面是上下两底面,键的两侧为非工作面,作图时上下两面画成一条线,如图 23-4 所示。钩头楔键的上表面有 1:100 的斜度,装配时打入轴和轮毂的键槽内,依靠

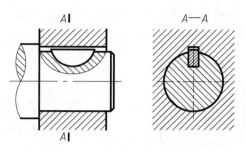

图 23-3　半圆键连接的画法

键的上下两底面与键槽的挤压作用传递扭矩。钩头楔键常用在对中性要求不高,不受冲击振动或变载荷的低速轴连接中。

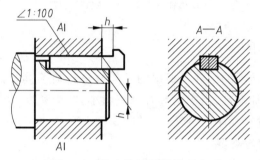

图 23-4　钩头楔键连接的画法

23.3.2　销

销是标准件,主要起连接和定位作用。常用的销有圆柱销、圆锥销和开口销。圆锥销的公称尺寸是指小端直径。常用销的型式及标记方法见表 23-2。

表 23-2　常用销的型式及标记方法

名称及标准	型式与图例		标　记
圆柱销 GB/T 119.1—2000			A 型圆柱销: 销　GB/T 119.1 d m6×l
圆锥销 GB/T 117—2000			A 型圆锥销: 销　GB/T 117 d×l
开口销 GB/T 91—2000			销　GB/T 91 d×l

圆柱销和圆锥销的连接画法如图 23-5 所示。当剖切平面通过销的轴线时,销按不剖绘制。

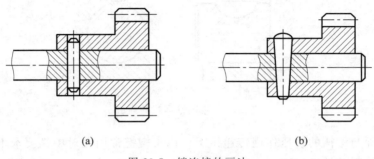

图 23-5　销连接的画法
(a)圆柱销连接;(b)圆锥销连接

23.3.3　滚动轴承

轴承是一种支承旋转轴的组件。根据轴承的摩擦性质不同,可分为滑动轴承和滚动轴承两大类。滚动轴承是标准件,由于它具有摩擦力小、结构紧凑、功率消耗小等优点,已被广泛用于机器、仪表等多种产品中。

1. 滚动轴承的结构与类型

滚动轴承一般由外圈、内圈、滚动体和保持架构成。根据其所能承受载荷的方向不同,可将滚动轴承分为三类:

(1)向心轴承,主要承受径向载荷,如深沟球轴承;

(2)推力轴承,只能承受轴向载荷,如推力球轴承;

(3)向心推力轴承,能同时承受径向与轴向载荷,如圆锥滚子轴承。

2. 滚动轴承的代号与标记

国家标准规定,滚动轴承的代号由前置代号、基本代号和后置代号构成。常用的滚动轴承只用基本代号表示。

(1)基本代号

基本代号一般由数字和字母组成,表示轴承的基本类型、结构和尺寸,是轴承代号的基础。基本代号由轴承类型代号、尺寸系列代号、内径代号构成。

① 轴承类型代号用数字或字母表示,见表 23-3。

表 23-3　轴承的类型代号(摘自 GB/T 272—2017)

代号	轴承类型	代号	轴承类型	代号	轴承类型
0	双列角接触球轴承	4	双列深沟球轴承	8	推力圆柱滚子轴承
1	调心球轴承	5	推力球轴承	N	圆柱滚子轴承
2	推力调心滚子轴承	6	深沟球轴承	U	外球面球轴承
3	圆锥滚子轴承	7	角接触球轴承	QJ	四点接触球轴承

② 尺寸系列代号由两位数字组成,第一位数字为轴承的宽(高)度系列代号,第二位数字为轴承直径系列代号。

③ 内径代号表示轴承的公称内径,一般用两位阿拉伯数字表示。代号数字为 00、01、02、03 时,分别表示轴承内径 $d=10$、12、15、17 mm;代号数字为 04～96 时,代号数字乘以 5,即为轴承内径;公称内径为 22、28、32、500 mm 或大于 500 mm 时,用公称内径的毫米数直接表示,但与尺寸系列之间用符号"/"分开。

基本代号示例:

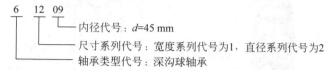

（2）前置、后置代号

前置代号用字母表示,后置代号用字母（或加数字）表示。前置、后置代号是轴承在结构形状、尺寸、公差、技术要求等改变时,在其基本代号左右添加的代号,若无特殊要求可省略标注。其代号含义可查阅 GB/T 272—2017。

（3）标记

滚动轴承的标记由名称、代号和标准编号三个部分组成。其标记示例如下:

滚动轴承 6210 GB/T 276—2013。

3. 滚动轴承的画法

滚动轴承是标准组件,不需要画零件图。在装配图上,只需根据国家标准规定的画法表示即可,画图时,应先根据轴承代号从国家标准中查出轴承的外径 D、内径 d、宽度 B 等几个主要数据,然后,将其他尺寸按与主要尺寸的比例关系画出。

在装配图中,滚动轴承可以用通用画法、特征画法和规定画法三种方法来绘制。前两种属于简化画法,在同一图样中一般只采用这两种简化画法中的一种。对于这三种画法,国家标准《机械制图　滚动轴承表示法》(GB/T 4459.7—2017)作了如下规定。

（1）基本规定

① 通用画法、特征画法及规定画法中的各种符号、矩形线框和轮廓线均用粗实线绘制。

② 绘制滚动轴承时,其矩形线框或外框轮廓的大小应与滚动轴承的外形尺寸一致,并与所属图样采用同一比例。

③ 在剖视图中,用通用画法和特征画法绘制滚动轴承时,一律不画剖面符号。在采用规定画法绘制滚动轴承的剖视图时,轴承的滚动体不画剖面线,其各套圈等一般应画成方向和间隔相同的剖面线。在不致引起误解时,也允许省略不画。

（2）通用画法

如不需要确切地表示滚动轴承的外形轮廓、载荷特性、结构特征时,可采用通用画法,如图 23-6 所示。

（3）规定画法和特征画法

轴承的规定画法和特征画法见表 23-4。

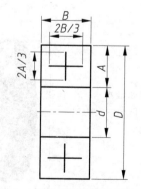

图 23-6　滚动轴承的通用画法

表 23-4　轴承的画法

名称、标准号和代号	结构形式	主要尺寸	规定画法	特征画法
深沟球轴承 GB/T 276—2013 6000		D、d、B		
圆锥滚子轴承 GB/T 297—2015 30000		D、d、T B、C		
推力球轴承 GB/T 301—2015 51000		D、d、T		

项目 24 齿 轮

24.1 项 目 目 标

（1）掌握直齿圆柱齿轮的相关参数及其规定画法。
（2）掌握圆柱齿轮啮合的画法。
（3）了解圆锥齿轮、蜗轮、蜗杆的画法。

24.2 项 目 导 入

齿轮是广泛应用于机器和部件中的传动零件，它通过轮齿间的啮合来传递动力，改变转速和旋转方向。齿轮参数中只有模数和压力角已标准化，它属于常用件。

24.3 项 目 资 讯

齿轮的种类很多，根据其传动情况可以分为三类：
（1）圆柱齿轮——用于两平行轴间的传动，如图 24-1(a)所示；
（2）圆锥齿轮——用于两相交轴间的传动，如图 24-1(b)所示；
（3）蜗轮蜗杆——用于两交叉轴间的传动，如图 24-1(c)所示。

(a)　　　　　　　(b)　　　　　　　(c)

图 24-1　常见的齿轮传动

(a) 圆柱齿轮；(b) 圆锥齿轮；(c) 蜗轮蜗杆

齿轮上的齿称为轮齿，轮齿是齿轮的主要结构，只有轮齿符合国家标准中规定的齿轮才能称为标准齿轮。本项目只介绍标准齿轮的基本知识及其规定画法。

24.3.1 圆柱齿轮

圆柱齿轮按其齿线的方向可以分为直齿、斜齿和人字齿等。

1. 圆柱齿轮各部分的名称及尺寸关系

现以标准直齿圆柱齿轮为例来说明圆柱齿轮各部分的名称和代号,如图 24-2 所示。其中下标 1 为主动齿轮,下标 2 为从动齿轮。

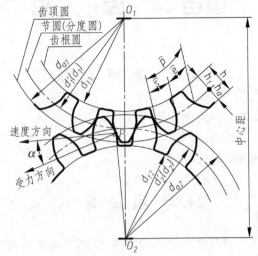

图 24-2　两啮合标准圆柱齿轮各部分的名称

(1) 齿顶圆。通过轮齿顶部的圆称为齿顶圆,其直径以 d_a 表示。

(2) 齿根圆。通过轮齿根部的圆称为齿根圆,其直径以 d_f 表示。

(3) 分度圆。通过轮齿上齿厚等于齿槽宽度处的圆称为分度圆。分度圆是设计齿轮时进行各部分尺寸计算的基准圆,其直径以 d 表示。

(4) 齿高。齿顶圆与齿根圆之间的径向距离称为齿高,以 h 表示。分度圆将齿高分为两个不等的部分。齿顶圆与分度圆之间称为齿顶高,以 h_a 表示。分度圆与齿根圆之间称为齿根高,以 h_f 表示。齿高是齿顶高与齿根高之和,即 $h=h_a+h_f$。

(5) 齿距和齿厚。分度圆上相邻两齿的对应点之间的弧长称为齿距,以 p 表示。每个齿廓在分度圆上的弧长,称为分度圆齿厚,用 s 表示。对于标准齿轮来说,齿厚为齿距的一半,即 $s=p/2$。

(6) 齿数。齿轮的轮齿个数称为齿数,用 z 表示。

(7) 模数。模数是设计和制造齿轮的一个重要参数,用 m 表示。设齿轮的齿数为 z,则分度圆的周长 $=zp=\pi d$,即 $d=pz/\pi$,取 $m=p/\pi$,则 $d=mz$。

m 值越大表示齿轮的承载力越大。两啮合齿轮的模数必须相等。不同模数的齿轮,要用不同模数的刀具来加工制造,为了便于设计加工,模数的值已标准化,渐开线圆柱齿轮的模数系列见表 24-1。

表 **24-1**　渐开线圆柱齿轮模数系列

第一系列	1.25　1.5　2　2.25　3　4　5　6　8　10　12　16　20　25　32 … 50
第二系列	1.75　2.25　2.75　(3.25)　3.5　(3.75)　4.5　5.5　(6.5) … 45

(8) 压力角。两个相啮合的轮齿齿廓在接触点 P 处的受力方向与运动方向的夹角称为压力角。若点 P 在分度圆上则为两齿廓公法线与两分度圆公切线的夹角。我国标准准齿轮的分度圆压力角为 $20°$。通常所称的压力角是指分度圆压力角。

(9) 中心距。一对啮合齿轮轴线之间的最短距离称为中心矩,用 a 表示。

　　齿轮各部分的尺寸与模数和齿数都有一定的关系,表 24-2 列出了圆柱齿轮各部分的计算公式。

表 24-2　圆柱齿轮各部分的名称、代号及计算公式

名　称	代　号	计　算　公　式
齿顶圆直径	d_a	$d_a = m(z+2)$
齿根圆直径	d_f	$d_f = m(z-2.5)$
分度圆直径	d	$d = mz$
齿高	h	$h = 2.25m$
齿顶高	h_a	$h_a = m$
齿根高	h_f	$h_f = 1.25m$
分度圆齿厚	s	$s = 0.5\pi m$
齿距	p	$p = \pi m$
中心距	a	$a = m(z_1 + z_2)/2$

2. 单个圆柱齿轮的规定画法

　　齿轮轮齿的结构比较复杂,在作图时不必画出其真实投影,国家标准规定了齿轮的画法,具体如下:

　　(1) 齿顶圆和齿顶线用粗实线绘制;分度圆和分度线用点画线绘制;齿根圆和齿根线用细实线绘制,也可省略不画;在剖视图中齿根线用粗实线绘制,如图 24-3(a)所示。

　　(2) 在剖视图中,当剖切平面通过齿轮的轴线时,轮齿一律按不剖处理。齿轮的其他部分均按投影画出。

　　(3) 如系斜齿轮或人字齿轮,当需要表示齿线的特征时,可用三条与齿线方向一致的细实线表示,如图 24-3(b)、(c)所示。

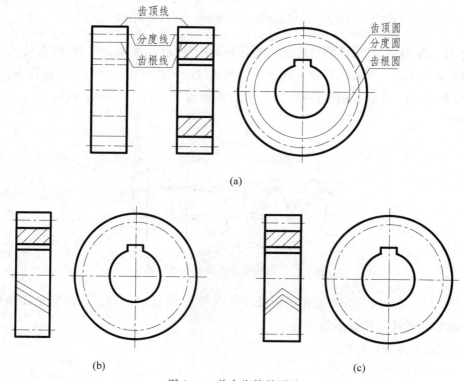

图 24-3　单个齿轮的画法

(a) 直齿圆柱齿轮的画法;(b) 斜齿圆柱齿轮的画法;(c) 人字齿圆柱齿轮的画法

3. 两齿轮啮合的规定画法

两标准齿轮相互啮合时,它们的分度圆处于相切位置,其中心距 $a = m(z_1 + z_2)/2$。啮合部分的规定画法如下:

(1) 在垂直于圆柱齿轮轴线的投影面的视图中,两分度圆相切;啮合区的齿顶圆用粗实线绘制(见图 24-4(a)),也可省略不画(见图 24-4(b));齿根圆全部不画。

(2) 在平行于圆柱齿轮轴线的投影面的视图中,啮合区内的齿顶线不画,分度线画成粗实线(见图 24-4(c)、(d))。

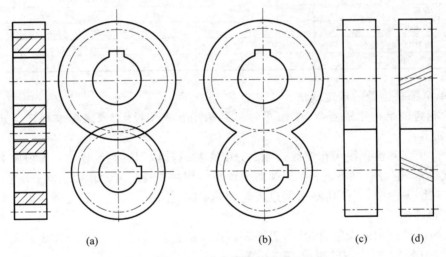

图 24-4 啮合齿轮的画法

(a) 规定画法;(b) 简化画法;(c) 直齿的画法;(d) 斜齿的画法

(3) 在剖视图中,当剖切平面通过两啮合齿轮的轴线时,在啮合区内,两齿轮的分度线重合,用点画线表示。齿根线用粗实线表示。齿顶线的画法是将一个齿轮的轮齿作为可见,用粗实线表示,另一个齿轮的轮齿被遮挡,齿顶线画虚线(见图 24-4(a)和图 24-5),也可以省略不画。

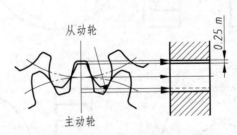

图 24-5 齿轮啮合投影的表示方法

一个齿轮的齿顶与另一个齿轮的齿根之间应有 0.25 m 的间隙。当剖切平面通过啮合齿轮的轴线时,轮齿一律按不剖绘制。

常见齿轮的零件图如图 24-6 所示。

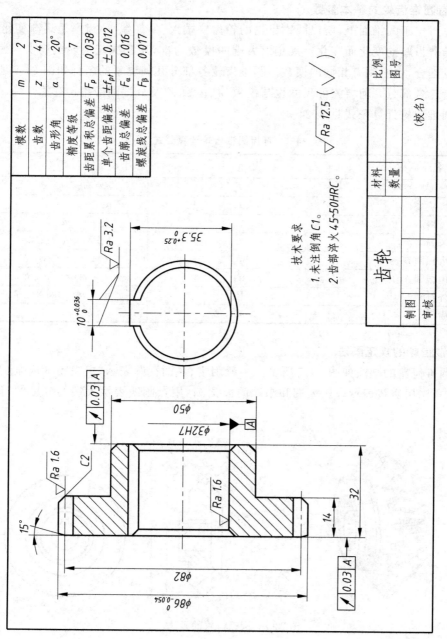

模　数	m	2
齿　数	z	41
齿形角	α	20°
精度等级	7	
齿距累积总偏差	F_p	0.038
单个齿距偏差	$\pm f_{pt}$	±0.012
齿廓总偏差	F_α	0.016
螺旋线总偏差	F_β	0.017

$$\sqrt{Ra\ 12.5}\ (\ \sqrt{\ }\ )$$

技术要求

1. 未注倒角 C1。
2. 齿部淬火 45~50HRC。

齿　轮

（校名）

材料		比例	
数量		图号	
制图			
审核			

图 24-6　齿轮零件图

24.3.2　圆锥齿轮

圆锥齿轮通常用于垂直相交的两轴间的传动。圆锥齿轮的轮齿分为直齿、斜齿和人字齿。由于直齿圆锥齿轮应用较广,下面主要介绍直齿圆锥齿轮的基本参数和规定画法。

1. 直齿圆锥齿轮的基本参数

由于轮齿位于圆锥面上,所以圆锥齿轮的轮齿一端大、另一端小,齿厚是逐渐变化的,直径和模数随着齿厚的变化而变化。规定以大端的模数为准,用它决定齿轮的有关尺寸。一对圆锥齿轮啮合,也必须有相同的模数。圆锥齿轮各部分几何要素的名称如图 24-7 所示。

圆锥齿轮各部分几何要素的尺寸也与模数 m、齿数 Z 及分度圆锥角 δ 有关。

直齿圆锥齿轮计算公式见表 24-3。

表 24-3　直齿圆锥齿轮计算公式

名　称	代　号	计 算 公 式
分度圆直径	d	$d = mz$
齿顶高	h_a	$h_a = m$
齿根高	h_f	$h_f = 1.2m$
齿高	h	$h = h_a + h_f = 2.2m$
齿顶圆直径	d_a	$d_a = m(z + 2\cos\delta)$
齿根圆直径	d_f	$d_f = m(z - 2.4\cos\delta)$
外锥距	R_e	$R_e = mz/2\sin\delta$
齿宽	b	$b \leqslant R_e/3$

2. 圆锥齿轮的规定画法

单个圆锥齿轮的画法如图 24-7 所示。一般用主、左两视图表示,主视图画成全剖视图,在左视图中,用粗实线表示齿轮大端和小端的齿顶圆,用点画线表示大端的分度圆,齿根圆省略不画。

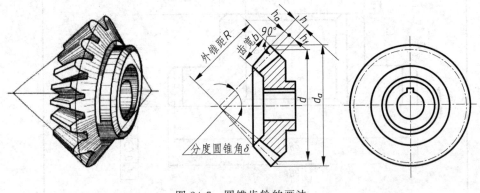

图 24-7　圆锥齿轮的画法

3. 圆锥齿轮啮合的画法

圆锥齿轮啮合的画法如图 24-8 所示。主视图画成剖视图,由于两齿轮的节圆锥面相切,因此其节线重合,画成点画线。在啮合区内应将其中一个齿轮的齿顶线画成粗实线,而另一个齿轮的齿顶线画成虚线或省略不画。左视图画成外形视图。

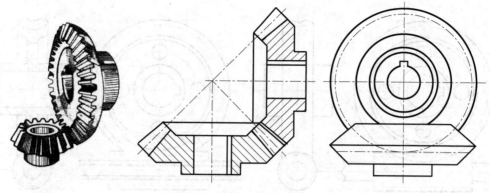

图 24-8 圆锥齿轮啮合的画法

24.3.3 蜗轮蜗杆

蜗轮蜗杆用于垂直交叉两轴之间的传动,通常蜗杆是主动件,蜗轮是从动件;蜗杆蜗轮的传动比大,结构紧凑,但效率低。蜗杆的齿数 z_1 相当于螺杆上的螺纹线数,蜗杆常用单头或双头,传动时,蜗杆旋转一圈,则蜗轮只转一个齿或两个齿,因此可以得到较大的传动比 $I = z_2/z_1$(z_2 为蜗轮齿数)。蜗杆蜗轮的尺寸计算可查阅相关手册。

蜗杆蜗轮各部分几何要素的代号和规定画法如图 24-9 和图 24-10 所示,其画法与圆柱齿轮基本相同,但是在蜗轮投影为圆的视图中,只画出分度圆和最外圆,不画出齿顶圆与齿根圆;在外形视图中,蜗杆的齿根圆和齿根线用细实线绘制或省略不画。图中 P_x 是蜗杆的轴向齿距;d_{a2} 是蜗轮齿顶的最外圆直径,即齿顶圆柱面的直径;d_g 是蜗轮的齿顶圆环面喉圆的直径。

蜗杆蜗轮啮合的画法如图 24-11 所示。其中,在主视图中,蜗轮被蜗杆遮住的部分不画出;在左视图中,蜗轮的分度圆与蜗杆的分度线相切。

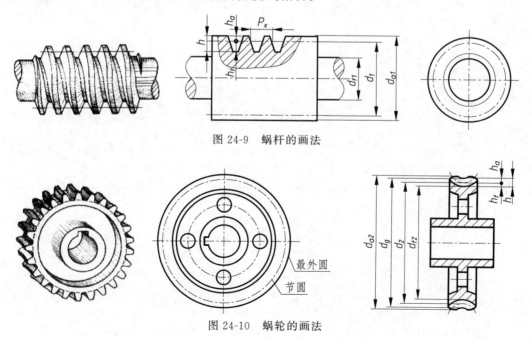

图 24-9 蜗杆的画法

图 24-10 蜗轮的画法

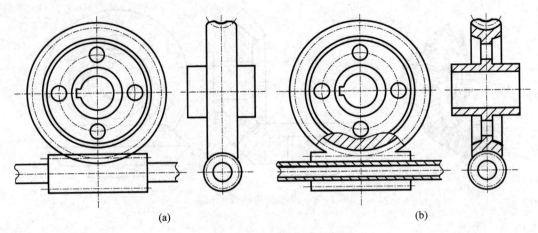

(a)　　　　　　　　　　　　　　　(b)

图 24-11　蜗杆蜗轮啮合的画法

项目 25 弹 簧

25.1 项目目标

了解弹簧的种类及相关参数；掌握圆柱螺旋压缩弹簧的规定画法。

25.2 项目导入

弹簧也是机器中经常用到的一种零件，在机器中起减震、复位、测力、储能等作用，其特点是外力去除后能立即恢复原形。

25.3 项目资讯

弹簧的种类和形式很多，最常用的有螺旋弹簧和涡卷弹簧（见图 25-1(d)）。根据受力的不同，螺旋弹簧又可分为压缩弹簧（见图 25-1(a)）、拉伸弹簧（见图 25-1(b)）和扭转弹簧（见图 25-1(c)）三种。下面以圆柱螺旋压缩弹簧为例，介绍国家标准中关于弹簧的一些规定画法。

25.3.1 圆柱螺旋压缩弹簧各部分的名称及尺寸关系

为了使弹簧各圈受力均匀，多数弹簧的两端都并紧磨平，工作时起支承作用，称为支承圈。除支承圈外，其余保持节距相等参加工作的圈称为有效圈。有效圈与支承圈之和称为总圈数。下面介绍弹簧的有关参数（见图 25-2）：

图 25-1 常用弹簧的种类

(a) 压缩弹簧；(b) 拉伸弹簧；(c) 扭转弹簧；(d) 平面涡卷弹簧

(1) 材料直径 d，即制造弹簧的钢丝直径。

(2) 弹簧中径 D，即弹簧的平均直径，按标准选取；

弹簧内径 D_1，即弹簧内圈的直径，$D_1 = D - d$；

弹簧外径 D_2，即弹簧外圈的直径，$D_2 = D + d$。

（3）有效圈数 n、支承圈数 n_2 和总圈数 n_1 的关系为

$$n_1 = n + n_2 \qquad (25\text{-}1)$$

（4）节距 t，指除支承圈外，两相邻有效圈截面中心线的轴向距离。

（5）自由高度 H_0，指弹簧在不受外力时的高度，即

$$H_0 = nt + (n_2 - 0.5)d \qquad (25\text{-}2)$$

国家标准 GB/T 2089—2009 规定了圆柱螺旋压缩弹簧的尺寸及参数，可供设计者绘图时参考。

25.3.2　圆柱螺旋压缩弹簧的规定画法

根据国家标准 GB/T 4459.4—2003 的规定：

（1）在平行于圆柱螺旋压缩弹簧轴线的投影面的视图中，弹簧各圈的轮廓画成直线。

（2）圆柱螺旋压缩弹簧均可画为右旋。若是左旋弹簧，只需在图中标出旋向"左"字即可。

（3）圆柱螺旋压缩弹簧，如要求两端并紧且磨平时，无论支承圈数多少和末端贴紧情况如何，均按支承圈为 2.5 圈的形式绘制，必要时才按实际结构绘制。

（4）有效圈数在 4 圈以上的螺旋弹簧，无论是否采用剖视画法，都只需画出两端的 1 圈或 2 圈（支承圈除外），中间部分可省略不画，而是用通过弹簧丝中心的两条细点画线表示。圆柱螺旋压缩弹簧的中间部分省略后，允许适当缩短图形的长度。

（5）在装配图中，被弹簧挡住的结构一般不画出，可见部分应从弹簧的外轮廓线或从弹簧钢丝剖面的中心线画起，如图 25-3 所示。

（6）在装配图中，当弹簧型材的直径或厚度在图样上等于或小于 2 mm 时，其弹簧钢丝断面可用涂黑表示；若弹簧钢丝直径不足 1 mm，允许用示意图绘制，如图 25-3 所示。

画图时应知道弹簧的以下数据：弹簧的钢丝直径 d、中径 D、自由高度 H_0（画装配图时，此高度应为受初压力后的高度）、有效圈数 n、总圈数 n_1 和旋向，根据它们之间的关系，就可以计算得到节距及其他参数。

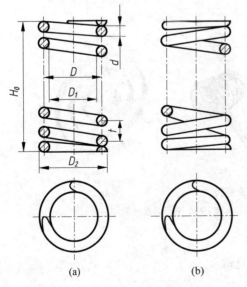

图 25-2　圆柱螺旋压缩弹簧的画法

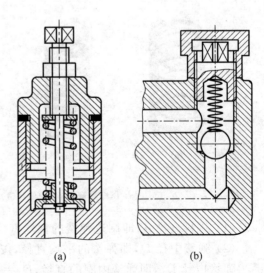

图 25-3　装配图中弹簧的画法

25.3.3　圆柱螺旋压缩弹簧的画图步骤

下面以圆柱螺旋压缩弹簧采用剖视图画法为例来说明弹簧的画图步骤。已知圆柱螺旋压缩弹簧的钢丝直径 $d=6$，弹簧中径 $D=35$，节距 $t=11$，有效圈数 $n=8$，右旋，作图步骤如图 25-4 所示：

（1）计算出弹簧的自由高度 H_0，以 D 和 H_0 为边长，画出矩形；

（2）根据弹簧钢丝直径 d 画出两端支承圈的半圆和圆，如图 25-4(a)所示；

（3）根据节距 t 作有效圈部分的弹簧钢丝剖面，如图 25-4(b)所示；

（4）最后按右旋作相应小圆的外公切线，画出弹簧钢丝的剖面线，即完成弹簧的剖视图，如图 25-4(c)所示。

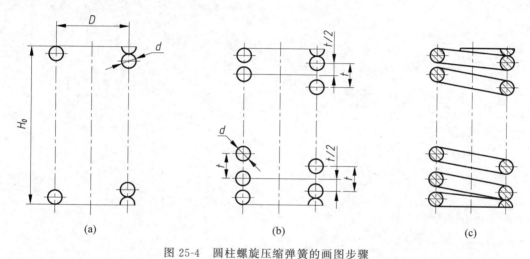

(a)　　　　　　　　　　(b)　　　　　　　　　　(c)

图 25-4　圆柱螺旋压缩弹簧的画图步骤

第8篇

零件图

项目 26　典型零件的视图选择

26.1　项目目标

熟悉四类典型零件的表达方法；掌握零件图的表达方法。

26.2　项目导入

任何机器或部件都是由零件装配起来的，零件是组成机器或部件最基本的单元。表达单个零件形状、大小和技术要求的图样称为零件图。零件图是设计和生产中的重要技术文件，是制造和检验零件的依据。在生产过程中必须依靠零件图中的尺寸、材料和数量进行备料，然后按图样所表达的零件形状、尺寸、技术要求进行加工，最后根据图样要求进行检验。那么图 26-1 所示的泵轴，在设计、生产过程中是如何表达的呢？

图 26-1　泵轴的三维模型

图 26-1 所示为某部件中的泵轴，其零件图如图 26-2 所示，一张完整的零件图应包括下列基本内容。

（1）一组图形，即用视图、剖视、断面及其他规定画法来正确、完整、清晰地表达零件各部分的形状和结构。

（2）尺寸，即正确、完整、清晰、合理地标注零件的全部尺寸。

（3）技术要求，即用符号或文字来说明零件在制造、检验等过程中应达到的一些技术要求，如表面粗糙度、尺寸公差、几何公差、热处理要求等。技术要求的文字一般注写在标题栏上方图纸的空白处，或左侧空白处。

（4）标题栏，位于图纸的右下角，应填写零件的名称、材料、数量、图的比例，以及设计、描图、审核人的签字、日期等内容。

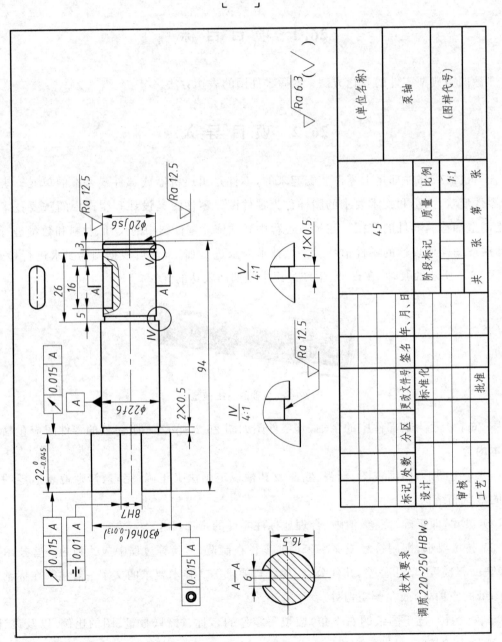

图 26-2　泵轴零件图

26.3 项 目 资 讯

　　绘制零件图时,首先应考虑看图方便,在完整、清晰地表达出零件的全部结构形状的前提下,力求制图简便。要达到这样的要求,就必须选择一个较好的表达方法。

　　选择视图时,要结合零件的工作位置和加工位置,选择最能反映零件形状特征的视图作为主视图,包括运用各种表达方法,如视图、剖视、断面等,并选好其他视图。选择视图的原则是:在完整、清晰地表达零件内外形状和结构的前提下,尽量减少视图的数量。

26.3.1 主视图的选择

1. 确定主视图的投射方向

　　确定主视图的投射方向时,应注意依据形状特征原则,即主视图的投射方向,选择能最明显反映零件形状特征及主要部分相互位置关系的方向。

　　在图 26-3 所示的泵轴主视图的投射方向选择中,显然选择(a)图作为主视图不能反映零件的形状特征,而(b)图则较好地反映了零件的特征。

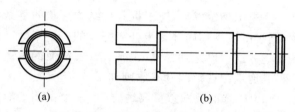

图 26-3　主视图的投射方向选择(一)
(a) 反映零件的形状特征不好;(b) 反映零件的形状特征好

　　如图 26-4 所示,(a)图为齿轮油泵泵盖的三维模型,采用(c)图作为主视图的投射方向,要比采用(b)图作为主视图更能反映其形状特征,因此,应将(c)向作为主视图的投射方向,实际作图时还应考虑表达方法,例如泵盖的主视图以选择剖视为佳。

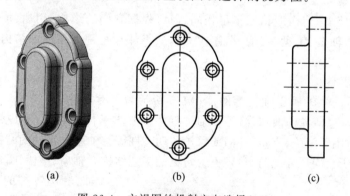

图 26-4　主视图的投射方向选择(二)
(a) 泵盖的三维模型;(b) 反映零件的形状特征不好;(c) 反映零件的形状特征好

2. 主视图的安放位置

　　零件在主视图上所体现的位置,一般按照以下两种位置原则来确定。

　　(1) 工作位置(或自然位置)原则。零件在机器(或部件)上都有一定的工作位置,保证主视图与零件的工作位置相一致,有利于把零件和整台机器(部件)联系起来,想象它的工作情况。箱体类、叉架类零件多采用这样的位置原则。

　　(2) 加工位置原则。零件在加工制造过程中,要把它固定和夹紧在一定的机床工位上,此位置就是零件的加工位置。如果能保证主视图与零件的加工位置相一致,则在加工时,不仅看图方便,还可减少加工差错。轴套类零件一般采用这样的位置原则。

　　然而,对于一些运动零件,由于其工作位置并不固定,或者在机器上处于倾斜位置,若按其位置画图,则给画图增加了麻烦;又有些零件,加工工序较多,各工序的加工位置又不尽相同,无法使一图符合不同的加工位置,对于这样的零件一般不能按上述位置原则来布置主视图,习惯上常将这些零件位置摆正,根据其形状特征,尽量使零件上更多的线、面处于与基本投影面平行或垂直的位置。

　　在根据位置原则确定主视图的安放位置时,有时工作位置和加工位置会出现矛盾,由于零件图主要供加工和检验使用,所以,对于主视图的选择应优先考虑形状特征和加工位置原则,其次考虑形状特征和工作位置原则。

26.3.2　其他视图及表达方法的选择

　　主视图确定以后,应根据零件结构形状的复杂程度分析主视图已表达清楚的结构的多少,通过由主体到局部逐步补充完善的方法来确定是否需要及需要多少其他视图(包括采用的表达方式),以达到完整、正确、清晰、简便的表达目的。

　　其他视图选择的基本原则如下。

　　(1) 所选的视图数量要适宜,每一个视图应有明确的表达重点;在足以把零件各部分形状表达清楚的前提下,应使视图数量最少。

　　(2) 所选的表达方法要恰当,优先采用基本视图及在基本视图上作剖视;采用局部视图或斜视图时,应尽可能按投影关系配置,并配置在有关视图附近。

　　(3) 合理布置各视图的位置,使图样清晰美观,以利于图幅的利用。

26.3.3　典型零件视图的选择

　　零件的种类繁多,结构形状也不尽相同,但可根据它们的结构、用途、加工制造等方面的特点,将零件分为轴套、轮盘、支架、箱体四类典型零件。每一类零件的结构相似,所以,在视图选择上就有共同之处。

1. 轴、套类零件

　　图 26-1 所示的泵轴属于轴类零件,图 26-5 所示为套类零件。

　　轴、套类零件包括各种轴、套筒等。轴类零件主要支承传动零件(如皮带轮、齿轮等),一般装在机体孔中,用于定位、支承、导向或保护传动零件等。轴套类零件的结构形状比较简单,具有轴向尺寸大于径向尺寸的特点,零件上常见的工艺结构有轴肩、键槽、圆角、倒角等。

　　轴、套类零件的切削加工一般在车床上进行,要按形状特征原则和加工位置原则确定主视图,即轴线水平放置,大头在左、小头在右,键槽和孔结构可以朝前。轴、套类零件的主要结构形状是回转体,一般只画一个主视图;对于零件上的键槽、孔等,可作移出断面;较长的轴可用折断画法;砂轮越程槽、退刀槽、中心孔等可用局部放大图表达。

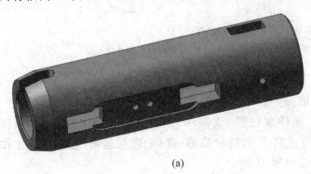

(a)

图 26-5　轴套(套类零件)

(a) 轴套的三维模型;(b) 轴套零件图

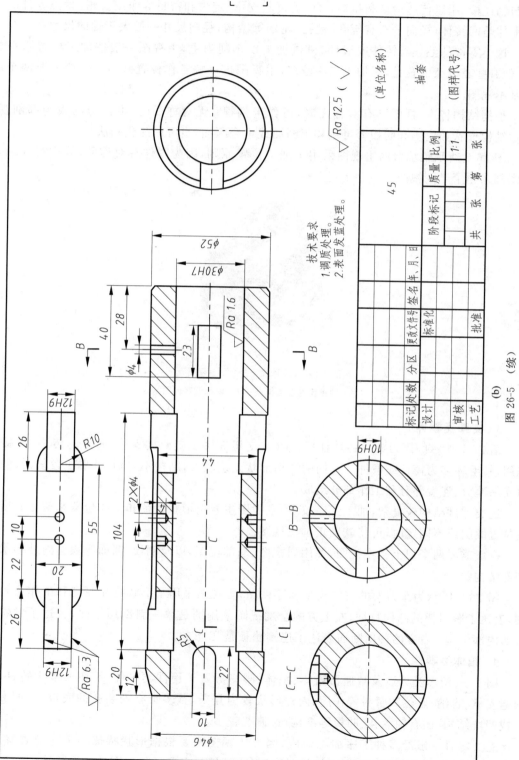

图 26-5（续）

2. 轮、盘类零件

图 26-6 所示的轴承盖及各种轮子、法兰盘、端盖、齿轮等属于轮、盘类零件。轮盘用键、销与轴连接,用以传递运动和扭矩;盘、盖可起支承、定位和密封等作用。轮、盘类零件的主要形体是回转体,径向分布有螺孔、销孔、轮辐等结构,径向尺寸一般大于轴向尺寸。

这类零件的毛坯有铸件或锻件,机械加工以车削为主,主视图一般按加工位置水平放置,但有些较复杂的盘盖,因加工工序较多,主视图也可按工作位置画出。一般需要两个以上基本视图。

根据结构特点,视图具有对称面时,可作半剖视;无对称面时,可作全剖或局部剖视;其他结构形状如轮辐和肋板等可用移出断面或重合断面,也可用简化画法。

图 26-6 所示轴承盖的主视图采用了加工位置原则,因为零件有对称面,故主视图和左视图都采用了半剖视图。

(a)

图 26-6　轴承盖(轮、盘类零件)

(a) 轴承盖的三维模型;(b) 轴承盖零件图

3. 支架类零件

图 26-7 所示的跟刀架及各种杠杆、连杆、支架等属于支架类零件,通常起传递、连接等作用,其毛坯多为铸件或锻件。它们的结构形状差别较大,结构不规则,外形比较复杂,但都由支承部分、连接部分和工作部分组成。

这类零件结构较复杂,加工工序较多,主视图主要由形状特征和工作位置来确定;当工作位置倾斜或不固定时,可将其摆正画主视图。

一般需要两个以上基本视图,并用斜视图、局部视图,以及剖视、断面等表达内外形状和细部结构。

图 26-7 所示为跟刀架的三维模型和零件图,主视图采用了形状特征原则和工作位置原则,表达了跟刀架的结构特征,左上方的全剖视图采用的是单一斜剖切平面,表达了倾斜部分的内部结构;右方的移出断面表达了连接肋板是 T 形的。

4. 箱体类零件

图 26-8 所示壳体以及减速器箱体、泵体、阀座等属于箱件类零件,毛坯大多为铸件,一般起支承、容纳、定位和密封等作用,内外形状较为复杂,且多带有安装孔的底板,上面有凸台或凹坑结构,还有轴承孔、肋板等结构,过渡线较多。

这类零件一般经多种工序加工而成,因而主视图主要根据形状特征和工作位置确定,图 26-8 所示的主视图就是根据工作位置选定的,其投射方向反映了零件的形状特征。

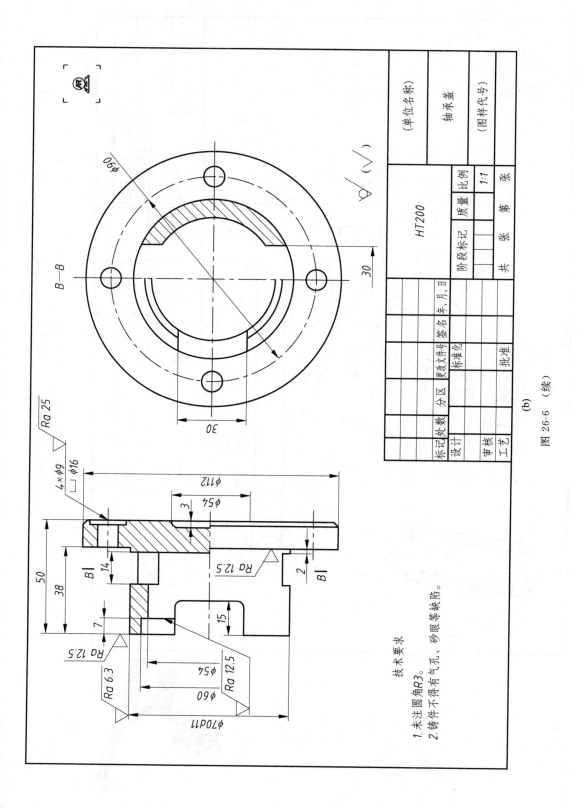

技术要求
1. 未注圆角R3。
2. 铸件不得有气孔、砂眼等缺陷。

图 26-6 （续）

(b)

						(单位名称)
					HT200	轴承盖
				阶段标记	质量	比例
						1:1
标记 处数 分区	更改文件号	签名	年,月,日			(图样代号)
设计		标准化			共 张	第 张
审核						
工艺		批准				

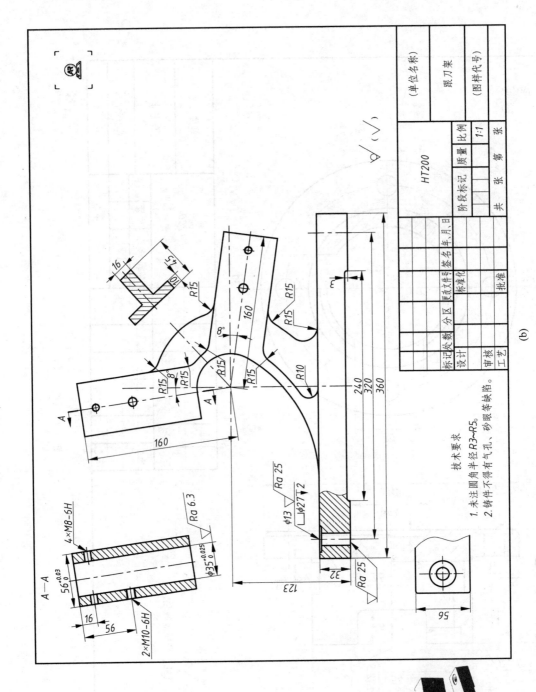

图 26-7　跟刀架（支架类零件）

(a) 跟刀架的三维模型；(b) 跟刀架零件图

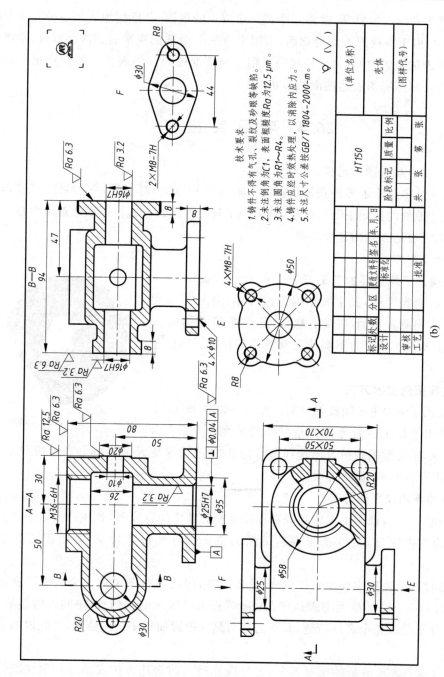

技术要求

1. 铸件不得有气孔、裂纹及砂眼等缺陷。
2. 未注倒角为C1，表面粗糙度Ra为12.5 μm。
3. 未注圆角为R1~R4。
4. 铸件应经时效热处理，以消除内应力。
5. 未注尺寸公差按GB/T 1804-2000-m。

					（单位名称）	壳体
				HT150	（图样代号）	
			阶段标记	质量	比例	
标记	处数	分区	更改文件号	签名	年、月、日	共　张　第　张
设计			标准化			
审核						
工艺			批准			

(b)

图 26-8　壳体（箱体类零件）

(a) 壳体的三维模型；(b) 壳体零件图

(a)

由于箱体类零件结构较复杂,常需三个或三个以上的视图,并广泛地应用各种方法来表达。在图 26-8 中,由于主视图上无对称面,采用了 $A—A$ 全部剖视来表达内部形状,左视图采用 $B—B$ 剖视表达左侧内部形状,俯视图采用了局部剖视的方法表达右侧圆柱相贯的结构,并选用了 F、E 局部视图表达端面的形状。

26.4　项 目 实 施

【例 26-1】　法兰盘视图的选择。

我们在 26.3 节中讨论了零件视图选择的一般步骤和原则,对于同一个零件,可能有多个方案,应在上述原则的指导下分析比较,选出一个较好的表达方案。下面通过法兰盘视图的选择进一步说明表达方案的选择步骤。

视图的选择步骤如下。

1．分析结构及了解主要加工工艺

法兰盘为轮、盘类零件,其主要结构为回转体,由图 26-9 可以看到轮盘左、右两侧有平面,内部有螺纹、退刀槽、孔等结构。

该轮盘的主要加工顺序为车削端面及内外圆柱面、钻孔、铣平面。

2．确定主视图的投射方向

图 26-10 给出了两种主视图投射方案。方案一如图 26-10(a) 所示,主视图采用了加工位置原则和形状特征原则;方案二如图 26-10(b) 所示,主视图的投射方向选择表达轮盘的左、右平面及其孔的分布。按照轮、盘类零件的主视图选择原则,选择方案一。

图 26-9　法兰盘的三维模型

3．选择其他视图及表达方法

在确定主视图以后,根据由主体到局部逐步补充的顺序加以完善,具体过程如下。

(1) 分析除主视图外,其他尚未表达清楚的主要部分的形状特征,确定相应的基本视图。

轮、盘类零件的外轮廓主要由圆柱组成,外形简单,因此主视图采用了全剖视图表达内部结构,并增加了一个局部放大图表达细节;除主视图已表达的结构外,中间板的形状、安装孔的数量及分布尚未完全表达清楚,而它处在与侧立投影面相平行的位置,因此增加了一个左视图。

(2) 分析其他未表示清楚的次要部分,通过选择适当的表达方法或增加其他视图的方法来加以补充。主视图的全剖采用了复合的剖切平面,将小孔和沉孔的深度表达清楚,因此不需要增加其他视图。

4．方案修正并绘制

经过方案修正,确定比例,合理布置图幅,完整、正确、清晰、简便地表达出法兰盘零件的形状,如图 26-11 所示。

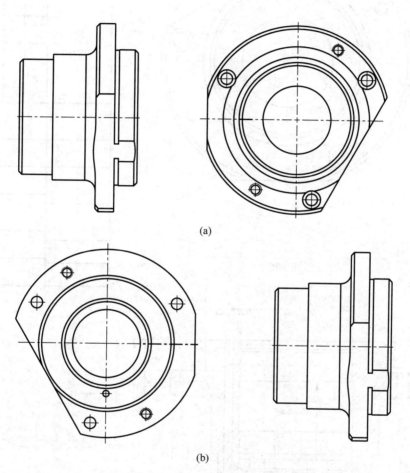

(a)

(b)

图 26-10 法兰盘视图的选择

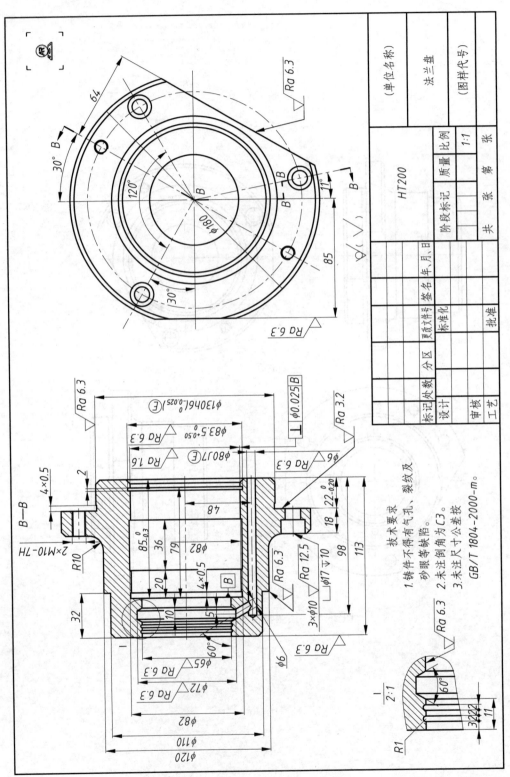

图 26-11　法兰盘零件图

项目 27　零件上常见的工艺结构

27.1　项 目 目 标

熟悉零件的工艺结构；掌握零件工艺结构在图样上的表达。

27.2　项 目 导 入

零件的结构形状，不仅要满足零件在机器中的使用要求，在制造零件时还需要符合制造工艺要求。常见的工艺结构有铸造工艺结构和机械加工结构，两种不同的加工方法产生的结构特点也不同，无论是在画图时还是在读图时都应注意。

27.3　项 目 资 讯

27.3.1　零件上的铸造工艺结构

1. 起模斜度

铸造零件在制造毛坯时，为了将木模从砂型中顺利取出来，在铸件的外壁或内壁上沿起模方向常做成一定的斜度，称为起模斜度，如图 27-1(a)所示。一般起模斜度为 1∶20，铸件的起模斜度在图中也可不画、不注。

2. 铸造圆角

为了便于铸件造型时起模，防止浇注铁水时冲坏砂型转角处，同时避免铁水冷却时产生缩孔和裂缝，应将铸件转角处制成圆角，这种圆角称为铸造圆角。画图时，应注意毛坯面的转角处要有圆角；若是加工面，则圆角被加工掉了，要画成尖角或倒角，如图 27-1(b)所示。

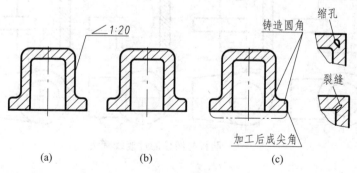

图 27-1　起模斜度及铸造圆角

3. 过渡线

由于铸件毛坯表面的转角处有圆角，因此其表面交线不明显，为了便于看图，仍要画出交线,但交线两端不与轮廓线的圆角相交,这种交线称为过渡线。过渡线的画法与没有圆角时的交线画法完全相同,只是在表达时有些差别,是用细实线绘制的。视图中常见的过渡线的画法如图 27-2～图 27-4 所示。

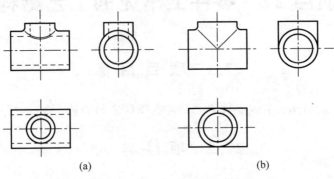

(a)　　　　　　　　　　　　(b)

图 27-2　两曲面相交的过渡线画法

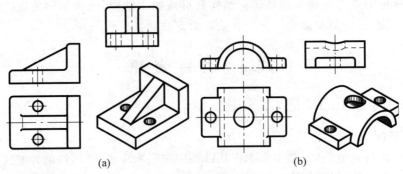

(a)　　　　　　　　　　　　(b)

图 27-3　平面与平面、平面与曲面相交的过渡线画法

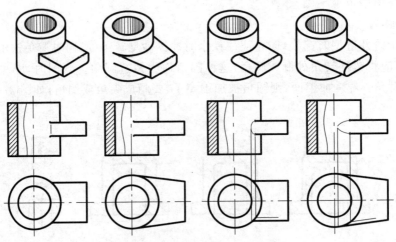

图 27-4　肋板与圆柱的过渡线画法

4. 铸件壁厚

为了保证铸件的铸造质量,防止因铸件壁厚不均匀导致铁水冷却速度不同而产生缩孔、裂缝等铸造缺陷,应使铸件壁厚均匀或逐渐变化,不宜相差过大,在两壁相交处应有起模斜度,如图 27-5 所示。

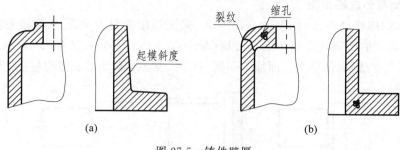

图 27-5　铸件壁厚

（a）正确；（b）不正确

27.3.2　零件上的机加工工艺结构

1. 圆角与倒角

为了去掉切削零件时产生的毛刺、锐边，以防伤人及便于装配，常在轴或孔的端部等处加工成倒角，其画法及尺寸标注如图 27-6 所示。倒角多为 45°，有时也为 30°或 60°（见图 27-7）；45°倒角注成 C，如 $C2$（倒角度数为 45°，宽度为 2）。

为了避免在孔、轴的凸肩等转角处由于应力集中而产生裂纹，常常加工成圆角过渡的形式，称为倒圆，如图 27-8 所示。

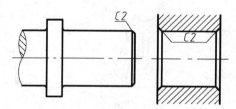

图 27-6　倒角的画法及尺寸标注

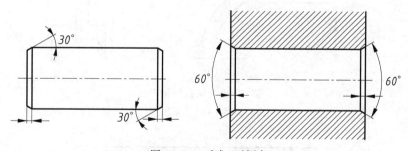

图 27-7　30°或 60°倒角

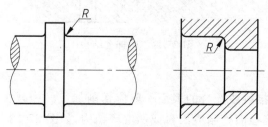

图 27-8　圆角的画法及尺寸标注

2. 退刀槽与砂轮越程槽

为了在切削螺纹或内孔时,便于退出刀具、保证切削质量及装配时与相关零件易于靠紧,常在加工表面的凸肩处先加工出退刀槽(见图27-9(a)、(b));在磨削加工时,为了使砂轮稍稍越过待加工表面,使整个表面加工到同一尺寸,常预先切出砂轮越程槽(见图27-9(c))。

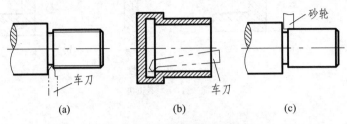

图 27-9　退刀槽与砂轮越程槽

3. 钻孔

用钻头钻孔时,为了保证孔定位正确,避免钻头单边受力产生弯曲将孔钻斜,或使钻头折断,钻头的轴线应垂直于被钻孔的端面。如果钻孔的表面是斜面或曲面,应预先设置与钻孔方向垂直的平面、凸台或凹坑,如图 27-10(a)所示。

用钻头钻出的盲孔或阶梯孔,由于钻头的结构在孔的末端形成约 120°(实际为 118°)的锥角,画图时必须画出,但一般无须注出,而孔深只注圆柱部分,如图 27-11 所示。

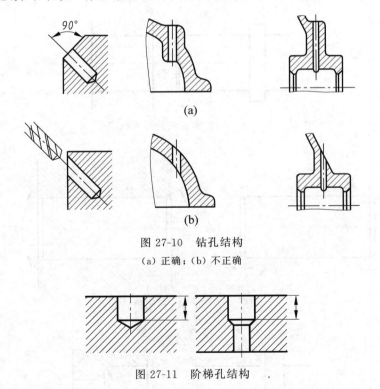

图 27-10　钻孔结构
(a) 正确;(b) 不正确

图 27-11　阶梯孔结构

4. 凸台与凹坑

零件上与其他零件接触或配合的表面一般应切削加工。为减少切削加工面积、保证良好的接触或配合,应在接触面处制成凸台或凹坑等结构,如图 27-12 所示。同一平面上的凸台,应尽量同高,以便于加工。

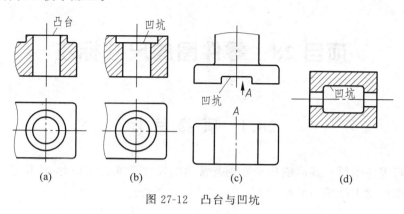

(a)　　　　　　　(b)　　　　　　　(c)　　　　　　　(d)

图 27-12　凸台与凹坑

27.4　项 目 实 施

【**例 27-1**】　分析图 27-13 所示端盖的工艺结构并思考在图样上的表达。

　　该端盖为二位三通阀中的一个零件,其材料为黄铜,采用切削加工的方法制造,其结构上左端为外螺纹,使用时外螺纹旋入相应的螺纹孔中。因此,考虑到使用时的操作安全性及便于装配,零件左端设计有倒角结构;考虑到加工螺纹时的退刀,在螺纹尾部先加工出退刀槽,如图 27-13 所示。

　　端盖工程图样表达如图 27-14 所示,倒角尺寸标注 $C2$,退刀槽尺寸 $1.5×1$。

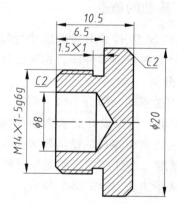

图 27-13　端盖的三维模型　　　　　　图 27-14　端盖工程图样表达

项目 28　零件图的尺寸标注

28.1　项目目标

（1）了解零件图尺寸基准的选择原则及常用的尺寸基准，能合理标注尺寸。

（2）正确识读零件图中的尺寸。

28.2　项目导入

零件图的尺寸标注是零件图样表达的重要内容之一，要求正确、完整、清晰、合理。对于前三项要求，前面已有介绍，这里主要讨论尺寸标注的合理问题。所谓合理，是指标注的尺寸比较符合零件设计、加工、检验等生产实际的要求。

28.3　项目资讯

28.3.1　基准的概念

零件在设计、加工、检验时量取尺寸的起点称为零件的尺寸基准。它存在于零件实体之上。基准的选择直接影响零件能否达到设计要求，以及加工是否可行和方便。

1. 基准的分类

基准按其用途不同一般分为以下两类。

（1）设计基准。根据设计要求直接标注出的尺寸为设计尺寸，标注设计尺寸的起点称为设计基准。它通常由零件的结构要求及使用功能决定，如图 28-1 所示。

（2）工艺基准。零件在加工和测量时使用的量取尺寸的起点称为工艺基准。它取决于零件的加工及测量方法，如图 28-2 所示。

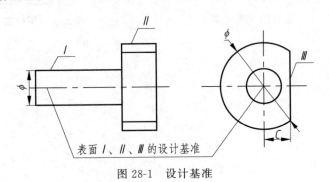

图 28-1　设计基准

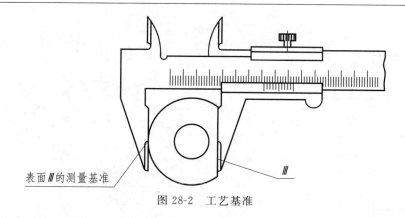

图 28-2　工艺基准

每个零件都有长、宽、高三个方向的尺寸要素,因此,每个方向至少应该有一个基准,但根据设计、加工、测量的要求,一般还要附加一些基准。我们把决定零件主要尺寸的基准称为主要基准,而把附加的基准称为辅助基准。主要基准与辅助基准之间应有尺寸联系,如图 28-3 所示。

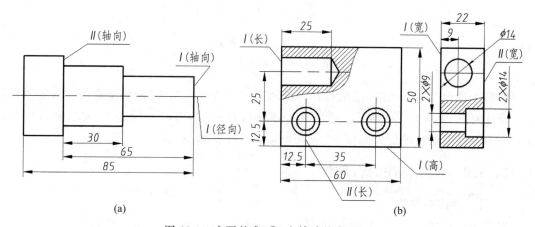

图 28-3　主要基准(Ⅰ)和辅助基准(Ⅱ)

2. 尺寸基准的形式

按构成基准的几何元素不同,尺寸基准有以下几种形式:

(1)线基准,即以零件上某些直线作为尺寸基准(如回转面的轴线、某些重要的轮廓线等),如图 28-4(a)所示;

(2)面基准,即以零件上某些较大的平面(如零件的主要加工面、接触面、安装面、对称面等)作为尺寸基准,如图 28-4(b)所示;

(3)点基准,即以零件上某些点(如球心、极坐标原点)作为尺寸基准,如图 28-4(c)所示。

3. 尺寸基准的选择

尺寸基准的选择就是在对零件进行尺寸标注时,是选择从设计基准出发,还是从工艺基准出发。

从设计基准出发进行尺寸标注,在尺寸上反映了设计要求,能保证原设计零件在机器上的使用功能。从工艺基准出发进行尺寸标注,可以把尺寸的标注与零件的加工或测量联系起来,反映了零件加工的工艺要求,使零件便于制造加工和测量。

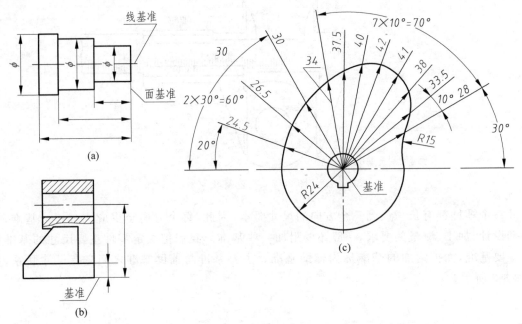

图 28-4　基准的形式
(a) 线基准、面基准；(b) 面基准；(c) 点基准

如果在进行尺寸标注时，能把设计基准和工艺基准统一起来（两基准重合），就能做到既满足设计要求，又满足工艺要求。当两种基准不能统一时，应以设计基准为主，进行尺寸标注。因为零件图是反映设计意图的，应首先满足设计要求，然后兼顾工艺要求。

28.3.2　尺寸标注的合理性

1. 尺寸标注的形式

根据零件设计、工艺要求的不同，同一方向的尺寸标注可以采用不同的形式。

(1) 链式，即同一方向的尺寸首尾衔接，一环扣一环形似链条，前一尺寸的终点即为后一尺寸的起点，如图 28-5(a) 所示。这种尺寸标注形式的优点是可以保证每一环的尺寸精度要求，缺点是每一环的误差累积在总长上。

(2) 坐标式，即同一方向的尺寸从同一基准注起，如图 28-5(b) 所示。这种标注形式的优点是不会产生累积误差，缺点是很难保证每一环的尺寸精度要求。

(3) 综合式，该尺寸标注形式是链式和坐标式的结合，如图 28-5(c) 所示。这种尺寸标注形式兼有上述两种标注形式的优点，最能适应零件的设计和加工要求，因此被广泛应用。

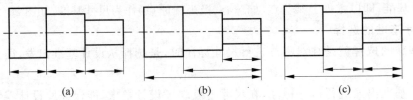

图 28-5　尺寸标注的形式
(a) 链式；(b) 坐标式；(c) 综合式

2. 合理标注零件尺寸的要点

（1）满足设计要求

① 重要尺寸应从设计基准出发直接注出。零件上的重要尺寸是指决定并影响其使用功能的尺寸,为保证设计要求,应从设计基准出发直接标注。如图 28-6 所示,尺寸 40 为重要尺寸时,有意将不重要的一段尺寸空出不注,而是通过其他尺寸间接获得,这样,零件加工过程中出现的累积误差就集中地反映在此段上,从而保证了零件的质量。

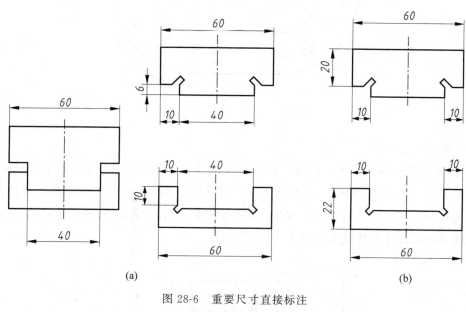

图 28-6　重要尺寸直接标注

（a）合理；（b）不合理

② 尺寸不应注成封闭的回路形式。在标注尺寸的过程中,注意不要把尺寸注成封闭的回路形式,如图 28-7 所示。因零件在实际加工过程中,不可避免地会出现误差,若注成封闭形式,则各段尺寸精度就会相互影响,很难保证每一个尺寸同时达到精度要求。因此,我们在标注尺寸时应直接注出重要尺寸。

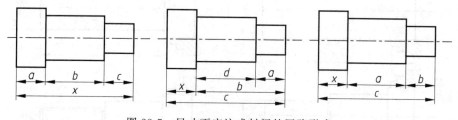

图 28-7　尺寸不应注成封闭的回路形式

③ 主要基准及辅助基准间必须注出联系尺寸。为保证设计要求,零件同一方向上的主要基准与辅助基准之间、确定相互位置的定位尺寸之间,都应直接注出尺寸(联系尺寸)将其联系起来,如图 28-3 中的 12.5 及图 28-8 中的 35。

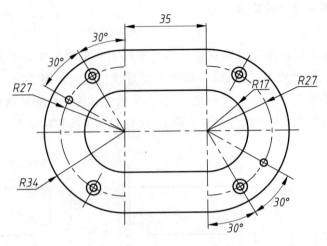

图 28-8　联系尺寸的注法

（2）兼顾工艺要求

① 按加工顺序标注尺寸。按加工顺序标注尺寸符合加工过程，方便加工及测量，能够保证工艺要求。如图 28-9 所示，在车床上一次装卡加工阶梯轴时，其加工顺序应该是先加工长度为 85 的圆柱体，然后加工长度为 45 的圆柱体，再加工退刀槽，最后是右侧的外螺纹，所以长度方向的尺寸标注就是按加工工序进行的。

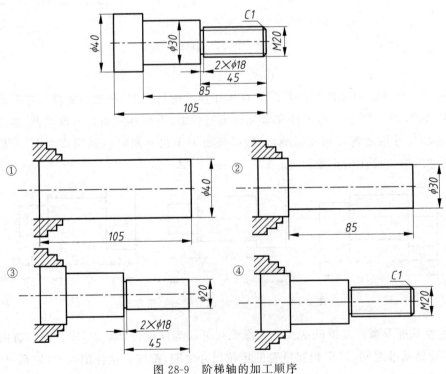

图 28-9　阶梯轴的加工顺序

　② 标注尺寸应注意便于测量。标注尺寸时,在满足设计要求的前提下,一般应考虑使用普通量具,避免或减少使用专用量具。如图 28-10 所示,图 28-10(b)所注的尺寸因不容易或无法确定实体测量基准,所以不易测量;而图 28-10(a)所注的尺寸则因基准容易确定,所以可用普通量具直接测量,从而降低了成本。

　③ 标注尺寸要符合制造工艺要求。如图 28-11(a)所示的轴承盖半圆孔是和轴承座的半圆孔合在一起加工出来的,因此,不应标注半径尺寸而应直接注出 $\phi 40$ 和 $\phi 45$。如图 28-11(b)所示,轴上的半圆键槽是铣削加工出来的,应该直接标注而不能标注半径尺寸。

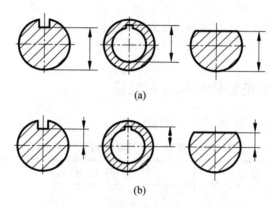

图 28-10　标注尺寸要便于测量

(a) 便于测量;(b) 不便于测量

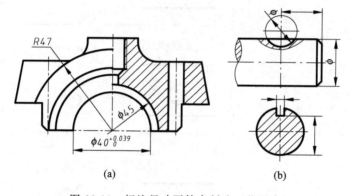

图 28-11　标注尺寸要符合制造工艺要求

　④ 毛坯面与加工面只能注一个联系尺寸。如图 28-12 所示,如果同一加工面与多个不加工面都有尺寸联系,即以同一加工面为基准来保证多个不加工面的尺寸精度要求是不可能的,因为不加工面的尺寸精度只能由铸造、锻造来保证。在图 28-12(b)中,底面同时与不加工面 A、B、C 有三个尺寸联系,不合理;而在图 28-12(a)中只有一个尺寸联系,故而合理。

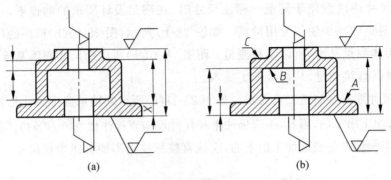

图 28-12　毛坯面与加工面只能注一个联系尺寸

(a) 合理；(b) 不合理

28.3.3　零件上常见结构的尺寸标注法

零件上常见结构的尺寸注法见表 28-1。

表 28-1　零件上常见结构的尺寸注法

序号	类　型	简 化 注 法		一 般 注 法
1	光孔	4×φ4↧10	4×φ4↧10	4×φ4 10
2		4×φ4H7↧10 孔↧12	4×φ4H7↧10 孔↧12	4×φ4H7 10 12
3	螺孔	3×M6-7H	3×M6-7H	3×M6-7H
4		3×M6-7H↧10 孔↧12	3×M6-7H↧10 孔↧12	3×M6-7H 10 12

续表

序号	类　型	简　化　注　法		一　般　注　法
5		4×φ7 φ13×90°	4×φ7 φ13×90°	90° φ13 4×φ7
6	沉孔	4×φ6.4 φ12↓4.5	4×φ6.4 φ12↓4.5	φ12　4.5 4×φ6.4
7		4×φ9 φ20	4×φ9 φ20	φ20锪平 4×φ9
8	45°倒角注法	C1	C1	C1
9	30°倒角注法		30° 1.6	30° 1.6
10	退刀槽和越程槽的注法	2×1	2×1	2×φ8

28.3.4　零件尺寸标注的方法、步骤

（1）对零件进行结构分析，从装配图或装配体上了解零件的作用，弄清该零件与其他零件的装配关系。

（2）选择尺寸基准，注出联系、定位尺寸。

（3）标注重要尺寸（功能尺寸）。

（4）考虑工艺要求，结合形体分析法注全其余尺寸。

（5）认真检查尺寸的配合和协调，是否满足设计与工艺要求，是否有多余和重复的尺寸。

28.4　项 目 实 施

【例 28-1】　减速器轴的尺寸标注。

　　如图 28-13 所示,按轴的工作情况和加工特点,端面Ⅰ为长度方向的主要基准,设计基准和工艺基准是统一的;端面Ⅱ、Ⅲ为长度方向的辅助基准,尺寸 56 和 58 是主要尺寸,直接注出;按常见结构标注键槽、退刀槽和倒角等其他尺寸。

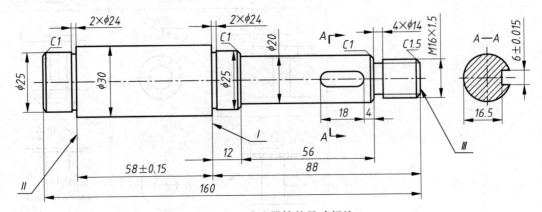

图 28-13　减速器轴的尺寸标注

项目 29　零件图上的技术要求

29.1　项 目 目 标

掌握零件图上技术要求的标注方法；识读不同类型零件的技术要求。

29.2　项 目 导 入

作为指导生产的重要技术文件，零件图上除了有视图及尺寸之外，还包括应达到的质量要求，通常称为技术要求，它一般包括表面结构、极限与配合、几何公差、热处理及其他有关制造的要求。技术要求在图样中的表达方法有两种：一种是用规定的符号、代号标注在图样中；另一种是在"技术要求"的标题下，用简明的文字说明。

29.3　项 目 资 讯

29.3.1　表面结构

表面结构包括表面粗糙度、表面纹理、表面缺陷和表面几何形状等。国家标准（GB/T 131—2006）具体规定了表面结构的各项要求在图样上的标注方法。

1. 表面结构的概念

无论是机械加工的零件表面，还是用其他方法得到的零件表面，总会存在着由较小间距和峰谷组成的微量高低不平的痕迹，如图 29-1 所示。它是由于切削过程中的刀痕、切屑分离时的塑性变形及振动等原因造成的。表面上所具有的这种由较小间距和峰谷组成的微观几何形状特征称为表面粗糙度。它是评定零件表面结构质量的一项重要技术指标，它对零件的配合性质、耐磨性、抗蚀性、密封性等都有影响。

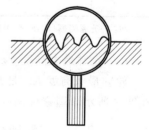

图 29-1　表面粗糙度的概念

表面波纹度是由间距比表面粗糙度大得多的、随机的或接近周期形式的成分构成的、介于微观和宏观之间的几何误差。它和表面粗糙度一样也是影响零件表面结构质量的重要指标。

2. 表面结构参数

GB/T 3505—2009《产品几何技术规范（GPS）表面结构　轮廓法　术语、定义及表面结构参数》规定了评定表面结构质量的三大类参数组：R 轮廓参数（粗糙度参数）、W 轮廓参数（波纹度参数）和 P 轮廓参数（原始轮廓参数）。其中，表面粗糙度参数中轮廓算术平均偏差 Ra 和轮廓最大高度 Rz 是评定零件表面结构质量的主要参数，目前生产中最常用的是

Ra。Ra 的值越小,表面质量要求越高,零件表面越光滑;Ra 的值越大,表面质量要求越低,零件表面越粗糙。

(1) 轮廓算术平均偏差 Ra

轮廓算术平均偏差 Ra,是指在取样长度 lr 内、沿测量方向的轮廓线上的点与基准线之间距离绝对值的算术平均数,如图 29-2 所示。

$$Ra = \frac{1}{lr}\int_0^{lr} \mid Z(x) \mid \mathrm{d}x \approx \frac{1}{n}\sum_{i=1}^{n} \mid Z_i \mid \qquad (29\text{-}1)$$

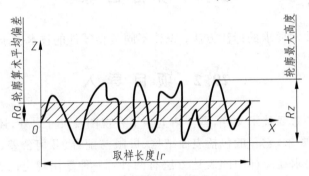

图 29-2　表面粗糙度参数 Ra 和 Rz

为统一评定与测量,提高经济效益,Ra 的值已经标准化,在设计选用时,应按国家标准(GB/T 1031—2009)规定的系列值选取,详见表 29-1。

表 29-1　轮廓算术平均偏差 Ra 的数值(摘自 GB/T 1031—2009)　　　　　　μm

基 本 系 列			补 充 系 列				
0.012	0.4	12.5	0.008	0.063	0.50	4.0	32
0.025	0.8	25	0.010	0.080	0.63	5.0	40
0.050	1.6	50	0.016	0.125	1.00	8.0	63
0.100	3.2	100	0.020	0.160	1.25	10.0	80
0.200	6.3		0.032	0.250	2.00	16.0	
			0.040	0.320	2.50	20.0	

注:补充系列摘自 GB/T 1031—2009)附录。

(2) 轮廓最大高度 Rz

轮廓最大高度 Rz 是指在取样长度 lr 内,轮廓顶峰线和轮廓谷底线之间的距离,如图 29-2 所示。国家标准(GB/G 1031—2009)规定的系列值见表 29-2。

表 29-2　轮廓最大高度 Rz 的数值(摘自 GB/T 1031—2009)　　　　　　μm

基 本 系 列			补 充 系 列				
0.025	1.6	100	0.032	0.32	4.0	40	500
0.050	3.2	200	0.040	0.50	5.0	63	630
0.100	6.3	400	0.063	0.63	8.0	80	1000
0.200	12.5	800	0.080	1.00	10.0	125	1250
0.400	25.0	1600	0.125	1.25	16.0	160	
0.800	50.0		0.160	2.00	20.0	250	
			0.250	2.50	32.0	320	

注:补充系列摘自(GB/T 1031—2009)附录。

3. 表面结构参数的选用

一般情况下,表面结构参数从轮廓算术平均偏差 Ra 和轮廓最大高度 Rz 中任选一个。但一般优先选用轮廓算术平均偏差 Ra,因为它反映表面粗糙度特性的信息量大且用轮廓仪测量容易。Rz 用于极光滑表面或粗糙表面($Ra < 0.025\ \mu m$ 或 $Ra > 6.3\ \mu m$),一般用双管显微镜测量。它用于处理部位小、峰谷小或有疲劳强度要求的零件表面的评定。

表 29-3 说明了参数 Ra 的值在不同范围内的表面状况、获得时一般采用的加工方法和应用举例。

表 29-3　各种 Ra 值下的表面状况、加工方法和应用举例

表面微观特性		$Ra/\mu m$	加 工 方 法	应 用 举 例
粗糙表面	微见刀痕	≤20	粗车、粗刨、粗铣、毛锉、锯断	半成品粗加工的表面、非配合的加工表面,如轴端面、倒角、钻孔、齿轮和皮带轮侧面、键槽底面、垫圈接触面等
半光表面	微见加工痕迹	≤10	车、刨、铣、镗、钻、粗铰	轴上不安装轴承、齿轮处的非配合表面,紧固件的自由装配表面,轴和孔的退刀槽
	微见加工痕迹	≤5	车、刨、铣、镗、磨、拉、粗刮、滚压	半精加工表面,箱体、支架、盖面、套筒等和其他零件结合而无配合要求的表面,需要发蓝的表面
	看不清加工痕迹	≤2.5	车、刨、铣、镗、磨、拉、刮、压、铣齿	接近精加工的表面、箱体上安装轴承的镗孔表面、齿轮的工作面
光表面	可辨加工痕迹	≤1.25	车、镗、磨、拉、刮、精铰、磨齿、滚压	圆柱销、圆锥销,与滚动轴承配合的表面,普通车床的导轨面,内、外花键的定心表面
	微辨加工痕迹	≤0.63	精铰、精镗、磨、刮、滚压	要求配合性质稳定的配合表面、工作时受交变应力的重要零件、较高精度的车床导轨面
	不可辨加工痕迹	≤0.32	精磨、研磨、珩磨、超精加工	精密机床的主轴锥孔、顶尖圆锥面、发动机曲轴、凸轮轴工作表面、高精度齿轮表面
极光表面	暗光泽面	≤0.16	精磨、研磨、普通抛光	精密机床的主轴轴径表面,一般量规工作表面,汽缸套内表面、活塞销表面
	亮光泽面	≤0.08	超精磨、精抛光、镜面磨削	精密机床的主轴轴径表面、滚动轴承的滚珠、高压油泵中柱塞和柱塞套的配合表面
	镜状光泽面	≤0.04		
	镜面	≤0.01	镜面磨削、超精研	高精度量仪、量块的工作表面,光学仪器中的金属镜面

4. 表面结构的符号、代号和标注方法(GB/T 131—2006)

(1) 表面结构符号的画法如图 29-3 所示。

表面结构符号和附加标注的尺寸见表 29-4。

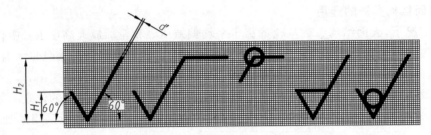

图 29-3　表面结构符号的画法

表 29-4　表面结构符号和附加标注的尺寸　　　　　　　　mm

数字和字母高度 h（见 GB/T 14690）	2.5	3.5	5	7	10	14	20
符号线宽 d'	0.25	0.35	0.5	0.7	1	1.4	2
字母线宽 d							
高度 H_1	3.5	5	7	10	14	20	28
高度 H_2（最小值）[a]	7.5	10.5	15	21	30	42	60

注：a——H_2 取决于标注内容。

（2）表面结构符号及其含义见表 29-5。

表 29-5　表面结构符号及其含义

名　　称	符　　号	含　　义
基本图形符号（简称基本符号）		未指定工艺方法获得的表面,仅用于简化代号标注,没有补充说明时不能单独使用
扩展图形符号		用去除材料的方法获得的表面,如通过机械加工方法获得的表面
		用不去除材料的方法获得的表面,也可以用于表示保存上一道工序形成的表面
完整图形符号		在上述三个图形符号的长边上加一横线,用于标注表面粗糙度特征的补充信息
工件轮廓各表面的图形符号		在完整图形符号上加一圆圈,表示在图样某个视图上构成封闭轮廓各表面具有相同的表面粗糙度要求。它标注在图样中工件的封闭轮廓上,如果标注会引起歧义,则各表面应分别标注

（3）表面结构补充要求的注写位置如图 29-4 所示。

a——表面粗糙度轮廓的单一要求,即幅度参数 Ra、Rz（μm）；b——第二个表面粗糙度轮廓要求,即附加参数如 Rsm（mm）；c——加工方法；d——表面纹理和纹理方向；e——加工余量（mm）。

图 29-4　表面结构补充要求的注写位置

（4）表面结构代号及其含义见表 29-6。

表 29-6　表面结构代号及其含义

序号	代　号	意　义
1	$\sqrt{}$ Rz 3.2	表示不允许去除材料,单向上限值,默认传输带,轮廓最大高度上限值为 3.2 μm,评定长度为 5 个取样长度(默认),"16％规则"(默认)
2	$\sqrt{}$ Rzmax 6.3	表示去除材料,单向上限值,默认传输带,轮廓最大高度的最大值 6.3 μm,评定长度为 5 个取样长度(默认),"最大规则"
3	$\sqrt{}$ U Ramax 3.2 L Ra 0.8	表示不允许去除材料,双向极限值,两极限值均使用默认传输带,上限值:轮廓算术平均偏差 3.2 μm,评定长度为 5 个取样长度(默认),"最大规则"。下限值:轮廓算术平均偏差 0.8 μm,评定长度为 5 个取样长度(默认),"16％规则"(默认)
4	$\sqrt{}$ L Ra 1.6	表示任意加工方法,单向下限值,默认传输带,轮廓算术平均偏差 1.6 μm,评定长度为 5 个取样长度(默认),"16％规则"(默认)
5	$\sqrt{}$ 0.008~0.8/Ra 3.2	表示去除材料,单向上限值,传输带 0.008~0.8 mm,轮廓算术平均偏差 3.2 μm,评定长度为 5 个取样长度(默认),"16％规则"(默认)
6	$\sqrt{}$ -0.8/Ra 3 3.2	表示去除材料,单向上限值,传输带:根据 GB/T 6062,取样长度 0.8 mm,轮廓算术平均偏差 3.2 μm,评定长度包含 3 个取样长度(即 $ln=0.8\times3=2.4$ mm),"16％规则"(默认)
7	铣 $\sqrt{}$ Ra 0.8 ⊥ -2.5/Rz 3.2	表示去除材料,两个单向上限值:① 默认传输带和评定长度,轮廓算术平均偏差 0.8 μm,"16％规则"(默认)。② 传输带为 2.5 mm,默认评定长度,轮廓最大高度 3.2 μm,"16％规则"(默认)。表面纹理垂直于视图所在的投影面,加工方法为铣削
8	$\sqrt{}$ 0.008~4/Ra 50 0.008~4/Ra 6.3	表示去除材料,双向极限值:上限值:Ra=50 μm,下限值 Ra=6.3 μm;上、下传输带均为 0.008~4 mm;默认评定长度 $ln=4\times5=20$ mm,"16％规则"(默认)。加工余量为 3 mm
9	$\sqrt{}$ $\sqrt{}$Y $\sqrt{}$Z	简化符号:符号及所加字母的含义由图样中的标注说明

（5）标注表面结构的基本原则：

① 在同一图样上,每个表面一般只标注一次,并按规定分别注在可见轮廓线、尺寸界线、尺寸线和其延长线上；

② 符号的尖端必须从材料外指向表面；

③ 表面结构参数数字的大小、方向与尺寸数字的大小、方向一致。

（6）表面结构在图样上的标注方法见表 29-7。

表 29-7　表面结构在图样上的标注方法

要　求	图　例	说　明
表面结构要求的标注方向	Ra 0.8　Ra 3.2　Ra 0.8　Ra 0.8	表面结构的注写和读取方向与尺寸的注写和读取方向一致

要　　求	图　　例	说　　明
表面结构要求标注在轮廓线上或指引线上	Ra 1.6　Ra 12.5　Ra 12.5　Ra 1.6　Ra 12.5　Ra 12.5	表面结构要求标注在轮廓线上,其符号应从材料外指向并接触表面
	Rz 3.2　Rz 3.2　φ	必要时,表面结构符号也可以用箭头或黑点的指引线引出标注
表面结构要求在特征尺寸线上的标注	φ40H7　Ra 3.2　φ40h6　Ra 1.6	在不引起误解的情况下,表面结构可以标注在给定的尺寸线上
表面结构要求在几何公差框格上的标注	Ra 1.6　☐ 0.1　φ10±0.1　Rz 6.3　⊕ φ0.2 A B	表面结构可以标注在几何公差框格的上方
表面结构要求在延长线上的标注	Rz 1.6　Rz 6.3　Rz 6.3　Rz 6.3　Rz 1.6	表面结构可以直接标注在延长线上,或用带箭头的指引线引出标注。圆柱或棱柱的表面粗糙度只标注一次
	Ra 3.2　Rz 1.6　Ra 6.3　Ra 3.2	如果棱柱的各个表面有不同的表面结构要求,则应分别单独标注

续表

要　求	图　例	说　明
大多数表面（包括全部）有相同表面结构要求的简化标注		如果工件的多数表面有相同的表面结构要求，则可统一标注在标题栏附近。此时，表面结构要求的符号后面要加上括号，并在括号内画出基本符号或已标注表面的表面结构要求
多个表面有共同要求的注法		可用带字母的完整符号，以等式的形式，在图形或标题栏附近对有相同表面结构要求的表面进行标注
键槽表面结构要求的标注		键槽宽度两侧面的表面结构要求标注在键槽宽度尺寸线上；键槽底面的表面结构要求标注在带箭头的指引线上

29.3.2　极限与配合

1. 互换性

在成批或大量生产中，规格大小相同的零件（按同一零件图样加工）或部件可以不必经过任何挑选或修配就能装到产品上，并能满足其使用要求的这种性质称为互换性。

互换性是工业产品所必备的基本性质，也是实现现代化大生产的一个重要条件。保证零件的互换性并不是要求每个零件的尺寸做得绝对一样。在实际生产过程中，由于各种因素（刀具、机床精度、工人技术水平）的影响，实际制成的零件尺寸与理论设计尺寸不可能完全一样，在使用上也没这个必要，而应根据零件的工作要求，给零件的尺寸规定一个许可的误差范围（公差）来保证零件的互换性。为了满足互换性和加工工艺可能性及经济性的要求，国家规定了极限与配合标准。

2. 公差与极限的基本概念（GB/T 1800.1—2020、GB/T 1800.2—2020）

（1）公称尺寸，即设计给定的尺寸，一般是根据零件的强度、刚度和结构要求确定的，它是计算上、下极限偏差的起始尺寸，例如图 29-5 中的 $\phi50$。

（2）实际尺寸，是指零件加工后通过测量获得的某一尺寸。

（3）极限尺寸，即允许尺寸变化的两个界限值。它是以公称尺寸为基数确定的，实际尺寸必须在极限尺寸的两个极限之间，否则为不合格零件。

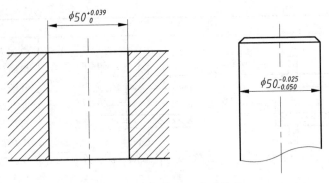

图 29-5　孔和轴的尺寸及偏差

① 上极限尺寸(最大极限尺寸),指尺寸要素允许的最大尺寸,如图 29-5 中的 $\phi50.039$、$\phi49.975$。

② 下极限尺寸(最小极限尺寸),指尺寸要素允许的最小尺寸,如图 29-5 中的 $\phi50.000$、$\phi49.950$。

(4) 尺寸偏差,指某一尺寸减去公称尺寸所得的代数差。在生产实际中,经常用到以下两个偏差:

上偏差＝最大极限尺寸－公称尺寸,如图 29-5 中的 $+0.039$、-0.025；

下偏差＝最小极限尺寸－公称尺寸,如图 29-5 中的 0、-0.050。

上、下偏差通称为极限偏差,其值可正、可负也可为零。国家标准规定:孔的上偏差用 ES 表示,下偏差用 EI 表示；轴的上偏差用 es 表示,下偏差用 ei 表示。

(5) 尺寸公差(简称公差),即允许尺寸的变动量,恒为正值,不能为负值,也不能为零。它是设计人员根据零件的使用要求,结合相关标准给定的尺寸变动范围,它决定了零件加工的难易程度,是控制零件尺寸精度的重要指标。很明显有:

$$公差＝最大极限尺寸－最小极限尺寸＝上偏差－下偏差 \qquad (29\text{-}2)$$

如图 29-5 中孔的公差为 0.039、轴的公差为 0.025。

(6) 公差带和零线。极限与配合的图解叫作公差带图,它描述了公称尺寸、偏差及公差之间的关系,如图 29-6 所示。在公差带图中,由代表上偏差和下偏差或最大极限尺寸和最小极限尺寸的两条直线所限定的一个区域,叫作公差带。它是由公差大小和其相对于零线的位置来确定的。在公差带图中,表示公称尺寸(零偏差)的一条直线叫作零线,以其为基准确定偏差和公差。

为了便于区别,一般用点图表示轴的公差带,用斜线图表示孔的公差带。

(7) 标准公差与公差等级。在极限与配合制中,国家标准所规定的任一公差,称为标准公差,它决定了公差带的大小。公差等级是用于确定尺寸精度高低的等级。GB/T 1800.2—2020 规定标准公差等级的代号由符号 IT 和数字组成,如 IT6。

标准公差精度等级分为 20 级,依次为 IT01、IT02、…、IT18,精度由高到低,IT 表示标准公差(即 International Tolerance 的缩写)。数字表示精度等级,对于一定的公称尺寸,公差等级越高,标准公差越小,尺寸精度越高。实际应用时,可根据公称尺寸及精度等级查阅

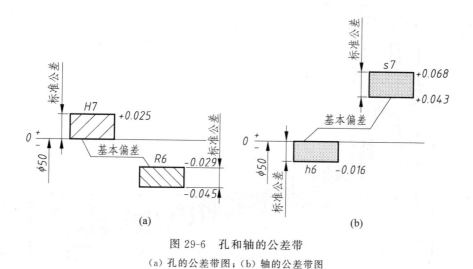

图 29-6　孔和轴的公差带

（a）孔的公差带图；（b）轴的公差带图

相关标准（见附录表 B.1）确定标准公差值。

（8）基本偏差，指在公差带图中，用以确定公差带相对于零线位置的上偏差或下偏差。一般是指靠近零线的那个偏差，如图 29-6 所示。当公差带位于零线上方时，基本偏差为下偏差；当公差带位于零线下方时，基本偏差为上偏差。

根据需要，国家标准分别对孔、轴规定了 28 个不同的基本偏差，如图 29-7 所示。用拉丁字母（一个或两个）按其顺序表示，大写字母代表孔，小写字母代表轴。由图 29-7 可知，各公差带只封闭了标志基本偏差的一端，开口的另一端由公差等级决定。公差与上、下偏差之间的关系是

$$ES = EI + IT \quad es = ei + IT \tag{29-3}$$

$$EI = ES - IT \quad ei = es - IT \tag{29-4}$$

（9）公差带代号，由基本偏差代号与公差等级代号组成，并且用同一号字书写。例如 H7，表示基本偏差为 H，公差等级为 7 级的孔的公差带。s7 表示基本偏差为 s，公差等级为 7 级的轴的公差带。在图 29-6 中，孔的公差代号是 $\phi 50H7$、$\phi 50R6$，轴的公差代号是 $\phi 50h6$、$\phi 50s7$。

3. 配合

公称尺寸相同的相互结合的孔和轴的公差带之间的关系称为配合。虽然孔和轴的公称尺寸相同，但实际尺寸均有差异，将它们装配后可能会出现间隙（孔的尺寸减去与之相配合的轴的尺寸所得的代数差为正时）或过盈（孔的尺寸减去与之相配合的轴的尺寸所得的代数差为负时）。

根据使用要求的不同，孔、轴配合松紧的程度不同，国家标准规定了如图 29-8 所示的三类配合。

（1）间隙配合，即具有间隙（包括最小间隙等于零）的配合。此时，孔的公差带总位于轴的公差带之上。

（2）过盈配合，即具有过盈（包括最小过盈等于零）的配合。此时，孔的公差带总位于轴

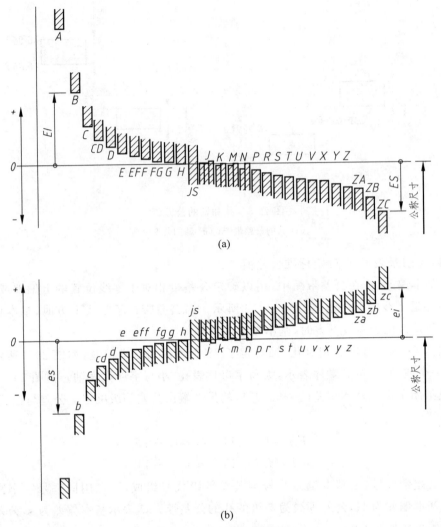

(a)

(b)

图 29-7　基本偏差系列

的公差带之下。

（3）过渡配合，即可能具有间隙或过盈的配合。此时，孔的公差带和轴的公差带相互交叠。

4. 配合制

配合制是指同一极限制的孔和轴组成配合的一种制度。由标准公差和基本偏差可以组成大量的孔、轴公差带，并形成各种情况的配合。为了设计和制造上的方便，以及减少选择配合的盲目性，国家标准规定了两种配合制（见图 29-9），分别是基孔制和基轴制。一般情况下优先采用基孔制。

（1）基孔制

如图 29-8(a)所示，基孔制是基本偏差一定的孔的公差带与不同基本偏差的轴的公差带

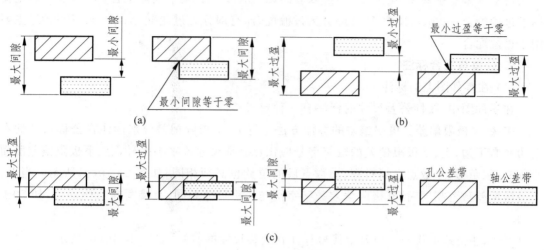

图 29-8　各种配合的公差带位置

（a）间隙配合；（b）过盈配合；（c）过渡配合

形成各种配合的一种制度。也就是说，固定孔的公差带位置不变，改变轴的公差带位置可以得到不同松紧程度的配合。基孔制的孔称为基准孔。国家标准规定基准孔的基本偏差代号是"H"，其下偏差为零。

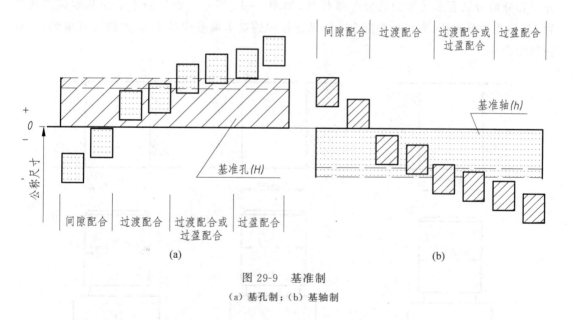

图 29-9　基准制

（a）基孔制；（b）基轴制

（2）基轴制

如图 29-8（b）所示，基轴制是基本偏差一定的轴的公差带与不同基本偏差的孔的公差带形成各种配合的一种制度。也就是说，固定轴的公差带位置不变，改变孔的公差带位置可以得到不同松紧程度的配合。基轴制的轴称为基准轴。国家标准规定基准轴的基本偏差代号是"h"，其上偏差为零。

由基本偏差系列图(见图 29-7)可以看出,a~h(A~H)用于间隙配合;j~n(J~N)主要用于过渡配合;n、p、r、N、P、R 有部分为过渡配合,有部分为过盈配合;p~zc(P~ZC)主要用于过盈配合。

5. 公差与配合标注

(1) 在零件图上的标注

在零件图中,线性公差尺寸的标注有三种形式。

① 标注极限偏差。极限偏差的标注方法是将上、下极限偏差分别标注在公称尺寸的右上边和右下边,上、下极限偏差的数字字号应该比公称尺寸数字小一号,上、下极限偏差前面必须有正、负号,小数点必须对齐,小数点后的位数也必须相同,如图 29-10(a)所示。当上、下极限偏差数值相同时,其极限偏差数字字高与公称尺寸相同,直接写在右侧即可,如 50±0.015。

② 标注公差带代号。公差带代号标注在公称尺寸的右侧,如图 29-10(b)所示。

③ 混合标注。混合标注是指可以同时标注出公差带代号和极限偏差,上、下极限偏差数值要写在公差带代号后面的括弧中,如图 29-10(c)所示。

(2) 在装配图上的标注

在装配图上,常采用在公称尺寸右边加注配合代号来说明两零件在该尺寸方向上的配合要求及配合精度。配合代号由孔、轴公差带代号组成,在公称尺寸右侧以分式形式表示,分子和分母分别表示孔和轴的公差带代号,如图 29-11 所示。如果分子中的基本偏差代号为 H,则孔为基准孔,为基孔制配合;如果分母中的基本偏差代号为 h,则轴为基准轴,为基轴制配合。

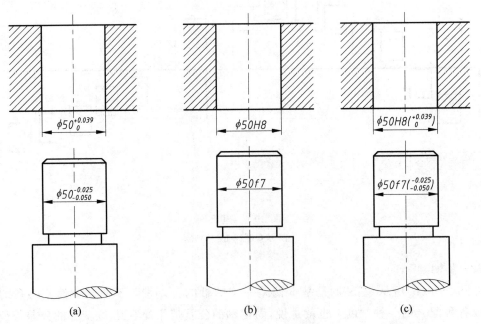

(a)   (b)   (c)

图 29-10 零件图上的尺寸公差标注

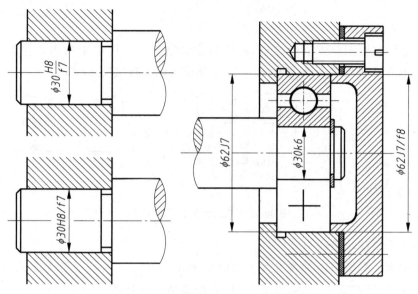

图 29-11　装配图上的尺寸公差标注

29.3.3　几何公差

1. 基本概念

几何公差是控制几何误差的,而几何误差是指零件加工后的实际形状、方向和相互位置与理想形状、方向和相互位置的差异。在形状上的差异称为形状误差,在方向上的差异称为方向误差,在相互位置上的差异称为位置误差。加工精度要求较高的零件,不仅要保证尺寸公差,还要保证其几何公差满足设计要求。

2. 几何公差的代号及标注方法(GB/T 1182—2018)

国家标准规定,在图样上应用代号表示几何公差。代号由几何特征项目、框格、指引线、公差数值及其他内容组成。当无法采用代号标注时,允许在技术要求中用文字说明。

(1)几何公差特征项目及其符号

国家标准所规定的几何公差特征项目及其符号见表 29-8。

表 29-8　几何公差特征项目及其符号

公差类型	几何特征	符号	有无基准	公差类型	几何特征	符号	有无基准
形状公差	直线度	—	无	位置公差	位置度	⏀	有或无
	平面度	▱			同心度(用于中心线)	◎	有
	圆度	○					
	圆柱度	⌖			同轴度(用于轴线)		
	线轮廓度	⌒			对称度	=	
	面轮廓度	⌓			线轮廓度	⌒	
方向公差	平行度	//	有		面轮廓度	⌓	
	垂直度	⊥		跳动公差	圆跳动	↗	
	倾斜度	∠			全跳动	↗↗	
	线轮廓度	⌒					
	面轮廓度	⌓					

（2）几何公差框格

几何公差要求在矩形方框中给出，由两格或多格组成。框格中的内容按图 29-12 所示进行标注。图中尺寸数字高度为 h，几何公差符号线宽为粗线宽度 d。

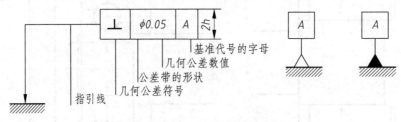

图 29-12　几何公差代号的绘制

第一格中为特征项目符号。

第二格中为公差值及附加符号。公差值以 mm 为单位；当公差带为圆或圆柱形时，在公差值前标注符号"ϕ"，当公差带为球形时，在公差值前标注符号"$S\phi$"。

第三格及其后各格中为表示基准要素或基准体的字母及附加符号。

（3）被测要素的标注

用带箭头的指引线从框格的任意一侧引出，并且必须垂直该框格，它的箭头与被测要素相连。

当几何公差涉及轮廓线或轮廓面时，箭头指向该要素的轮廓线或其延长线，箭头必须与尺寸线明显错开，如图 29-13(a)、(b)所示；当几何公差涉及要素的中心线、中心面或中心点时，箭头应位于相应尺寸线的延长线上，即与尺寸线对齐，如图 29-13(c)、(d)所示。

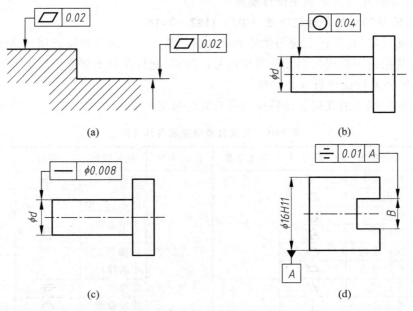

图 29-13　被测要素的标注方法

（4）基准要素及基准的标注

在技术图样中，相对于被测要素的基准采用基准符号标注。基准符号由一个标注在基准方框内的大写字母，用细实线与一个涂黑（或空白）的三角形相连组成，涂黑的或空白的基准三角形含义相同；在技术图样中，无论基准要素的方向如何，基准方格中的字母都应水平书写，如图 29-14 和图 29-15 所示。

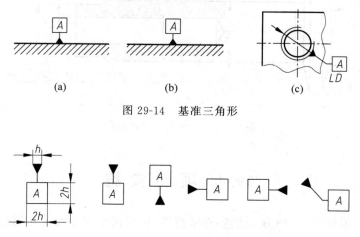

图 29-14　基准三角形

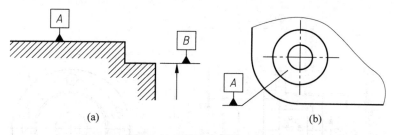

图 29-15　基准的绘制

当基准要素是尺寸要素确定的轴线、中心平面或中心点时，基准三角形放置在该尺寸线的延长线上，如图 29-13（d）所示；当基准要素是轮廓线或轮廓面时，基准三角形放置在该要素的轮廓线或其延长线上，应与尺寸线明显错开；基准三角形也可以放置在该轮廓面引出线的水平线上，如图 29-16（a）所示。

图 29-16　基准的标注方法

表示基准的字母也要标注在相应被测要素的公差框格内，如图 29-13（d）所示。

（5）几何公差标注实例

图 29-17 所示是一根气门阀杆，从图中可以看出，被测要素为轮廓线或轮廓面时，从框格引出的指引线箭头指向该要素的轮廓线或其延长线且与尺寸线明显错开；当被测要素为轴线时，箭头应位于相应尺寸线的延长线上，即与尺寸线对齐，如 M8×1 轴线的同轴度注法；当基准要素是轴线时，应将基准符号与该要素的尺寸线对齐，如基准 A。如图 29-17 所示，各几何公差框格的解释如下：

① 圆柱面 $\phi16$f7 的圆柱度公差为 0.005；

② 球面 $SR150$ 对于圆柱面 $\phi16$f7 轴线的圆跳动公差为 0.03；

③ 螺纹孔 M8×1-7H 的轴线对于 φ16f7 轴线的同轴度公差为 0.1;

④ 右端面对于圆柱面 φ16f7 轴线的圆跳动公差为 0.1。

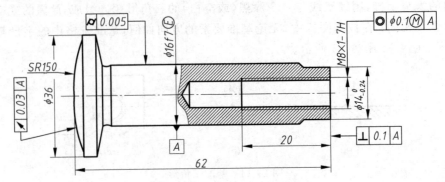

图 29-17　几何公差标注示例

29.4　项 目 实 施

【例 29-1】　根据图 29-18 所示的轴套零件图,识读图中所标注的几何公差的含义。

　解:(1) 厚度为 20 mm 的安装板左端面对 φ150 mm 的圆柱面轴线(基准 B)的垂直度公差为 0.03 mm。

　(2) 安装板右端面对 φ160 mm 圆柱面轴线(基准 C)的垂直度公差是 0.03 mm。

　(3) φ125 mm 孔的轴线对 φ85 mm 圆孔轴线(基准 A)的同轴度公差为 φ0.05 mm。

　(4) 5×φ24 孔对与基准 C 的位置度公差为 φ0.0125 mm。

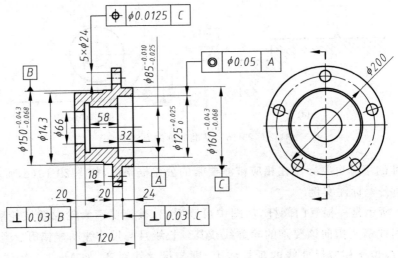

图 29-18　轴套零件的几何公差标注

项目 30　零件测绘

30.1　项目目标

根据已有实物,绘制出零件草图,测量出它的尺寸和确定技术要求,最后完成零件工作图。通过零件测绘可以提高机器的仿制速度,降低制造成本,而且能够为自主设计或修配损坏的零件提供技术支持。

30.2　项目导入

对图 30-1 所示的空气压缩机的连杆零件进行分析,目测估计图形与实物的比例,徒手画出草图,测量并标注尺寸和技术要求,然后经过整理画成零件图。

图 30-1　连杆

30.3　项目资讯

测绘的过程是先通过测量来绘制零件草图,经过整理之后再绘制正规的零件图。因此,必须掌握正确的测量方法、徒手绘图的基本技能和正确的零件图绘制方法。零件测绘的方法和步骤如下。

1. 分析零件,确定表达方案

在零件测绘前,必须对零件进行详细分析,这是能否真实可靠地测绘好零件的前提,分析步骤及内容如下。

(1) 了解零件的名称和用途。

(2) 鉴定零件的材料。

(3) 对零件进行结构分析。由于零件总是在装上机器(部件)后才发挥其功能,所以分析零件的结构功能时应综合考虑零件在机器上的安装、定位、运动方式等,这项工作对测绘已经破旧、磨损的零件尤为重要。只有在结构分析的基础上,才能确定零件的本来面目,也才能完整、清晰、简便地表达它们的结构形状,并且完整、合理、清晰地标注出它们的尺寸。

通过分析,还必须弄清零件上每个结构的功用,并确定为实现这一功能所采用的技术保证(技术要求),包括尺寸精度、几何精度、表面质量要求等。对这些分析结果应列表记录。

(4)对零件进行工艺分析。因为同一零件可以按不同的加工顺序制造,故其结构形状的表达、基准的选择和尺寸的标注也不一样。

(5)确定零件的表达方案。在通过上述分析的基础上,按照前述零件图样表达方案的选择方法确定零件的主视图、视图数量和表达方法,开始画零件草图。

2. 画零件草图

零件草图并不是潦草的图,它具有与零件工作图一样的内容,包括一组视图、完整的尺寸、技术要求和标题栏。它与手工尺规绘图的区别是画图时不使用或部分使用绘图工具,只凭目测确定零件的实际形状、大小和大致比例关系,然后用铅笔徒手画出。

3. 画零件工作图

这里主要讨论根据测绘的零件徒手图整理零件工作图的方法步骤。由于零件测绘往往在现场,时间短,有些问题已表达清楚,尚不一定完善,同时零件草图一般不直接用于生产,因此,需要根据草图做进一步完善,画出零件工作图,用于生产、加工、检验。

30.4　项 目 实 施

【例 30-1】 连杆测绘。

1. 分析零件,确定表达方案

(1)了解零件的名称和用途。连杆是空气压缩机中的零件,连杆加上活塞组成空气压缩机的运行系统;电动机或者柴油机带动曲轴转动,曲轴通过连杆和活塞连接,把曲轴的圆周运动转变为活塞的往复运动,从而在每次吸气和排气过程中,同时压缩空气。

(2)鉴定零件的材料。连杆材料为 ZG 270-500,中碳铸钢,有一定的韧性及塑性,强度和硬度较高,切削性良好,焊接性尚可,铸造性能比低碳钢差;该材料应用广泛,用于制作飞轮、机架、蒸汽锤气缸、轴承座、连杆、箱体等。

(3)对零件进行结构分析。连杆结构上一端连接曲轴,一端连接活塞销,带动活塞往复运动;在连杆大小头之间有筋板连接,小头端有贯穿的 $\phi 2$ 小孔,用于销连接连杆和活塞销。

(4)对零件进行工艺分析。连杆是模锻件,连杆加工工艺主要有拉削、磨削、镗孔、铣削等。

(5)确定零件的表达方案。根据零件结构,主视图采用全剖表达内外结构,俯视图用局部剖表达小头的销孔,移出断面表达筋板结构,如图 30-4 所示。

2. 画零件草图

(1)绘制草图时要按照尺规作图的顺序进行。确定绘图比例并定位布局:在图纸上确定各个视图的位置,画出各视图的基准线,注意合理安排图幅,视图之间留有标注尺寸的余地,留出标题栏,如图 30-2 所示。

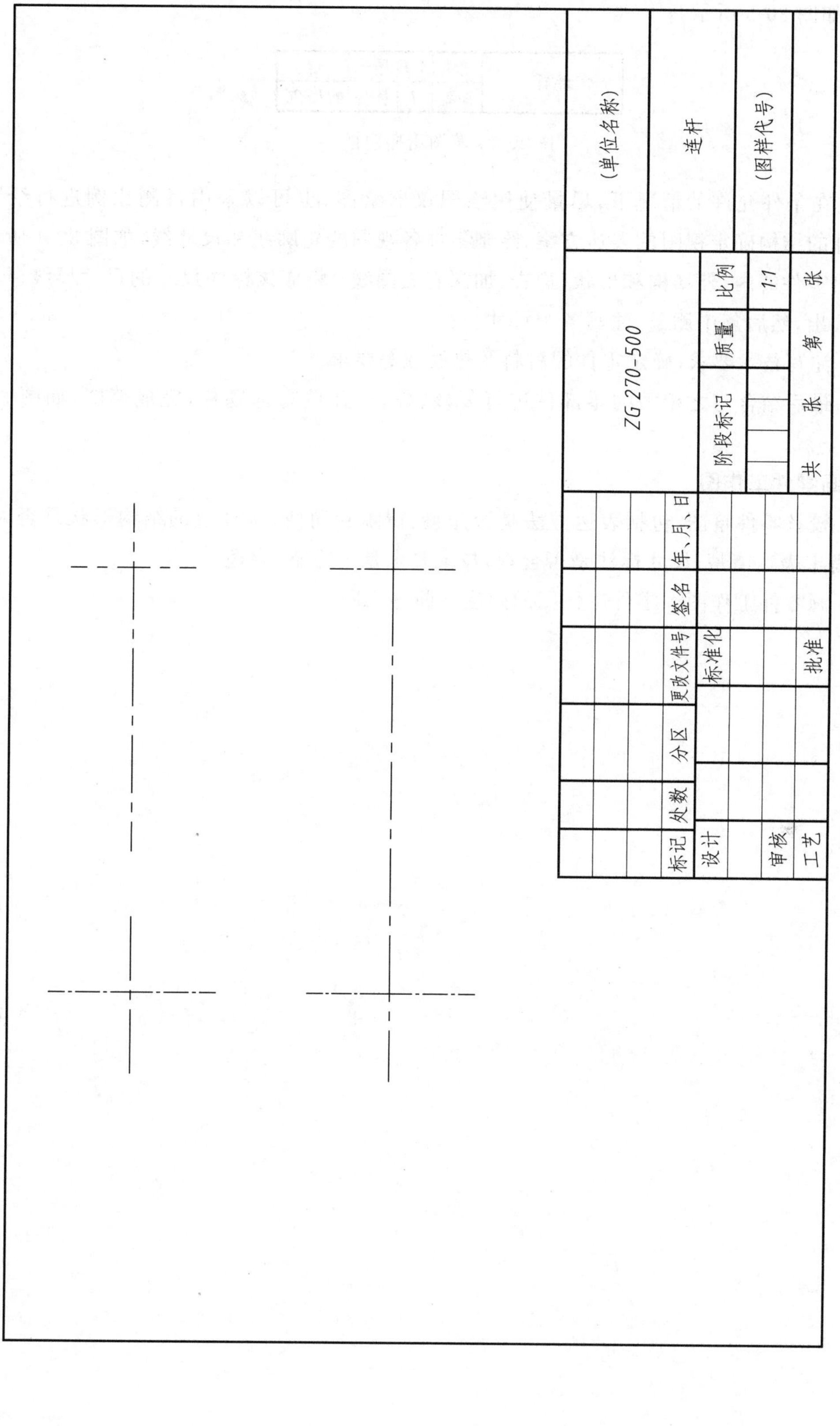

标记	处数	分区	更改文件号	签名	年、月、日			（单位名称）	
设计			标准化			阶段标记	质量	比例	连杆
								1:1	
审核						ZG 270-500			
工艺			批准			共　　张	第　　张		（图样代号）

图 30-2　画图框、标题栏、基准线和中心线。

图 30-2 中的标题栏是按 GBT 10609.1—2008 绘制的,在实际测绘时也可以采用简易标题栏,如图 30-3 所示。

| 连杆 | 比例 | 1:1 | 序号 | 1 |
| | 件数 | 1 | 材料 | HT200 |

图 30-3　草图用标题栏

(2) 在条件允许的情况下,尽量使用绘图仪器绘图,也可以采用目测比例进行绘图。根据零件的结构确定视图的表达方案,绘制零件各视图的轮廓线和尺寸线,如图 30-4 所示。详细画出零件的内、外结构和形状,检查、加深有关图线;将应该标注尺寸的尺寸界线、尺寸线全部画出,然后集中测量、注写各个尺寸。

(3) 注写技术要求,确定零件的材料及热处理等要求。

(4) 最后结合与之相关的零部件进行复核、校正,并填写标题栏,完成草图,如图 30-5 所示。

3. 画零件工作图

(1) 校核零件草图,包括表达方法是否完整、清晰和简便,零件上的结构形状是否因零件破损尚未表达清楚,尺寸标注是否合理,技术要求是否完整、合适。

(2) 画零件工作图。零件工作图的画法与前述相同。

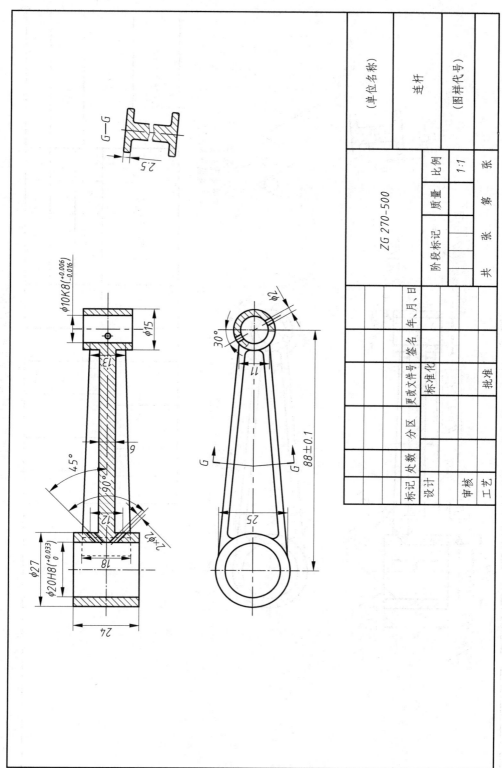

图 30-4　画零件各视图和尺寸线

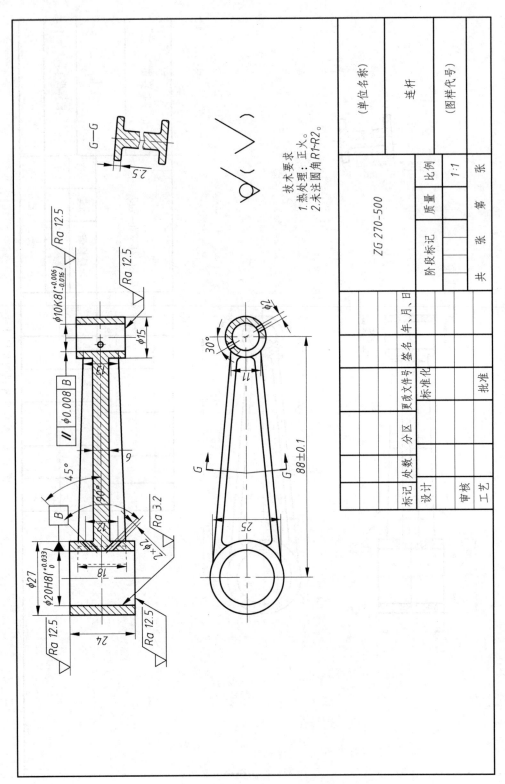

图 30-5　测量尺寸、确定技术要求、填写标题栏

项目 31　看零件图

31.1　项目目标

能阅读较复杂的零件图,了解零件的名称、用途、材料,想象出零件的结构形状和大小,了解零件的各项技术要求。

31.2　项目导入

在设计和制造机器时,经常需要看零件图。看零件图的目的是根据零件图了解零件的名称、用途、材料等内容,通过分析视图和尺寸,想象出零件的结构形状和大小,了解零件的各项技术要求,从而在设计时参照、研究、改进零件的结构合理性;在制造时,采取合理的加工方法和检验手段来达到图样所提出的要求,以保证产品质量。

31.3　项目资讯

读零件图的方法和步骤如下。

1. 一般了解

由标题栏了解零件的名称、材料、比例等,并大致了解零件的形状和用途。

2. 视图分析

(1) 分析主视图及其他基本视图、局部视图等,了解各视图之间的相互关系及其所表达的内容,并找到剖视、断面的剖切位置、投射方向等。

(2) 根据视图特征,将其分解为多个部分,找出相应视图上该部分的投影,把这些投影联系起来进行投影分析和结构分析,得出各部分的空间形状,然后综合各部分形状,弄清它们之间的相对位置,想象出零件的整体结构形状,从而掌握零件的结构功能。在看图时,一般应先看主要部分,后看次要部分,先确认外部形状,后确认内部形状。

3. 尺寸分析

找出尺寸基准,确定每一方向上的尺寸分布(标注)规律,从中分析出哪些是主要(功能)尺寸,哪些是一般尺寸,从而掌握零件的尺寸要求。

4．了解技术要求

联系零件的结构形状和尺寸，仔细分析图样上的各项技术要求，从而推断出相应的加工工艺要求。

5．总结

通过以上分析，再把视图、尺寸、技术要求综合起来，进一步考虑零件的结构和工艺合理性，读懂全图，为实际生产做好准备。

31.4　项 目 实 施

【例 31-1】　读缸体零件图。

缸体零件图的看图方法及步骤如下。

1．看标题栏

看零件图标题栏，了解零件的名称、材料、数量、图样比例、图号等，大致了解零件的用途、结构特点等内容。

由图 31-1 中缸体零件图的标题栏可知，零件名称为缸体，它是液压油缸的主要零件。缸体所用材料为铸铁，图样比例 1∶1。

2．分析表达方法和结构形状

（1）先分析主视图，再看其他视图。了解视图的名称、相互间的投影关系，采用的表达方法，搞清楚视图的表达方案。

首先运用形体分析法将主视图分成几部分，在相应的视图上找出该部分的投影，运用投影分析和结构分析方法明确各部分的结构形状。然后，综合各部分的形状，构思出零件的整体结构形状。

如图 31-1 所示，缸体零件图由三个基本视图组成。主视图是全剖视图，剖切平面前后对称，剖视图省略标注。主视图按工作位置放置，反映缸体的内部结构形状。A—A 半剖视图为左视图，与表示外形的俯视图按投影关系配置。左视图用半剖视图，既表达了外部形状，也表达底板上通孔的结构形状。

（2）分析视图后，再分析缸体的结构形状。缸体左端有带凸台的圆筒，圆筒为均布着六个螺孔的法兰。缸体下面有带圆角的长方形底板，底板上有四个带沉孔的安装孔和两个圆锥销孔，底板下右通槽。缸体上面的两个螺纹通孔是用来注油的。在缸体中，右端有个 $\phi 8$ 的小凸台，用来限制活塞的移动位置。通过对缸体各部分结构形状的分析，可以想象出缸体的整体形状，如图 31-2 所示。

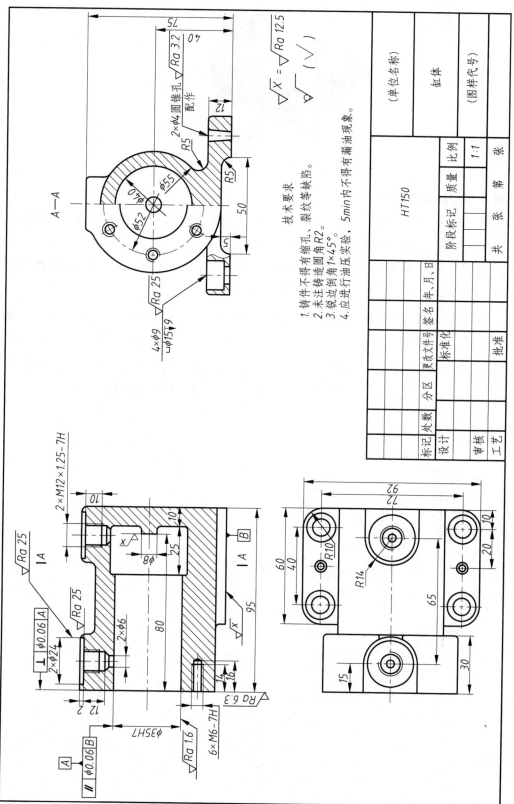

图 31-1 缸体零件图

图 31-2　缸体的三维模型

3. 分析尺寸和技术要求

分析零件长、宽、高三个方向的尺寸基准,并从各基准出发,按照形体分析法分析图上标注的尺寸,以及哪些是设计中的主要尺寸,然后找出定形尺寸和定位尺寸及总体尺寸。

联系零件的结构形状和尺寸,分析图上各项技术要求,了解零件的加工要求,以便考虑采用相应的加工方法。

如图 31-1 所示,长度方向的主要尺寸基准是左端面,它是缸体和缸盖的结合面,与它有关的定位尺寸有 15,定形尺寸有 30、95 和 80 等。宽度方向以缸体前后对称平面为尺寸基准,与它有关的定位尺寸为 72,定形尺寸是 92、50 和 $R14$ 等。高度方向的尺寸基准为缸体底面,与它有关的定位尺寸是 40。其他技术要求可自行分析,这里不再详细讲述。

第9篇

装配图

项目 32　装配图的表达方法

32.1　项目目标

掌握装配图的规定画法和特殊画法,灵活运用各种表达方法,将机器或部件的结构、工作原理、各零件间的装配关系表达清楚。

32.2　项目导入

表达机器或部件的结构、工作原理、各零件装配关系的图样,称为装配图。装配图分为总装配图和部件装配图两种。通常总装配图只表达各部件间的相对位置和机器的整体情况,而把整台机器按各部件分别画出的则是部件装配图。

装配图侧重于表达机器或部件的总体结构、工作原理、零件的装配关系等。所以,在画装配图时,除零件图采用的各种表达方法完全适用外,国家标准还对装配图提出了一些规定画法和特殊表达方法。

图 32-1 所示是滑动轴承座的轴测分解图。滑动轴承是支撑做旋转运动的轴及轴上零件,保持其旋转精度的基础部件。图 32-2 所示是滑动轴承座的装配图,它们应该包括以下内容。

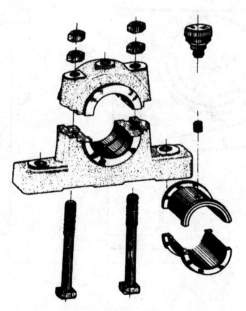

图 32-1　滑动轴承座的轴测分解图

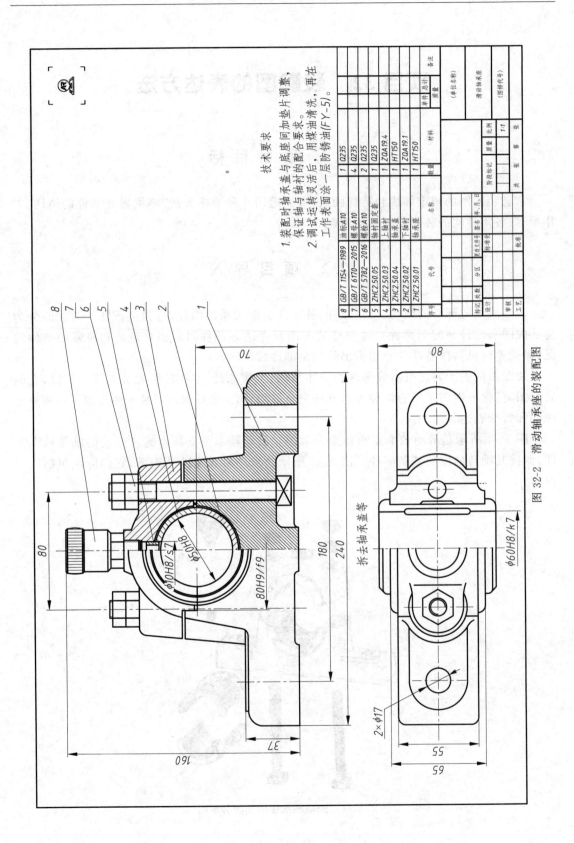

技术要求

1. 装配时轴承盖与底座间加垫片调整，
　保证轴与轴衬的配合要求。
2. 调试运转灵活后，用煤油清洗，再在
　工作表面涂一层防锈油(FY-5)。

8	GB/T 1154—1989	油标A10	1	Q235
7	GB/T 6170—2015	螺母A10	4	Q235
6	GB/T 5782—2016	螺栓A10	2	Q235
5	ZHC2.50.05	轴衬固定套	1	ZQA19.4
4	ZHC2.50.03	上轴衬	1	HT150
3	ZHC2.50.04	轴承盖	1	ZQA19.1
2	ZHC2.50.02	下轴衬	1	HT150
1	ZHC2.50.01	轴承座	1	HT150
序号	代号	名称	数量	材料	备注

拆去轴承盖等

图 32-2　滑动轴承座的装配图

1. 一组视图

装配体的复杂程度不同,所用的视图数量就不同。通常,只要能将装配体的结构、形状、工作原理、传动系统和零部件的装配关系表达清楚即可,如图 32-2 中用了两个基本视图。

2. 必要的尺寸

装配图中应标注装配体的规格、性能尺寸,装配尺寸,安装尺寸,外形尺寸,以及其他重要尺寸。

3. 技术要求

用文字或规定的代号、符号说明在装配、调试、检测、搬运或使用中的要求和注意事项,写在标题栏的上方或图纸下方的空白处。

4. 零件序号、明细栏和标题栏

在装配图中必须对每种不同的零件(或部件)编写序号,并在明细栏中依次填写相应零件的序号、图样代号、名称、材料、数量等内容;在标题栏中应填写机器或部件的名称、数量、绘图比例、图样代号及有关责任人的签名等。

32.3 项 目 资 讯

在第 6 篇中介绍过的机件表达方法都适用于表达装配图,但装配体是由一些零(部)件组装而成的,在表达不同组成零(部)件与它们之间的关系时,还有一些只适用于表达装配体的画法规定。

32.3.1 装配图中的规定画法

1. 接触面和非接触面的画法

两相邻零件的接触面和配合面只画一条线,如图 32-3 所示。当两相邻零件的基本尺寸不相同时,即使间隙很小,也必须夸大画出间隙大于 0.7 mm 的两条线。如图 32-3 中的螺钉与端盖,必须画出两条线,表示各自的轮廓。

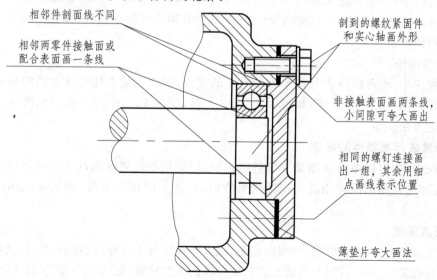

图 32-3 装配图的规定画法

2. 剖面线的画法

在剖视图中,同一零件无论在哪个视图中被剖出,其剖面线符号都应完全相同;而两相邻金属零件剖面线的倾斜方向应相反或方向一致而间隔不等,如图 32-3 所示。

3. 标准件及实心杆件的画法

对于标准件及轴、杆、球等实心零件,若纵向剖切、剖切平面通过其轴线或对称中心面时,则均按不剖绘制;如果需要表示其中的键槽、销孔、凹坑等,可用局部剖视表示,如图 32-4 中的螺栓、螺钉、销、键、轮辐均按不剖绘制。反之,上述零件若沿垂直于轴线剖切时,仍按剖视绘制,并画出相应的剖面符号。

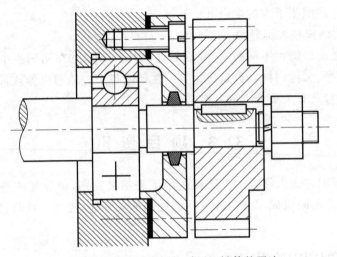

图 32-4　装配图中螺钉、螺母、键等的画法

32.3.2　装配图中的特殊画法

1. 沿零件结合面剖切画法

在装配图中,为了表达某些内部结构,可以假想沿某两个零件的结合面进行剖切,这时,零件的结合面不画剖面线,但被横向剖切的轴、螺栓和销等要画剖面线,如图 32-5 中的 C—C (右视图)视图所示。

2. 拆卸画法

在剖视图中,也可以拆去与某个零件有关的零件,以表达被上述零件遮挡的部分。对拆卸画法要在视图上方加注说明,如拆去××、××等,如图 32-2 中的滑动轴承俯视图就采用了上述表达方法。

3. 单独表示某零件的画法

在装配图中,可以单独画出某一零件的视图,但必须在所画视图的上方注出该零件的视图名称,在相应视图的附近用箭头指明投影方向,并注上同样的字母,如图 32-5 中的 A(零件 6)视图。

4. 假想画法

为了表示装配体中运动零件的极限位置,或需要表达与本部件有装配关系,但又不属于本部件的其他相邻零件时,可用双点画线画出该零件的外形轮廓,如图 32-5 和图 32-6 所示。

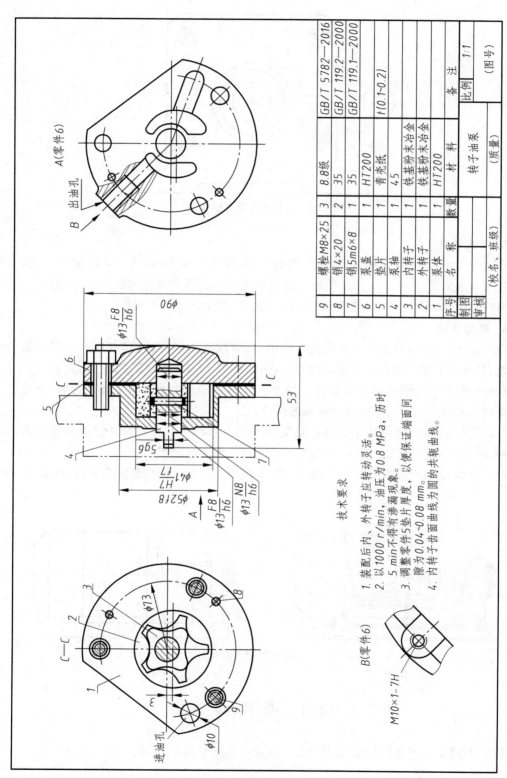

图 32-5　沿零件结合面剖切的画法和单独表达某零件的画法

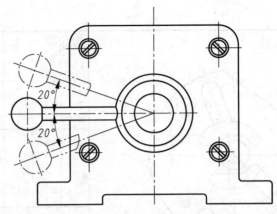

图 32-6　运动零件的极限位置

5. 夸大画法

在装配图中,对于薄的垫片、簧丝很细的弹簧、微小的间隙等,为了表达清楚起见,可将它们适当夸大画出。图 32-5 所示的转子油泵主视图中泵体与泵盖间的垫片(涂黑处),主视图和右视图中螺钉与泵体、泵盖光孔的非配合间隙,都采用了夸大画法。

6. 简化画法

(1) 在装配图中,对于若干相同的零件组,如螺纹连接件等,可详细地画出其中的一组或几组,其余的只需在其装配位置画出轴线即可,如图 32-4、图 32-5 中的螺钉连接。

(2) 装配图中的滚动轴承经剖切后,它的一半可按滚动轴承的规定画法绘制,而另一半可采用通用画法,如图 32-4 中滚动轴承的画法。

(3) 在装配图中,当剖切平面通过的某些部件为标准产品或该部件已由其他图形表达清楚时,可按不剖绘制,如图 32-2 中的油杯、图 32-7 中的电动机。

(4) 在装配图中,零件的工艺结构,如小圆角、倒角、退刀槽等可不画出,如图 32-4 所示。

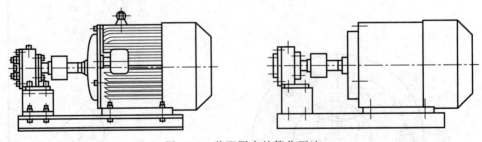

图 32-7　装配图中的简化画法

32.4　项 目 实 施

【例 32-1】　柱塞泵装配图(见图 32-8)的表达方案分析。

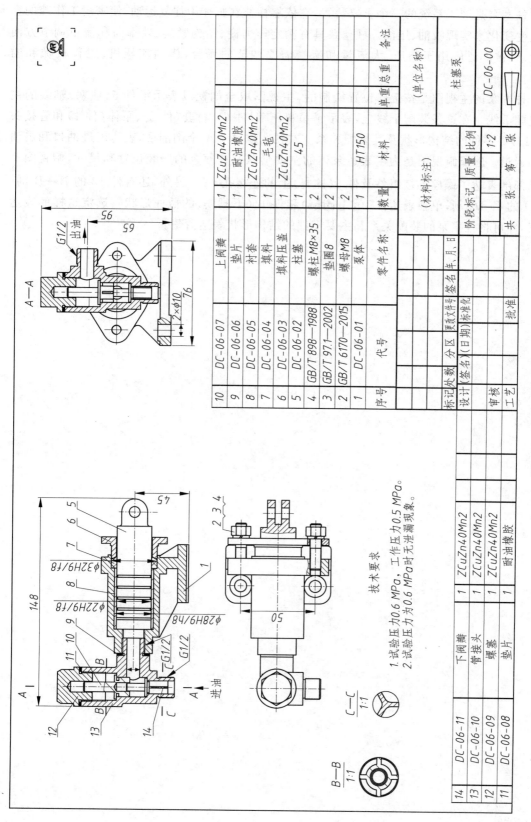

10	DC-06-07	上阀瓣	1	ZCuZn40Mn2	
9	DC-06-06	垫片	1	耐油橡胶	
8	DC-06-05	衬套	1	ZCuZn40Mn2	
7	DC-06-04	填料	1	毛毡	
6	DC-06-03	填料压盖	1	ZCuZn40Mn2	
5	DC-06-02	柱塞	1	45	
4	GB/T 898—1988	螺柱 M8×35	2		
3	GB/T 97.1—2002	垫圈 8	2		
2	GB/T 6170—2015	螺母 M8	2		
1	DC-06-01	泵体	1	HT150	
序号	代号	零件名称	数量	材料	单重　总重　备注

14	DC-06-11	下阀瓣	1	ZCuZn40Mn2
13	DC-06-10	管接头	1	ZCuZn40Mn2
12	DC-06-09	螺塞	1	ZCuZn40Mn2
11	DC-06-08	垫片	1	耐油橡胶

技术要求

1. 试验压力为 0.6 MPa，工作压力为 0.5 MPa。
2. 试验压力为 0.6 MPa 时无渗漏现象。

图 32-8　柱塞泵装配图

　　柱塞泵是液压系统的一个重要装置,它依靠柱塞在缸体中往复运动,使密封工作腔的容积发生变化来实现吸油、压油。柱塞泵具有额定压力高、结构紧凑、效率高和流量调节方便等优点,被广泛应用于高压、大流量和流量需要调节的场合,诸如液压机、工程机械和船舶中。

　　柱塞泵的主视图是按工作位置绘制的,主视图取全剖视以表示沿件 5(柱塞)轴线的主要装配干线。在这条装配干线上,表示了填料压盖(件 6)、衬套(件 8)、泵体(件 1)和管接头(件 13)等零件的结构形状及其装配关系。左视图取 $A—A$ 全剖剖视,表达了进油口和出油口的通道。选择俯视图是为了表达泵体的主要形状及柱塞泵的安装位置和尺寸,俯视图上的局部剖表达了螺栓连接组件及件 5(柱塞)上的连接孔 $\phi 9$。另外,还有件 12 的 $B—B$ 剖、件 14 的 $C—C$ 剖,单独表达件 10(上阀瓣)和件 14(下阀瓣)的截面形状。选定这样的表达方案,即可将柱塞泵的装配关系和主要零件的结构形状表达清楚。

项目 33 装配图中的尺寸与技术要求

33.1 项 目 目 标

（1）理解装配图上应标注的几类尺寸，并将尺寸合理标注在装配图上。

（2）理解装配图上标注的技术要求，并将技术要求合理标注在装配图上。

33.2 项 目 导 入

装配图和零件图的作用不同，因此，装配图对尺寸标注和技术要求的具体要求与零件图有所区别。

33.3 项 目 资 讯

33.3.1 装配图中的尺寸

由于装配图不直接用于零件的制造生产，因此不需要注出每个零件的全部尺寸，只需要注出与部件性能、装配、安装等有关的尺寸即可。

1. 性能规格尺寸

性能规格尺寸表示与机器或部件的性能、规格和特征有关的尺寸。这类尺寸在设计时就已确定了，是设计、了解、选用机器的依据。如图 32-2 中滑动轴承的轴承直径 ϕ50H8 即是滑动轴承的性能尺寸。对于阀类部件，体现其流量的尺寸即为其性能规格尺寸；对于千斤顶等需要承重的部件，反映其承重能力的尺寸为其性能规格尺寸；对于夹具类部件，反映其装夹能力的尺寸即为其性能规格尺寸。因此，性能规格尺寸体现了部件实现功能的能力。

2. 装配尺寸

为了保证机器和部件的性能和质量，装配图中需要注出相关零件间有装配要求的尺寸，包括作为装配依据的配合尺寸和重要的相对位置尺寸、连接定位尺寸。

（1）配合尺寸。零件之间有配合要求的尺寸由孔、轴的公称尺寸和配合代号组成，如图 32-2 中的 ϕ60H8/k7、80H9/f9 等；内外螺纹旋合构成的螺纹副，在装配图上标注螺纹配合代号，如 M16×1-7H/6f。凡两零件有配合要求时，必须注出配合尺寸，它是由装配图拆画零件图时确定零件尺寸公差的依据。

（2）相对位置尺寸，即表示装配时需要保证零件之间较重要的距离、间隙、两齿轮的中心距离等，如图 32-2 中的中心高 70 等。

（3）连接定位尺寸。装配图中一般应标注连接定位尺寸，以表明螺纹连接及螺纹紧固件、键、销、滚动轴承等标准零、部件的规格尺寸（通常填写在明细栏的备注栏中）和相对位置。

3. 安装尺寸

安装尺寸是表示将机器或部件安装在地基上或与其他部件相连接时所需要的尺寸,如图 32-2 中滑动轴承底座两孔的中心距 180 及孔径 ϕ17。

4. 外形总体尺寸

外形总体尺寸是指机器或部件的外形轮廓尺寸,即总长、总宽、总高。它是机器包装、运输、安装和厂房设计所需要的尺寸,如图 32-2 中的 240、80、160。

5. 其他重要尺寸

其他重要尺寸通常是指装配体在设计过程中经计算确定的但又不包括在上述几类尺寸的重要尺寸或某些重要零件的尺寸,如结构特征、运动件的运动范围尺寸等,如图 32-2 中轴承座宽 55 均属于此类尺寸。

以上几类尺寸有时并不是要全具备,应从实际需要出发来确定,有时同一尺寸还具有几个意义。

33.3.2　装配图中的技术要求

装配图上的技术要求主要是针对装配体的工作性能、装配及检验要求、调试要求、使用与维护要求提出的,一般用文字、数字或符号注写在明细栏的上方或图纸的适当位置,必要时也可以另编技术文件,如图 32-2 和图 32-8 中的技术要求。

不同的装配体有不同的技术要求,一般可以从以下三方面考虑。

1. 装配要求

装配要求包括装配过程中的注意事项、需要在装配时的加工说明、装配时的其他要求,装配后该达到的要求。

2. 调试、检验要求

调试、检验要求包括装配体在完成装配后应达到的技术指标、试验方法及注意事项等内容。

3. 使用及其他要求

使用及其他要求包括对装配体的基本性能、规格、维护、保养、包装、运输、涂饰等的要求,以及使用操作时的注意事项。

以上各项要求应从实际出发,做到既科学合理,又经济实惠。

33.4　项 目 实 施

【例 33-1】　柱塞泵装配图(见图 32-8)的尺寸标注及技术要求。

1. 尺寸标注

(1) 性能规格尺寸。柱塞泵选用时主要考虑流量和压力,因此与之相关的尺寸主要有柱塞的尺寸 ϕ22 及进油口、出油口的管螺纹尺寸 G1/2。

(2) 装配尺寸。主视图上标注了配合尺寸 ϕ22H9/f8、ϕ28H9/h8、ϕ32H9/f8;相对位置尺寸有主视图的尺寸 45 和左视图的尺寸 65;连接定位尺寸有主视图中间位置的管螺纹 G1/2。

（3）安装尺寸。俯视图上的尺寸 50 和左视图上的尺寸 ϕ10。

（4）外形总体尺寸。主视图上标了总长 148，左视图上标注了总宽 76、总高 95。

（5）其他重要尺寸。主视图上的中心高 45、左视图的中心高 65 也可以认为是此类尺寸。

2. 技术要求

用文字提出了试验压力为 0.6 MPa，工作压力为 0.5 MPa，并且要求试验压力为 0.6 MPa 时不得有泄漏现象，这些属于使用时的要求和调试、检验要求。

项目 34 装配图中的零、部件序号和明细栏

34.1 项目目标

掌握国家标准规定的装配图中零、部件序号的编排方法,并将零部件序号、代号、名称、数量、材料等内容以明细栏的形式表达。

34.2 项目导入

为了便于看图和管理图纸,对装配图中各种零、部件必须进行编号,并在明细栏中列出各零件的名称、数量、材料等。

34.3 项目资讯

34.3.1 装配图中零、部件的序号及编排方法

国家标准 GB/T 4458.2—2003 规定了机械装配图中零、部件序号的编排方法。

1. 一般规定

(1) 装配图中所有的零、部件必须编写序号,且应与明细栏中的序号一致。

(2) 装配图中的一个零部件可以只编写一个序号;同一装配图中相同的零部件用一个序号,一般只标注一次;多处出现的相同的零部件,必要时也可以重复标注。标准化组件,如油杯、滚动轴承、电动机等,可看作一个整体只编写一个序号。

2. 零件序号的编写

(1) 零件序号的通用表示法

零件序号的标注方法是在所要标注的零部件的可见轮廓线内画一圆点,然后引出指引线(细实线),在指引线的一端画水平线或圆(细实线),在水平线或圆内注写序号;也可以在指引线旁注写序号。序号的字高比尺寸数字大一号或两号,如图 34-1(a) 所示。

当零件很薄或其断面涂黑不便画圆点时,可在指引线末端画出箭头,并指向该部位的轮廓线,如图 34-1(b) 所示。

(2) 零件序号的注写方法

① 零件序号的注写应美观整齐,沿水平或垂直方向按顺时针或逆时针方向排列,并尽量使序号间隙相等,同一张配图中编注序号的形式应一致,如图 32-2 所示。

② 指引线不要画成与剖面线平行,也不要画成水平线或垂直线,以免与轮廓线平行;指引线之间不要相交,但允许弯折一次,如图 34-1(c) 所示。

③ 对一组紧固件或装配关系清楚的零件组,允许采用公共引线,如图 34-2 所示。

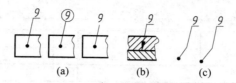

图 34-1 零件序号的编排形式

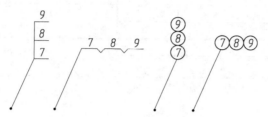

图 34-2 公共指引线的编注

34.3.2 装配图中的明细栏

明细栏是装配图中全部零件的详细目录,由序号、代号、名称、数量、材料、质量、备注等内容组成,如图 34-3(a)所示为国家标准 GB/T 10609.2—2009 推荐的明细栏各部分的尺寸及格式。明细栏一般配置在装配图中标题栏的上方,按自下而上的顺序填写。其格数应根据需要确定,当由下而上延伸位置不够时,可紧靠在标题栏的左边自下而上延续。明细栏外

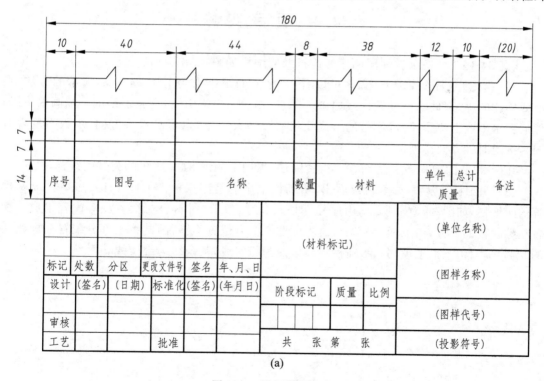

(a)

图 34-3 明细栏的格式

(a) 国家标准 GB/T 10609.2—2009 推荐的明细栏;(b) 学生学习时可以选用

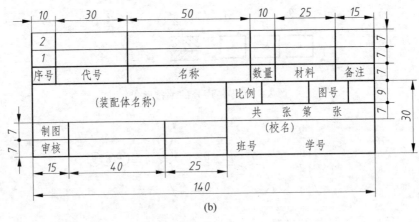

图 34-3　（续）

框线为粗实线,其余线为细实线。明细栏中的序号栏填写零、部件序号;代号栏填写零、部件的图样代号或标准编号;名称栏填写零、部件名称,必要时也可以写出其型号与尺寸;数量栏填写零、部件在装配体中的数量;材料栏填写零、部件材料标记;质量栏填写零、部件单件和总件数的计算质量,以千克(公斤)为计量单位时,允许不写出计量单位;备注栏填写对应项的附加说明或其他有关的内容。

图 34-3(b)所示的明细栏格式供学生学习时使用。

34.4　项 目 实 施

【例 34-1】　柱塞泵装配图的序号编排及明细栏如图 32-8 所示。

(1) 零、部件序号。从图 32-8 可以看出,序号的编排采用了图 34-3(a)所示的方法,在所要标注的零、部件的可见轮廓线内画一圆点,然后引出指引线,在指引线的一端画水平线,然后在水平线上注写序号,序号的字高比尺寸数字大一号,主要沿水平方向(少数沿垂直方向),按逆时针方向排列。

在图 32-8 的俯视图上看到有一组紧固件,采用了如图 34-2 所示的公共引线标注。

(2) 明细栏。从图 32-8 可以看出,明细栏采用的是国家标准 GB/T 10609.2—2009 推荐的明细栏,如图 34-3(a)所示,由序号、图号、名称、数量、材料、质量、备注等内容组成。配置在标题栏的上方,由下而上填写;由于标题栏上方位置不够,因此将一部分配置在标题栏的左侧,仍然由下而上填写;明细栏的外框线为粗实线,其余线为细实线。

项目 35　装配图的视图选择及画装配图

35.1　项目目标

理解装配图的表达重点，选择合适的表达方法，力求视图数量适当，看图方便和画图简便。

35.2　项目导入

无论是设计或测绘机器、部件，在画装配图前都应对其功用、工作原理、结构特点、装配关系等内容加以分析，做到心中先有这个装配体，然后再确定表达方案，从而画出一张正确、清晰、易懂的装配图。画装配图的一般步骤如下。

（1）了解部件的功用和结构特点。

（2）选择主视图。

（3）选择其他视图。

（4）调整表达方案。

35.3　项目资讯

35.3.1　装配图中的视图选择

所画部件的装配图应着重表达部件的整体结构，特别是要把部件所属零件的相对位置、连接方式及装配关系清晰地表达出来；能据此分析出部件（或机器）的传动路线、运动情况、润滑冷却方式及如何操纵或控制等情况，使读图人员得到所画部件结构特点的完整印象，而不追求完整和清晰表达个别零件的形状。

选择视图的一般步骤如下。

1. 进行部件分析

由实物和有关资料了解机器或部件的功用、部件的组成；各零件的结构特点、作用及装配关系，部件中的零件形成几条装配线，分清各装配线的主次；分析各零件的运动情况和部件的工作原理；分析部件的工作状态和安装状态；本部件与其他部件及机座的位置关系，安装、固定方式，从而明确所要表达的内容。

2. 选择主视图

主视图应符合部件的工作位置，并能较多地表达部件的结构、主要的装配关系和工作原理。

图 35-1 所示是车用夹具的装配图，该装置用于车床或数控车床。当加工盘类或轴类等零件时，有时零件外形是铸造表面，具有不规则外形，因此需要设计一种专门的车用夹具。

在车用夹具的装配图中,主视图选择了将夹具按工作位置摆放,轴线为侧垂线的特征,并采用全剖视图,沿前后对称面剖开,能较多地表达其结构特点和主要装配关系。

3. 选择其他视图

主视图没有表达或表达不够完整而又必须说明的部分,可选用其他视图补充说明。一些较重要的装配干线、装配结构和装置应该用基本视图(或取剖视)表达;次要结构和局部结构则用局部视图、局部剖视等表达。图 35-1 所示的 A 视图采用了右视的投射方向,补充说明了主视图未能表达完整的夹具体外形,又进一步交代了压板 10 的配置。此外,图中还采用了两个辅助视图,用 C—C 局部剖视图补充表达压板和销轴的装配关系;用 D—D 视图补充表达件 11(套筒)的形状;用 B(件 6)"单独表示某零件的画法"表达件 6 的结构。装配图的视图数量因其作用和要求不同而有所区别,但一般情况下,每种零件至少应在视图中出现一次,否则,图上就缺少一种零件。

4. 调整表达方案

初步选定表达方案后,还要进行全面调整,对不合适的部分进行修改,使最后的表达方案能够完整、正确、清楚地表达出部件的装配结构。应从以下几个方面检查。

(1) 检查组成部件(或机器)的零(组)件是否表示完全。每种零(组)件中至少有一个必须在图样中出现一次。

(2) 对每条装配干线进行检查,查看所有零件的位置和装配关系是否表示完全、确定。

(3) 部件的工作原理是否得到表示。

(4) 与工作原理有直接关系的各零件的关键结构、形状是否确定表示。

(5) 与其他部件和机座的连接、安装关系是否表示明确。

(6) 确定有无其他视图方案,如果有,应进行比较,需要时做调整、修改,使其表达更清新、合理,以利于读图和便于画图。

(7) 投影关系是否对应,画法和标注是否正确、规范。

(8) 是否灵活、合理地应用了装配图的特殊表达方法及简化画法。

35.3.2　装配图的画法

经过部件分析和构思了表达方法后,便可按下列步骤绘图(手工尺规作图)。

(1) 估算图幅,确定比例。

(2) 合理布图。在画出图框后留出标题栏和明细栏的位置(可预画出线框,待最后画全再填写内容),同时,应注意留出标注尺寸、零件序号和技术要求的位置;然后画出各视图的主要轴线、对称线和作图基准线。

(3) 用较硬的铅笔(H 或 2H)打底稿,画视图。

画装配图的方法有如下两种。

方法一,从各装配干线的核心零件开始,"由内向外"按装配关系逐层扩展画出各个零件,最后画壳体、箱体等支承、包容零件。

若不止一条装配干线,则由一条主要装配干线或传动干线开始逐一画齐零件,再画出次要装配干线,分别画齐各部分结构。

方法二,先将起支承、包容作用的体量较大的箱体、壳体或支架等零件画出,再按装配线和装配关系逐次画出其他零件。此种画法常被称为"由外向内"。

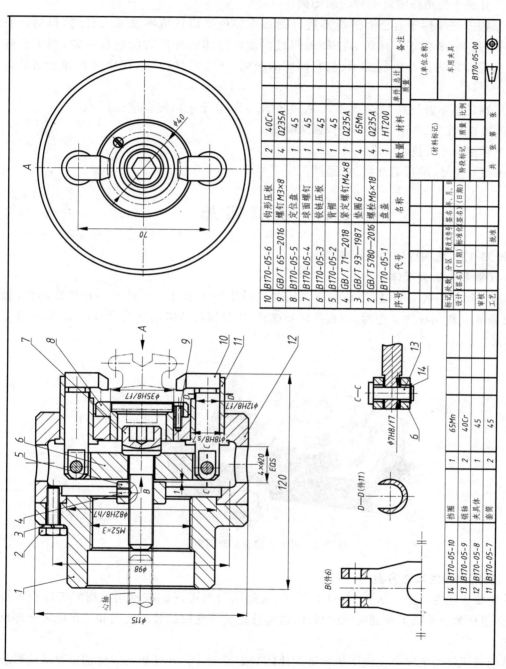

图 35-1　车用夹具的装配图

序号	代号	名称	数量	材料	单件	总计	备注
					质量		
10	B170-05-6	钩形压板	2	40Cr			
9	GB/T 65—2016	螺钉M3×8	4	Q235A			
8	B170-05-5	定位盘	1	45			
7	B170-05-4	球面螺钉	1	45			
6	B170-05-3	铰链压板	1	45			
5	B170-05-2	背帽	1	45			
4	GB/T 71—2018	紧定螺钉M4×8	1	Q235A			
3	GB/T 93—1987	垫圈6	4	65Mn			
2	GB/T 5780—2016	螺栓M6×18	4	Q235A			
1	B170-05-1	盘盖	1	HT200			

14	B170-05-10	挡圈	1	65Mn			
13	B170-05-9	销轴	2	40Cr			
12	B170-05-8	夹具体	1	45			
11	B170-05-7	套筒	2	45			

（材料标记）

车用夹具

B170-05-00

第一种方法的画图过程与大多数设计过程相一致,画图的过程也就是设计的过程,在设计新机器、绘制装配图(特别是绘制装配草图)时多被采用。此时尚无零件图,要待装配图画好后再去拆画零件图。此种方法的优点是画图过程中不必"先画后擦"零件上那些被遮挡的轮廓线。有利于提高作图效率和清洁图面。

第二种方法多用于对已有的机器进行测绘或整理新设计机器技术文件时,根据已有的零件图"拼画"装配图。此种方法的画图过程常与具体的部件装配过程一致,利于空间想象。当需要首先设计出起支承、包容作用的箱壳、支架零件时,也宜使用此种方法设计绘图。

画底稿的基本原则是"先主后次",从主视图入手,几个视图配合进行。

(4) 检查、校对、修正,加深全图,画剖面线。

(5) 标注尺寸及技术要求。

(6) 编写序号,填写明细栏、标题栏。

35.4　项 目 实 施

【例 35-1】　机用虎钳的装配图绘制。

1. 了解和分析装配体

机用虎钳又叫机用平口钳,是配合机床加工时用于夹紧加工工件的一种机床附件,如图 35-2 所示。机用虎钳工作时,用扳手转动螺杆,通过螺母块带动活动钳身移动,形成对工件的夹紧与松开。

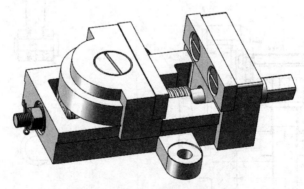

图 35-2　机用虎钳装配轴测图

2. 确定视图的表达方案

首先要选好主视图。如图 35-3(d)所示,装配图的主视图是按机用虎钳的工作位置放置的,在主视图上采用了全剖视图的形式,这样就把机用虎钳的装配关系和工作原理全部反映出来了。

其他视图是用来配合主视图表示装配体的装配关系,内、外结构及零件的主要结构形状的。对于机用虎钳装配图,为了补充表达机用虎钳的外形和各零件的主要结构,画出了一个带局部剖视的俯视图,局部剖主要表达螺钉的连接形式,说明了钳口板和固定钳座的连接方式;左视图为半剖视图,用于补充表达螺母块、固定钳座等的结构。

3. 画装配图的步骤

（1）选定比例，确定图幅，合理布图。根据装配体大小、复杂程度和视图数量，选定画图比例，确定所用图幅大小。在确定图幅时，不仅要考虑到剖视图所需的面积，还要把标题栏、零件序号、标注尺寸和注写技术要求所占的面积计算在内。先画出图框、标题栏、明细栏的外框，然后布置视图，画出各视图的主要中心线、对称线、作图基准线，如图 35-3(a)所示。

（2）完成基本视图的主要部分。画图时，一般应从主视图开始，先画基本视图，后画非基本视图，同时要几个视图配合起来进行，注意投影关系。画剖视图时，沿主要装配干线由内部的实心件画起，再逐个向外画出各零件。这样，可以避免将被遮住的不可见轮廓线画上去，如图 35-3 所示的主视图，可按螺杆—螺母块—固定钳座—活动钳身的顺序画图。有时也可以先从较大的主要零件画起，再依次画出主要装配干线的各零件，用这种方法画图的顺序为固定钳座—活动钳身—螺母块—螺杆。可以两种方法交替使用，如图 35-3(b)所示。

（3）画基本视图的次要部分和其他视图。在完成基本视图主要部分的基础上，再画出次要部分，次要部分包括基本视图上主要零件的细节部分，如图 35-3 中钳口板顶部的小孔（局部剖）、圆角等，再画次要零件，如图中的垫圈、销等，然后再画出其他视图，如 B(件 2)视图、主视图上的假想画法等，如图 35-3(c)所示。

（4）完成全图。底图经检查无误后，先擦去多余的线，再标注尺寸、公差配合代号、加深图线、编写零件序号等，最后填写技术要求和明细栏、标题栏的内容。完成的机用虎钳装配图如图 35-3(d)所示。

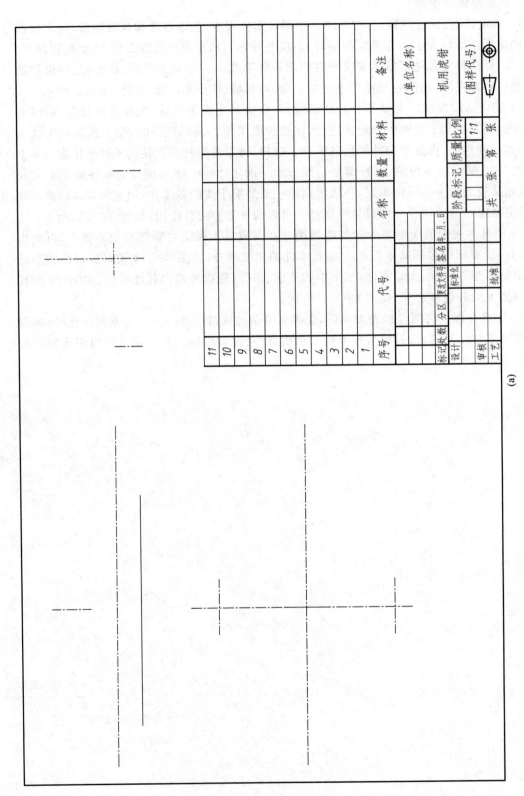

序号	代号	名称	数量	材料	备注
11					
10					
9					
8					
7					
6					(单位名称)
5					
4					机用虎钳
3					
2					(图样代号)
1					

标记	处数	分区	更改文件号	签名	年、月、日			
设计			标准化			阶段标记	质量	比例
								1:1
审核								
工艺			批准			共　张	第　张	

图 35-3　机用虎钳装配图画图步骤

(a) 画图幅,标题栏,明细栏和主要轮廓线;(b) 画螺杆,螺母,固定钳身,活动钳身等;
(c) 完成销连接,螺钉连接,B(件2)视图,画剖面线;(d) 注号尺寸,技术要求,序号,明细栏等(完成装配图)

(a)

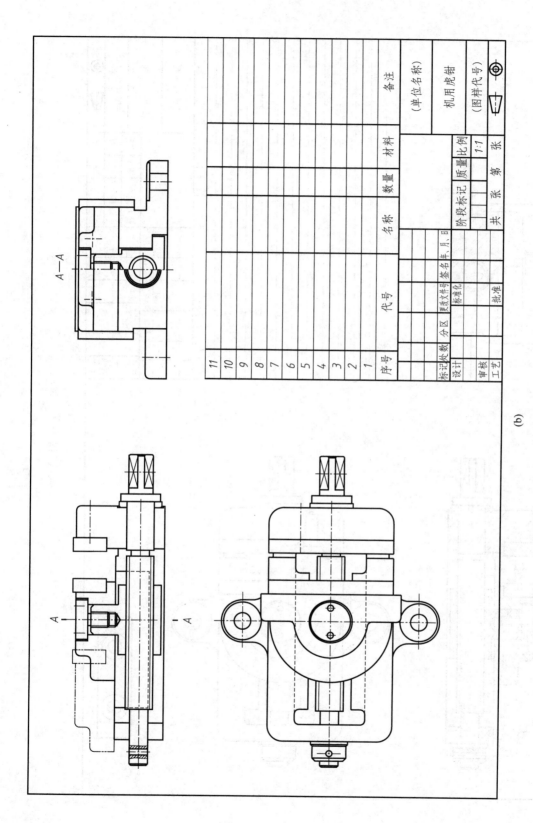

序号	代号	名称	数量	材料	备注
11					
10					
9					
8					
7					
6					
5					
4					
3					
2					
1					

A—A

(单位名称)

机用虎钳

(图样代号)

标记	处数	分区	更改文件号	签名	年,月,日
设计			标准化		阶段标记	质量	比例
							1:1
审核					共 张	第 张
工艺			批准			

(b)

图 35-3 (续)

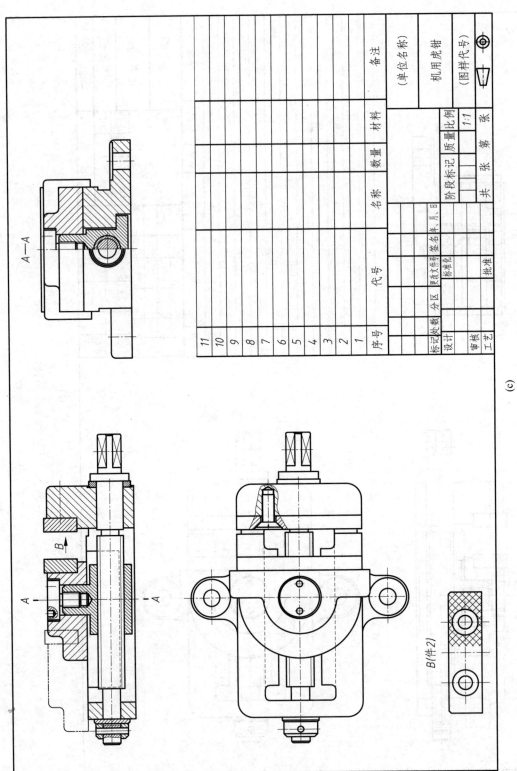

图 35-3 （续）

（c）

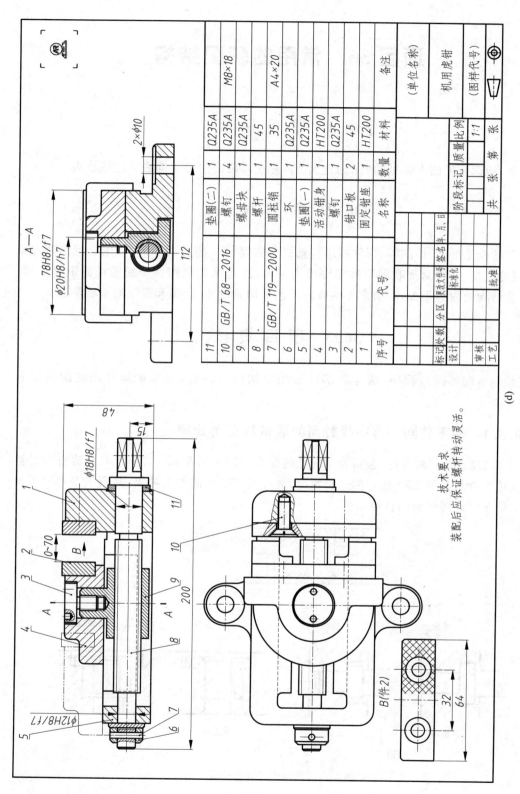

序号	代号	名称	数量	材料	备注
11		垫圈(二)	1	Q235A	
10	GB/T 68—2016	螺钉	4	Q235A	M8×18
9		螺母块	1	Q235A	
8		螺杆	1	45	
7	GB/T 119—2000	圆柱销	1	35	A4×20
6		环	1	Q235A	
5		垫圈(一)	1	Q235A	
4		活动钳身	1	HT200	
3		螺钉	1	Q235A	
2		钳口板	2	45	
1		固定钳座	1	HT200	

标记	处数	分区	更改文件号	签名	年,月,日		(单位名称)
设计			标准化			阶段标记	质量	比例	机用虎钳
								1:1	
审核								(图样代号)
工艺			批准			共　张	第　张	

技术要求

装配后应保证螺杆转动灵活。

图 35-3 （续）

(d)

项目36 常用的装配结构

36.1 项目目标

了解、识读装配图上常见的装配工艺结构,并在画装配图时正确表达这些结构。

36.2 项目导入

工艺结构是加工、检测零、部件或组装整机所需要的一些技术环节,采用合理的装配结构,不仅能使加工、检测及顺利装拆部件成为现实,还是保证装配体装配质量的重要措施。装配工艺结构的内容很多,弄清常见的装配工艺结构是设计、绘图和看图的重要基础。

36.3 项目资讯

在绘制装配图的过程中,应考虑部件装配结构的合理性,以保证部件的装配质量和性能。

36.3.1 两零件同一方向接触面的数量及交角处理

(1)在装配体中,两零件(包括轴承和孔的配合)接触时,在同一方向上只允许有一对接触面(或相配合),如图36-1所示的三种情况,既降低了零件的加工要求,又便于零件加工与装配,也便于保证接触面的良好接触。

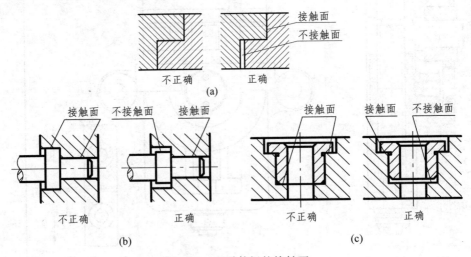

图 36-1 两零件间的接触面

（2）两个零件间如有一对直角相交的表面接触时，在两零件接触面的转角处应分别制成不相等的倒角、凹槽或倒圆，以免相互干涉，从而保证接触面的良好接触，如图 36-2 所示。

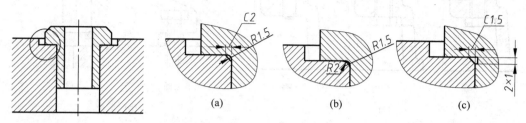

图 36-2　接触面转角处的结构

（a）倒角和倒圆；（b）两个半径不同的圆；（c）退刀槽和倒角

36.3.2　方便拆卸的结构

（1）部件通常采用圆柱销或圆锥销定位，以保证装配体拆装前后的装配精度。为了便于拆卸时取出销，应尽可能将销孔加工成通孔，如图 36-3 所示。

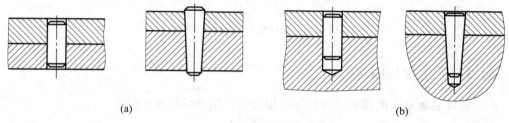

图 36-3　定位销的装配结构

（a）通孔；（b）不通孔

（2）在机器装配时，滚动轴承是以轴肩或孔肩定位的。为了方便维修时拆卸轴承，轴肩或孔肩的高度应小于内圈或外圈的厚度，如图 36-4 所示。其尺寸可以从有关设计手册中查取。

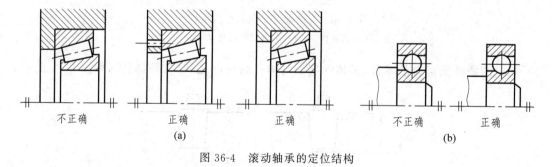

图 36-4　滚动轴承的定位结构

（3）螺纹连接时，应考虑方便拆卸，必须留出扳手和其他旋具的活动空间，还要考虑螺钉拆装的空间，如图 36-5 所示。

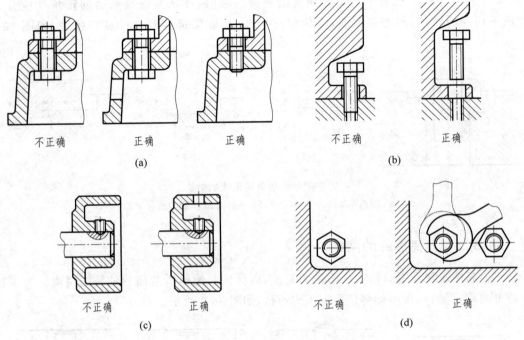

图 36-5　螺纹连接时的合理结构

36.3.3　定位与固定

（1）有同轴度要求的两零件的连接应用径向定位，如图 36-6 所示。

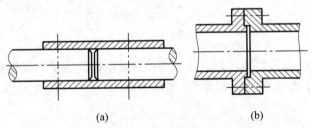

图 36-6　有同轴度要求的连接结构

（a）套筒内径定位；（b）联轴器止口定位

（2）两圆锥面配合的零件，锥体的端面与锥孔的底面之间应留有间隙，如图 36-7 所示。

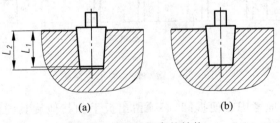

图 36-7　圆锥配合的结构

（a）合理；（b）不合理

（3）为了保证接触良好,合理减少加工面积,可在被连接件上设置沉孔、凸台等结构,如图 36-8 所示。

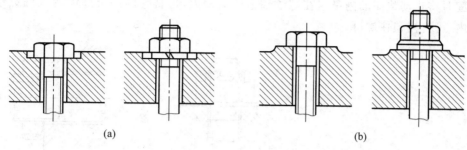

图 36-8 沉孔与凸台
(a) 沉孔；(b) 凸台

36.3.4 滚动轴承密封装置

滚动轴承一般采用密封装置进行密封,一方面是防止外部灰尘和杂质侵入轴承,另一方面是防止轴承的润滑油流出。常见的密封装置如图 36-9 所示。各种密封方法所用的零件,有的已经标准化,有的某些局部结构标准化,其尺寸可查阅有关设计手册。

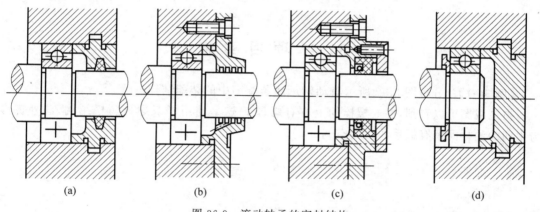

图 36-9 滚动轴承的密封结构
(a) 毡圈式密封；(b) 油沟式密封；(c) 皮碗式密封；(d) 挡片式密封

36.3.5 防松装置

在机器运转过程中,螺纹连接受到振动、冲击等可能会松动,甚至会造成事故,因此在结构上应考虑防止连接松动的问题。图 36-10 所示为常见的几种防松装置。

（1）双螺母。如图 36-10(a)所示,这种装置靠两个螺母拧紧后螺母之间产生轴向力,使内、外螺母之间的摩擦力增大来到达防松的目的。

（2）弹簧垫圈。如图 36-10(b)所示,当螺母拧紧后,弹簧垫圈受压变平,依靠变形力使螺母、螺栓之间的摩擦力增大,弹簧垫圈开口的刀刃叉又能阻止螺母的转动,防止了螺母的松动。

（3）开口销。如图 36-10(c)所示,开口销直接插入六角头螺母的槽和螺栓末端的孔中,使螺母不能松脱。

　　（4）圆螺母和止动垫圈。如图 36-10(d)所示,这种装置常用来固定安装于轴端部的零件。装配时将止动垫圈的内鼻卡在螺纹轴上的沟槽内,再将它的一个外齿弯入圆螺母的一个侧槽内,可直接锁住螺母。

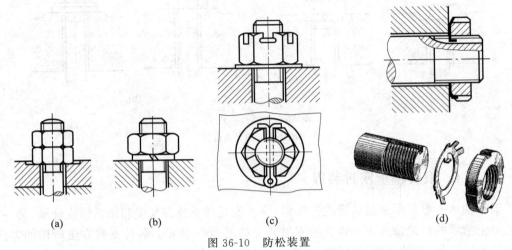

图 36-10　防松装置

(a) 双螺母；(b) 弹簧垫圈；(c) 开口销；(d) 圆螺母和止动垫圈

36.4　项 目 实 施

【例 36-1】　分析图 32-2 所示滑动轴承座装配图中的装配结构。

　　由主视图可以看到,件 6 螺栓的上方有螺母 7,这是使用了双螺母防松结构,此外螺母与中间的油杯间留有扳手的活动空间。

项目 37　读装配图和由装配图拆画零件图

37.1　项目目标

在生产、使用、维修、管理和技术交流过程中，都会遇到读装配图的问题。在设计部件或机器时，通常先画装配图，因此需要在读懂装配图的基础上拆画零件图。所以必须掌握读装配图及从中拆画零件图的基本方法。

37.2　项目导入

读装配图是工程技术人员必备的基本技能之一。装配图是传达关于整机设计和装配加工等信息的载体，是一种工程语言。只有看懂了装配图才能明白设计的目的所在，才能获取装配体的结构特点、工作情况和操作方法等内容。

对于如图 37-1 所示的手压阀的装配图，如何读懂呢？

37.3　项目资讯

一般来讲，读装配图应达到以下几项要求：

（1）了解装配体的名称、功用、大小、传动路线和工作原理；

（2）弄懂装配体中各零件的相互位置、作用、装配关系及拆装顺序；

（3）弄清零件的名称、数量、材质，看清其形状、大小、结构，区分主次。

37.3.1　读装配图的方法、步骤

读装配图的基本方法仍然是投影分析法，利用投影的基本规则和制图的有关规定，读懂各零件的形状和尺寸。利用结构分析法，从零件的结构、装配关系等各方面做进一步分析，就能较深入地了解到装配体的功用，从而达到读图的目的。装配体中零件各种结构的设置，都是对实际应用、设计要求和加工工艺可能性的综合反映。

1. 概括了解

读图时应从标题栏、明细栏入手。由标题栏了解部件的名称、用途、图样比例；由明细栏了解零件的名称、数量、材料及部件的复杂程度。

2. 深入分析

这是读装配图的重要阶段，通过深入分析，了解部件（或机器）的工作原理、装配关系和零件的主要形状。

（1）视图分析

分析各个视图的名称、表达方法、剖切平面的位置，分析主视图的表达意图，弄清各视图间的投影关系，为深入读图做准备。

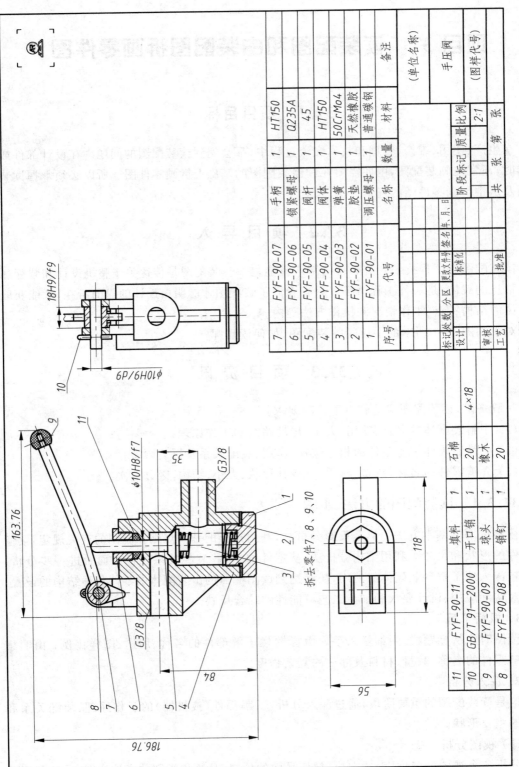

序号	代号	名称	数量	材料	备注
7	FYF-90-07	手柄	1	HT150	
6	FYF-90-06	锁紧螺母	1	Q235A	
5	FYF-90-05	阀杆	1	45	
4	FYF-90-04	阀体	1	HT150	
3	FYF-90-03	弹簧	1	50CrMo4	
2	FYF-90-02	胶垫	1	天然橡胶	
1	FYF-90-01	调压螺母	1	普通碳钢	
11	FYF-90-11	填料	1	石棉	
10	GB/T 91—2000	开口销	1	20	4×18
9	FYF-90-09	球头	1	橡木	
8	FYF-90-08	销钉	1	20	

（单位名称）

手压阀

（图样代号）

阶段标记	质量	比例		
		2:1		
共　张	第　张			

设计（签名、年、月、日）　标准化
审核
工艺　批准

图 37-1　手压阀的装配图

（2）装配关系和工作原理

从反映工作原理的视图开始，一般为主视图，结合形体分析、运动分析和装配关系分析，弄清零件间的装配关系和部件（或机器）的工作原理。

（3）分析尺寸和技术要求

分析装配图上的尺寸，进一步了解部件的规格、零件间的配合要求及部件或机器的安装情况。

3. 分析与分离零件

分析零件，弄清每个零件的结构，一般从主要零件着手，利用投影关系、剖面线和零件序号等分离零件，确定零件的内外形状。

（1）零件分类

根据零件序号和明细栏对零件进行如下分类。

① 标准件、外购件。标准件、外购件可直接购来使用，无须画图，只要将其规格、代号与标准查明即可。

② 一般零件。一般零件是拆画零件图的主要对象。

（2）分离零件

分离零件的常用方法有以下三种。

① 利用零件序号。利用零件序号和明细栏确定零件的名称、数量、材料、规格等，并找出它在装配图中的位置。

② 利用剖面线。根据装配图中相同零件在各个视图中的剖面符号相同，相邻零件的剖面符号不同，按投影关系找出零件在各视图中的投影轮廓，综合想象出零件的形状。

③ 利用装配图的表达方法。装配图的表达方法可以帮助分离零件，如螺纹连接件和实心轴结构等。

4. 归纳总结

在前面分析的基础上，综合分析、归纳总结出整个装配体的结构和工作原理，并分析出各个零部件的位置、装配关系、作用和形状，对机器或部件有了一个完整和全面的认识。

37.3.2　由装配图拆画零件图

从装配图中拆画出零件工作图的过程称为拆画零件图，简称为"拆图"。拆图应在全面读懂装配图的基础上进行，拆图的过程也是继续设计零件的过程。

1. 拆画零件

（1）确定零件的形状

部件中大部分零件的结构可以在装配图中确定，少数复杂零件的某些局部结构，有时在装配图上无法表达清楚，需要进行构形设计。另外，装配图的简化画法中允许不画出的结构，须在零件图上补画，常用的方法如下：

① 装配图的简化画法中允许不画出的细小结构，在拆画零件时，应查阅相关手册，把省略的结构补画出来，如退刀槽、倒角、螺纹、紧固件等结构；

② 在装配图中零件间相互遮挡的一些结构和线条，在零件图中要补画出来；

③ 有些结构在装配图中没有必要表达得十分清楚，可根据零件已知的结构、作用，相邻零件间的连接形状、工艺性和零件结构常识等因素，进行全面综合的构形设计。

（2）确定零件图的表达方案

零件图的表达方案不能照搬装配图,要根据零件的特点和零件图的视图选择原则重新确定。但对于箱体类零件,主视图应尽可能与装配图的表达一致,以便于读图和画图。

2. 零件尺寸

零件尺寸的来源如下。

（1）抄。在装配图中注出的与零件有关的装配尺寸,在零件图上可直接抄注。

（2）查。与标准件连接或配合的尺寸,在装配图中可以省略,但在拆画零件图时,必须恢复这些小结构的尺寸,查阅相关手册确定,如键槽、销钉、螺纹连接件等的结构和尺寸。

（3）算。根据装配图中给出的尺寸参数计算零件的有关尺寸,如齿轮的分度圆、齿顶圆可依据齿轮的模数和齿数等基本参数计算得出。

（4）量。装配图中未确定的尺寸要从装配图中按比例量取。

3. 零件的技术要求

零件的技术要求是保证零件加工质量的重要内容,应根据零件的作用、与相关零件的装配关系和工艺结构等方面的要求来确定,它涉及的专业知识较多。下面介绍几种零件技术要求的注写方法。

（1）抄。根据装配图中标注的配合尺寸和技术要求,在零件图中抄注。

（2）类比。将零件与其他类似零件进行比较,取其类似的技术要求,如表面粗糙度、几何公差等。

（3）设计确定。根据理论分析及设计经验确定。

37.4　项 目 实 施

【例 37-1】 读图 37-1 中所示的手压阀并拆画阀体零件。

37.4.1　读手压阀装配图

1. 概括了解

手压阀是吸进或排出液体的一种手动阀门,整个阀门体积不大（一只手掌可包容）,组成不算复杂（由 11 种零件组成）,只有一个标准件（开口销）,对照零件序号和明细栏可找出零件的大致位置。

2. 深入分析

手压阀的工作原理是：当握住手柄向下压动阀杆时,阀杆向下移动,使液体入口与出口相连,阀门得以打开,此时弹簧因受力而压缩；手柄向上抬起时,由于弹簧弹力的作用,阀杆向上移动压紧阀体,使液体入口与出口断开,从而关闭阀门。

手压阀的主视图是按工作位置绘制的,主视图取全剖视以表示沿阀杆（件 5）轴线的主要装配干线。在这条装配干线上,表示了调压螺母（件 1）、阀体（件 4）、弹簧（件 3）、锁紧螺母（件 6）等零件的结构形状及其装配关系,基本表达出各个零件及其相互间的结合关系。左视图取局部剖视,表达了手柄是由销钉（件 8）、开口销（件 10）连接的,补充说明了手柄与阀体通过销轴的连接关系。选择俯视图,是为了表达阀体的主要形状。选定这样的表达方案,即可将手压阀的装配关系和主要零件的结构形状表达清楚。

由三视图零件剖面符号相同、投影对应关系可知,阀体(件 4)主体的外形为圆柱,左右有两个圆柱相交,形成了阀门通道。

由主视图可以看到,阀杆(件 5)的下部被圆柱螺旋压缩弹簧(件 3)顶着,它与阀体(件 4)的圆柱面采用的是间隙配合(φ10H8/f7);阀杆上部用填料(件 11)密封,填料上部为锁紧螺母(件 6)。

由主视图可以看到手压阀的规格性能尺寸为 G3/8;由主视图和左视图可以看到,手压阀的装配尺寸有:①配合尺寸 φ10H8/f7、φ10H9/d9;②相对位置尺寸 35、84;③连接定位尺寸,两处管螺纹 G3/8(G3/8 既表示了管路的规格,又是手压阀的连接尺寸)。

由主视图和俯视图可以看出,总体尺寸为 163.76、56、186.76。

3. 分离零件

手压阀中的标准件为件 10,开口销 GB 91—2000 4×18,其余都为一般零件。

举例来说,阀体(件 4)分离前,联系主、俯视图的"长对正"和在装配图中的作用,可得知它的上端是左边方形,右边半圆形,中间的螺纹孔用于锁紧螺母的旋合;阀体中空,可以装入阀杆(件 5)和弹簧(件 3),左侧通过管螺纹 G3/8 与管路连接,右侧也是通过管螺纹 G3/8 与管路连接。

4. 归纳总结

综上所述,读懂一幅装配图要反复运用投影的基本规则(如"三等"原则)和形体分析法、结构分析法;不仅要将各组成部分弄清楚,还要彼此联系起来想整体;再顺着工作原理做拆装、传动路线的分析,从而逐步加深对装配体(手压阀)的认识和深入了解,形成完整和全面的认识。手压阀的立体图如图 37-2 所示。

图 37-2　手压阀

37.4.2　由装配图拆画零件图

【**例 37-2**】　由图 37-1 所示的手压阀装配图拆画阀体(件 4)零件图。

1. 拆画零件

(1)确定零件的形状

参见读装配图中的分离零件部分,可以将阀体(件 4)从装配图中分离出来,如图 37-3

所示。

（2）确定零件图的表达方案

阀体属于箱体类零件，主视图的选择应根据形状特征原则和工作位置来确定。因此，主视图的选择与装配图的表达一致，便于读图和画图，如图 37-3（b）所示。

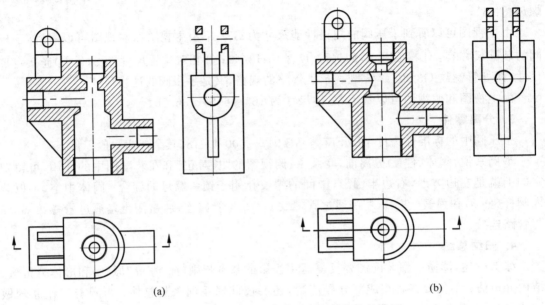

(a)　　　　　　　　　　　　　　　　(b)

图 37-3　从手压阀装配图中分离出阀体的投影图

2．阀体尺寸

零件尺寸的来源如下。

（1）抄。手压阀的规格性能尺寸为 G3/8；装配尺寸有配合尺寸 $\phi10H8/f7$、$\phi10H9/d9$ 和相对位置尺寸为 35、84，这些尺寸可以直接抄。

（2）查。阀体上没有与标准件连接或配合的尺寸，但是装配图上零件的工艺结构，如倒角、圆角、退刀槽等往往省略不画，要查阅相关资料将其补上。

（3）算。阀体上没有可以计算的尺寸，省略。

（4）量。装配图中未确定的尺寸，要从装配图中按比例量取，阀体的其余尺寸如图 37-5 所示。

3．阀体的技术要求

装配图上已标的配合尺寸，可以直接抄出相关结构的尺寸公差，例如阀杆和阀体的配合尺寸是 $\phi10H8/f7$，那么阀体此处的尺寸就为 $\phi10H8$，其尺寸精度最高，参照相关资料确定此处的表面粗糙度 Ra 为 0.8；$\phi10H9$ 处的尺寸精度其次，确定此处的表面粗糙度 Ra 为 3.2；其余一些稍重要的表面的表面粗糙度 Ra 为 0.8。

阀体立体图如图 37-4 所示，阀体零件图如图 37-5 所示。

图 37-4　阀体立体图

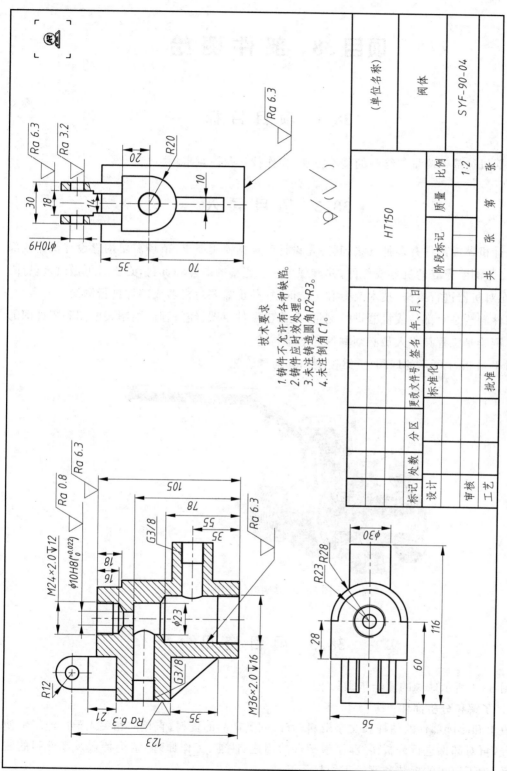

技术要求
1. 铸件不允许有各种缺陷。
2. 铸件应时效处理。
3. 未注铸造圆角 R2-R3。
4. 未注倒角 C1。

HT150

阀体

SYF-90-04

图 37-5 阀体零件图

项目 38　部 件 测 绘

38.1　项 目 目 标

掌握机械部件测量与绘制的基本方法、操作技巧及注意事项。

38.2　项 目 导 入

设计机器或部件有多种方法,其一是设计者根据使用要求、市场需要构思设计机器或部件,其二是测绘原有的机器或部件,并整理出一套完整的图样和资料,必要时再做改进设计。另外,在对机器进行维修、技术改造和仿造时,往往也需要对机器或部件进行测绘。

部件测绘是对部件或机器进行测量,先画出零件草图,经整理后绘制装配图和零件图的过程。测绘是工程技术人员必须掌握的基本技能。

对于图 38-1 所示的球阀(三维模型),如何测绘呢?

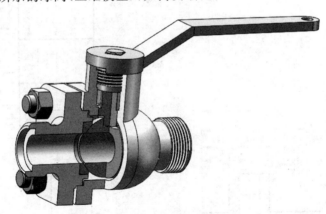

图 38-1　球阀的立体图

38.3　项 目 资 讯

图 38-1 所示球阀的测绘步骤如下。

1. 了解和分析部件

收集和阅读部件的图样和文字资料,查阅同类产品的资料,直接向相关人员广泛了解使用情况,再对部件进行分析研究,了解部件的用途、性能、工作原理、结构特点及零件间的装配关系,为下一步的拆装和测绘工作打下基础。

2. 拆卸部件

拆卸部件的目的是进一步了解部件的内部结构和工作原理等,并为下一步的测绘做准备。拆卸零件时应注意:

(1) 拆卸前应先测量一些必要的尺寸数据,如某些零件间的相对位置尺寸、运动件极限位置尺寸等,作为测绘中校核图样的参考;

(2) 周密地制定拆卸顺序,划分部件的各组成部分,合理选用工具和正确的拆卸方法,按一定的顺序拆卸,严禁乱敲乱打;

(3) 对不可拆卸的连接、精度较高的配合部位或过盈配合的零件应尽量少拆或不拆,以免损坏零件或降低装配精度;

(4) 拆下的零件要分类、分组,并对所有零件进行编号登记,零件实物对应拴上标签,有秩序地放置,防止碰伤、变形、生锈或丢失,以便再装配时仍能保证部件的性能和要求;

(5) 拆卸时,要认真研究每个零件的作用、结构特点及零件间的装配关系,正确判别配合性质和加工方法。

3. 画装配示意图

为便于拆卸后重装,并作为绘制装配图的参考,对零件较多的部件,在拆卸过程中应画装配示意图。装配示意图是用简单的图线和规定符号绘制的图样,用以表示装配体各零件的相对位置和连接关系及配合性质。

装配示意图的画法和特点:

(1) 画装配示意图时,一般从主要零件入手,然后按装配顺序和零件位置逐个画出;

(2) 假想部件是透明的,对各零件的表达不受前后层次的限制,应尽可能把所有零件集中画在一个视图上,若有必要也可以补充其他视图。

4. 测绘零件,画零件草图

测绘往往受到时间及工作场地的限制,因此,要先画出零件的草图,然后根据零件草图画装配图,再由装配图拆画零件图。

测绘零件的步骤如下。

(1) 对零件进行分类。零件可分为标准件和非标准件。

(2) 对标准件,通过测量确定其名称、标准编号,并在装配示意图中进行标记。

(3) 非标准件包括常用件和一般件。非标准件要测量并绘制草图,测绘方法和零件草图的内容和要求参见第 8 篇。

5. 画装配图

画装配图的方法见本篇项目 35。

6. 画零件工作图

根据装配图及零件草图,用绘图工具或计算机画出全部零件工作图。

38.4　项 目 实 施

【例 38-1】　球阀测绘。

1. 了解和分析部件

球阀是用于管道中启闭和调节流量的部件,因它的阀芯呈球形而得名。球阀由标准件和非标准件共 13 件组成,当扳手处于图 38-1 中的位置时,阀芯上的孔与阀盖连通,球阀处于全开状态,当扳手顺时针旋转 90°后,球阀处于关闭状态。

2. 拆卸部件

(1) 测量球阀的总体尺寸及相关的必要尺寸参数。

(2) 制定拆卸顺序,合理选用工具和正确的拆卸方法。

(3) 对拆下的零件分类、分组,并对所有零件进行编号登记。

图 38-2　球阀爆炸图

3. 画装配示意图

如图 38-3 所示,球阀装配示意图用简明的线条和规定符号示意地画出了球阀各零件之间的装配关系及大致轮廓。

在装配示意图中,要对每个零件标上序号及名称,明细栏中的序号编排要与装配图一致;编写装配图的图号和零件图的图号。

4. 测绘零件,画零件草图

(1) 画出零件的草图。

(2) 根据零件草图画装配图。

(3) 由装配图拆画零件图。

球阀阀盖立体图如图 38-4 所示。

5. 画装配图

球阀装配图如图 38-5 所示。

6. 画零件工作图

根据装配图及零件草图,用绘图工具或计算机画出全部零件工作图,如图 38-6 所示。

注意:在装配图中阀盖序号为 02,代号 GF-02,则零件图图号为 GF-02。

图 38-4　球阀阀盖立体图

技术要求

制造与验收技术条件应符合国家标准的规定。

序号	代号	名称	数量	材料	单件	总计	备注
					质量		
8	QF-08	填料垫		40Cr			
7	GB/T 6170—2015	螺母	4	Q235			M12
6	GB/T 897—1988	螺柱	4	35			M12×30
5	GF-05	调整垫	1	聚四氟乙烯			
4	GF-04	阀芯	1	40Cr			
3	GF-03	密封圈	2	聚四氟乙烯			
2	GF-02	阀盖	1	ZG25			
1	GF-01	阀体	1	ZG25			

				(单位名称)		
标记	处数	分区	更改文件号	签名	年,月,日	球阀
设计	(签名)	(日期)		(材料标记)		
审核			标准化	阶段标记	质量	比例
工艺			批准			1:1
				共　张　第　张		QF

图 38-3　球阀装配示意图

13	QF-13	扳手	1	ZG25
12	QF-12	阀杆	1	40Cr
11	QF-11	填料压紧套	1	35
10	QF-10	上填料	1	聚四氟乙烯
9	QF-09	中填料	1	聚四氟乙烯

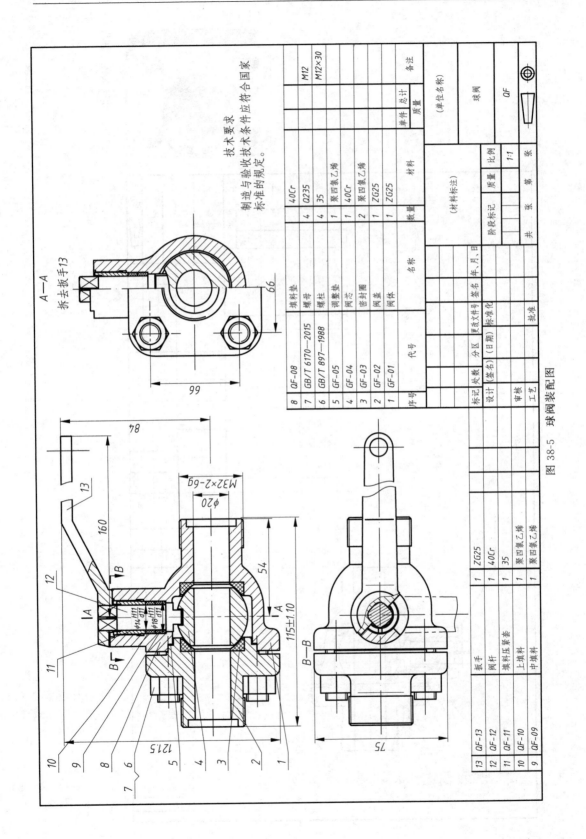

技术要求
制造与验收技术条件应符合国家标准的规定。

A—A
拆去扳手13

序号	代号	名称	数量	材料		单件	总计	备注
						质量		
8	QF-08	填料垫	4	40Cr				
7	GB/T 6170—2015	螺母	4	Q235				M12
6	GB/T 897—1988	螺柱	4	35				M12×30
5	GF-05	调整垫	1	聚四氯乙烯				
4	GF-04	阀芯	1	40Cr				
3	GF-03	密封圈	2	聚四氯乙烯				
2	GF-02	阀盖	1	ZG25				
1	GF-01	阀体	1	ZG25				
13	QF-13	扳手	1	ZG25				
12	QF-12	阀杆	1	40Cr				
11	QF-11	填料压紧套	1	35				
10	QF-10	上填料	1	聚四氯乙烯				
9	QF-09	中填料	1	聚四氯乙烯				

	标记	处数	分区	(日期) 年,月,日					(单位名称)
	设计	(签名)			标准化		阶段标记	质量	比例
									球阀
	审核								1:1
	工艺			批准		共 张 第 张			QF

图 38-5　球阀装配图

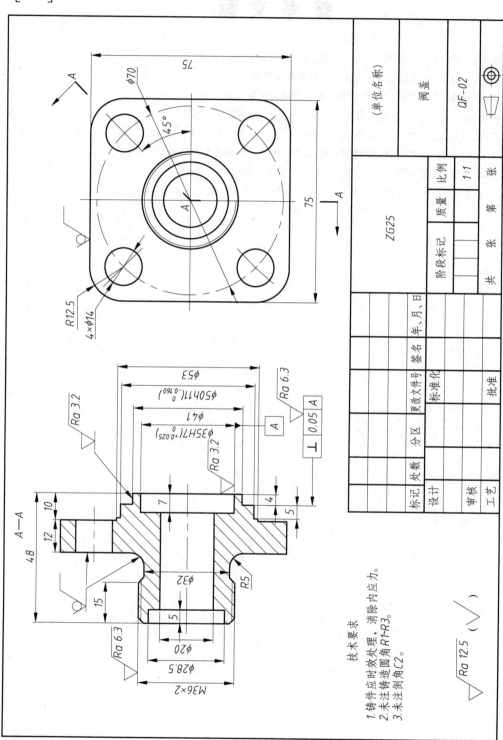

图 38-6　球阀阀盖零件图

参 考 文 献

[1]　董晓英,叶霞.现代工程图学[M].2 版.北京:清华大学出版社,2015.

[2]　赵大兴.工程制图[M].2 版.北京:高等教育出版社,2009.

[3]　李华,李锡蓉.机械制图项目化教程[M].北京:机械工业出版社,2019.

[4]　陆载涵,刘桂红,张哲.现代工程制图[M].北京:机械工业出版社,2013.

[5]　冯涓,杨惠英,王玉坤.机械制图[M].4 版.北京:清华大学出版社,2018.

[6]　钱可强,何铭新,徐祖茂.机械制图[M].7 版.北京:高等教育出版社,2015.

[7]　丁一,李奇敏.机械制图[M].2 版.北京:高等教育出版社,2020.

[8]　王兰美,殷昌贵.画法几何及工程制图[M].3 版.北京:机械工业出版社,2021.

附录 A 极限与配合

表 A.1 轴的优先及常用轴公差带极限偏差数值表（摘自 GB/T 1800.2—2020）

常用及优先公差带（带圈者为优先公差带）

μm

公称尺寸 /mm		a	b		c			d				e		
大于	至	11	11	12	9	10	⑪	8	⑨	10	11	7	8	9
—	3	-270 -330	-140 -200	-140 -240	-60 -85	-60 -100	-60 -120	-20 -34	-20 -45	-20 -60	-20 -80	-14 -24	-14 -28	-14 -39
3	6	-270 -345	-140 -215	-140 -260	-70 -100	-70 -118	-70 -145	-30 -48	-30 -60	-30 -78	-30 -105	-20 -32	-20 -38	-20 -50
6	10	-280 -370	-150 -240	-150 -300	-80 -116	-80 -138	-80 -170	-40 -62	-40 -79	-40 -98	-40 -130	-25 -40	-25 -47	-25 -61
10	14	-290 -400	-150 -260	-150 -330	-95 -138	-95 -165	-95 -205	-50 -77	-50 -93	-50 -120	-50 -160	-32 -50	-32 -59	-32 -75
14	18	-290 -400	-150 -260	-150 -330	-95 -138	-95 -165	-95 -205	-50 -77	-50 -93	-50 -120	-50 -160	-32 -50	-32 -59	-32 -75
18	24	-300 -430	-160 -290	-160 -370	-110 -162	-110 -194	-110 -240	-65 -98	-65 -117	-65 -149	-65 -195	-40 -61	-40 -73	-40 -92
24	30	-300 -430	-160 -290	-160 -370	-110 -162	-110 -194	-110 -240	-65 -98	-65 -117	-65 -149	-65 -195	-40 -61	-40 -73	-40 -92
30	40	-310 -470	-170 -330	-170 -420	-120 -182	-120 -220	-120 -280	-80 -119	-80 -142	-80 -180	-80 -240	-50 -75	-50 -89	-50 -112
40	50	-320 -480	-180 -340	-180 -430	-130 -192	-130 -230	-130 -290	-80 -119	-80 -142	-80 -180	-80 -240	-50 -75	-50 -89	-50 -112
50	65	-340 -530	-190 -380	-190 -490	-140 -214	-140 -260	-140 -330	-100 -146	-100 -174	-100 -220	-100 -290	-60 -90	-60 -106	-60 -134
65	80	-360 -550	-200 -390	-200 -500	-150 -224	-150 -270	-150 -340	-100 -146	-100 -174	-100 -220	-100 -290	-60 -90	-60 -106	-60 -134

续表

常用及优先公差带（带圈者为优先公差带）

公称尺寸/mm		a	b		c			d				e		
大于	至	11	11	12	9	10	⑪	8	⑨	10	11	7	8	9
80	100	−380 −600	−200 −440	−220 −570	−170 −257	−170 −310	−170 −390	−120 −174	−120 −207	−120 −260	−120 −340	−72 −109	−72 −126	−72 −159
100	120	−410 −630	−240 −460	−240 −590	−180 −267	−180 −320	−180 −400	−120 −174	−120 −207	−120 −260	−120 −340	−72 −109	−72 −126	−72 −159
120	140	−460 −710	−260 −510	−260 −660	−200 −300	−200 −360	−200 −450	−145 −208	−145 −245	−145 −305	−145 −395	−85 −125	−85 −148	−85 −185
140	160	−520 −770	−280 −530	−280 −680	−210 −310	−210 −370	−210 −460	−145 −208	−145 −245	−145 −305	−145 −395	−85 −125	−85 −148	−85 −185
160	180	−580 −830	−310 −560	−310 −710	−230 −330	−230 −390	−230 −480	−145 −208	−145 −245	−145 −305	−145 −395	−85 −125	−85 −148	−85 −185
180	200	−660 −950	−340 −630	−340 −800	−240 −355	−240 −425	−240 −530	−170 −242	−170 −285	−170 −355	−170 −460	−100 −146	−100 −172	−100 −215
200	225	−740 −1030	−380 −670	−380 −840	−260 −375	−260 −445	−260 −550	−170 −242	−170 −285	−170 −355	−170 −460	−100 −146	−100 −172	−100 −215
225	250	−820 −1110	−420 −710	−420 −880	−280 −395	−280 −465	−280 −570	−170 −242	−170 −285	−170 −355	−170 −460	−100 −146	−100 −172	−100 −215
250	280	−920 −1240	−480 −800	−480 −1000	−300 −430	−300 −510	−300 −620	−190 −271	−190 −320	−190 −400	−190 −510	−110 −162	−110 −191	−110 −240
280	315	−1050 −1370	−540 −860	−540 −1060	−330 −460	−330 −540	−330 −650	−190 −271	−190 −320	−190 −400	−190 −510	−110 −162	−110 −191	−110 −240
315	355	−1200 −1560	−600 −960	−600 −1170	−360 −500	−360 −590	−360 −720	−210 −299	−210 −350	−210 −440	−210 −570	−125 −182	−125 −214	−125 −265
355	400	−1350 −1710	−680 −1040	−680 −1250	−400 −540	−400 −630	−400 −760	−210 −299	−210 −350	−210 −440	−210 −570	−125 −182	−125 −214	−125 −265
400	450	−1500 −1900	−760 −1160	−760 −1390	−440 −595	−440 −690	−440 −840	−230 −327	−230 −385	−230 −480	−230 −630	−135 −198	−135 −232	−135 −290
450	500	−1650 −2050	−840 −1240	−840 −1470	−480 −635	−480 −730	−480 −880	−230 −327	−230 −385	−230 −480	−230 −630	−135 −198	−135 −232	−135 −290

续表

常用及优先公差带（带圈者为优先公差带）

公称尺寸/mm		f					g			h							
大于	至	5	6	⑦	8	9	5	⑥	7	5	⑥	⑦	8	⑨	10	⑪	12
—	3	−6/−10	−6/−12	−6/−16	−6/−20	−6/−31	−2/−6	−2/−8	−2/−12	0/−4	0/−6	0/−10	0/−14	0/−25	0/−40	0/−60	0/−100
3	6	−10/−18	−10/−22	−10/−22	−10/−28	−10/−40	−4/−9	−4/−12	−4/−16	0/−5	0/−8	0/−12	0/−18	0/−30	0/−48	0/−75	0/−120
6	10	−13/−19	−13/−25	−13/−28	−13/−35	−13/−49	−5/−11	−5/−14	−5/−20	0/−6	0/−9	0/−15	0/−22	0/−36	0/−58	0/−90	0/−150
10	14	−16/−24	−16/−27	−16/−34	−16/−43	−16/−59	−6/−14	−6/−17	−6/−24	0/−8	0/−11	0/−18	0/−27	0/−43	0/−70	0/−110	0/−180
14	18	−16/−24	−16/−27	−16/−34	−16/−43	−16/−59	−6/−14	−6/−17	−6/−24	0/−8	0/−11	0/−18	0/−27	0/−43	0/−70	0/−110	0/−180
18	24	−20/−29	−20/−33	−20/−41	−20/−53	−20/−72	−7/−16	−7/−20	−7/−28	0/−9	0/−13	0/−21	0/−33	0/−52	0/−84	0/−130	0/−210
24	30	−20/−29	−20/−33	−20/−41	−20/−53	−20/−72	−7/−16	−7/−20	−7/−28	0/−9	0/−13	0/−21	0/−33	0/−52	0/−84	0/−130	0/−210
30	40	−25/−36	−25/−41	−25/−50	−25/−64	−25/−87	−9/−20	−9/−25	−9/−34	0/−11	0/−16	0/−25	0/−39	0/−62	0/−100	0/−160	0/−250
40	50	−25/−36	−25/−41	−25/−50	−25/−64	−25/−87	−9/−20	−9/−25	−9/−34	0/−11	0/−16	0/−25	0/−39	0/−62	0/−100	0/−160	0/−250
50	65	−30/−43	−30/−49	−30/−60	−30/−76	−30/−104	−10/−23	−10/−29	−10/−40	0/−13	0/−19	0/−30	0/−46	0/−74	0/−120	0/−190	0/−300
65	80	−30/−43	−30/−49	−30/−60	−30/−76	−30/−104	−10/−23	−10/−29	−10/−40	0/−13	0/−19	0/−30	0/−46	0/−74	0/−120	0/−190	0/−300
80	100	−36/−51	−36/−58	−36/−71	−36/−90	−36/−123	−12/−27	−12/−34	−12/−47	0/−15	0/−22	0/−35	0/−54	0/−87	0/−140	0/−220	0/−350
100	120	−36/−51	−36/−58	−36/−71	−36/−90	−36/−123	−12/−27	−12/−34	−12/−47	0/−15	0/−22	0/−35	0/−54	0/−87	0/−140	0/−220	0/−350
120	140	−43/−61	−43/−68	−43/−83	−43/−106	−43/−143	−14/−32	−14/−39	−14/−54	0/−18	0/−25	0/−40	0/−63	0/−100	0/−160	0/−250	0/−400
140	160	−43/−61	−43/−68	−43/−83	−43/−106	−43/−143	−14/−32	−14/−39	−14/−54	0/−18	0/−25	0/−40	0/−63	0/−100	0/−160	0/−250	0/−400
160	180	−43/−61	−43/−68	−43/−83	−43/−106	−43/−143	−14/−32	−14/−39	−14/−54	0/−18	0/−25	0/−40	0/−63	0/−100	0/−160	0/−250	0/−400
180	200	−50/−70	−50/−79	−50/−96	−50/−122	−50/−165	−15/−35	−15/−44	−15/−61	0/−20	0/−29	0/−46	0/−72	0/−115	0/−185	0/−290	0/−460
200	225	−50/−70	−50/−79	−50/−96	−50/−122	−50/−165	−15/−35	−15/−44	−15/−61	0/−20	0/−29	0/−46	0/−72	0/−115	0/−185	0/−290	0/−460
225	250	−50/−70	−50/−79	−50/−96	−50/−122	−50/−165	−15/−35	−15/−44	−15/−61	0/−20	0/−29	0/−46	0/−72	0/−115	0/−185	0/−290	0/−460
250	280	−56/−79	−56/−88	−56/−108	−56/−137	−56/−186	−17/−40	−17/−49	−17/−69	0/−23	0/−32	0/−52	0/−81	0/−130	0/−210	0/−320	0/−520
280	315	−56/−79	−56/−88	−56/−108	−56/−137	−56/−186	−17/−40	−17/−49	−17/−69	0/−23	0/−32	0/−52	0/−81	0/−130	0/−210	0/−320	0/−520
315	355	−62/−87	−62/−98	−62/−119	−62/−151	−62/−202	−18/−43	−18/−54	−18/−75	0/−25	0/−36	0/−57	0/−89	0/−140	0/−230	0/−360	0/−570
355	400	−62/−87	−62/−98	−62/−119	−62/−151	−62/−202	−18/−43	−18/−54	−18/−75	0/−25	0/−36	0/−57	0/−89	0/−140	0/−230	0/−360	0/−570
400	450	−68/−95	−68/−108	−68/−131	−68/−165	−68/−223	−20/−47	−20/−60	−20/−83	0/−27	0/−40	0/−63	0/−97	0/−155	0/−250	0/−400	0/−630
450	500	−68/−95	−68/−108	−68/−131	−68/−165	−68/−223	−20/−47	−20/−60	−20/−83	0/−27	0/−40	0/−63	0/−97	0/−155	0/−250	0/−400	0/−630

续表

常用及优先公差带（带圈者为优先公差带）

公称尺寸/mm		js			k			m			n			p		
大于	至	5	⑥	7	5	⑥	7	5	6	7	5	⑥	7	5	⑥	7
—	3	±2	±3	±5	+4/0	+6/0	+10/0	+6/+2	+8/+2	+12/+2	+8/+4	+10/+4	+14/+4	+10/+6	+12/+6	+16/+6
3	6	±2.5	±4	±6	+6/+1	+9/+1	+13/+1	+9/+4	+12/+4	+16/+4	+13/+8	+16/+8	+20/+8	+17/+12	+20/+12	+24/+12
6	10	±3	±4.5	±7	+7/+1	+10/+1	+16/+1	+12/+6	+15/+6	+21/+6	+16/+10	+19/+10	+25/+10	+21/+15	+24/+15	+30/+15
10	14	±4	±5.5	±9	+9/+1	+12/+1	+19/+1	+15/+7	+18/+7	+25/+7	+20/+12	+23/+12	+30/+12	+26/+18	+29/+18	+36/+18
14	18	±4	±5.5	±9	+9/+1	+12/+1	+19/+1	+15/+7	+18/+7	+25/+7	+20/+12	+23/+12	+30/+12	+26/+18	+29/+18	+36/+18
18	24	±4.5	±6.5	±10	+11/+2	+15/+2	+23/+2	+17/+8	+21/+8	+29/+8	+24/+15	+28/+15	+36/+15	+31/+22	+35/+22	+43/+22
24	30	±4.5	±6.5	±10	+11/+2	+15/+2	+23/+2	+17/+8	+21/+8	+29/+8	+24/+15	+28/+15	+36/+15	+31/+22	+35/+22	+43/+22
30	40	±5.5	±8	±12	+13/+2	+18/+2	+27/+2	+20/+9	+25/+9	+34/+9	+28/+17	+33/+17	+42/+17	+37/+26	+42/+26	+51/+26
40	50	±5.5	±8	±12	+13/+2	+18/+2	+27/+2	+20/+9	+25/+9	+34/+9	+28/+17	+33/+17	+42/+17	+37/+26	+42/+26	+51/+26
50	65	±6.5	±9.5	±15	+15/+2	+21/+2	+32/+2	+24/+11	+30/+11	+41/+11	+33/+20	+39/+20	+50/+20	+45/+32	+51/+32	+62/+32
65	80	±6.5	±9.5	±15	+15/+2	+21/+2	+32/+2	+24/+11	+30/+11	+41/+11	+33/+20	+39/+20	+50/+20	+45/+32	+51/+32	+62/+32
80	100	±7.5	±11	±17	+18/+3	+25/+3	+38/+3	+28/+13	+35/+13	+48/+13	+38/+23	+45/+23	+58/+23	+52/+37	+59/+37	+72/+37
100	120	±7.5	±11	±17	+18/+3	+25/+3	+38/+3	+28/+13	+35/+13	+48/+13	+38/+23	+45/+23	+58/+23	+52/+37	+59/+37	+72/+37
120	140	±9	±12.5	±20	+21/+3	+28/+3	+43/+3	+33/+15	+40/+15	+55/+15	+45/+27	+52/+27	+67/+27	+61/+43	+68/+43	+83/+43
140	160	±9	±12.5	±20	+21/+3	+28/+3	+43/+3	+33/+15	+40/+15	+55/+15	+45/+27	+52/+27	+67/+27	+61/+43	+68/+43	+83/+43
160	180	±9	±12.5	±20	+21/+3	+28/+3	+43/+3	+33/+15	+40/+15	+55/+15	+45/+27	+52/+27	+67/+27	+61/+43	+68/+43	+83/+43
180	200	±10	±14.5	±23	+24/+4	+33/+4	+50/+4	+37/+17	+46/+17	+63/+17	+51/+31	+60/+31	+77/+31	+70/+50	+79/+50	+96/+50
200	225	±10	±14.5	±23	+24/+4	+33/+4	+50/+4	+37/+17	+46/+17	+63/+17	+51/+31	+60/+31	+77/+31	+70/+50	+79/+50	+96/+50
225	250	±10	±14.5	±23	+24/+4	+33/+4	+50/+4	+37/+17	+46/+17	+63/+17	+51/+31	+60/+31	+77/+31	+70/+50	+79/+50	+96/+50
250	280	±11.5	±16	±26	+27/+4	+36/+4	+56/+4	+43/+20	+52/+20	+72/+20	+57/+34	+66/+34	+86/+34	+79/+56	+88/+56	+108/+56
280	315	±11.5	±16	±26	+27/+4	+36/+4	+56/+4	+43/+20	+52/+20	+72/+20	+57/+34	+66/+34	+86/+34	+79/+56	+88/+56	+108/+56
315	355	±12.5	±18	±28	+29/+4	+40/+4	+61/+4	+46/+21	+57/+21	+78/+21	+62/+37	+73/+37	+94/+37	+87/+62	+98/+62	+119/+62
355	400	±12.5	±18	±28	+29/+4	+40/+4	+61/+4	+46/+21	+57/+21	+78/+21	+62/+37	+73/+37	+94/+37	+87/+62	+98/+62	+119/+62
400	450	±13.5	±20	±31	+32/+5	+45/+5	+68/+5	+50/+23	+63/+23	+86/+23	+67/+40	+80/+40	+103/+40	+95/+68	+108/+68	+131/+68
450	500	±13.5	±20	±31	+32/+5	+45/+5	+68/+5	+50/+23	+63/+23	+86/+23	+67/+40	+80/+40	+103/+40	+95/+68	+108/+68	+131/+68

续表

常用及优先公差带（带圈者为优先公差带）

公称尺寸/mm		r			s			t			u		v	x	y	z
大于	至	5	6	7	5	⑥	7	5	6	7	⑥	7	6	6	6	6
—	3	+14/+10	+16/+10	+20/+10	+18/+14	+20/+14	+24/+14	—	—	—	+24/+18	+28/+18	—	+26/+20	—	+32/+26
3	6	+20/+15	+23/+15	+27/+15	+24/+19	+27/+19	+31/+19	—	—	—	+31/+23	+35/+23	—	+36/+28	—	+43/+35
6	10	+25/+19	+28/+19	+34/+19	+29/+23	+32/+23	+38/+23	—	—	—	+37/+28	+43/+28	—	+43/+34	—	+51/+42
10	14	+31/+23	+34/+23	+41/+23	+36/+28	+39/+28	+46/+28	—	—	—	+44/+33	+51/+33	—	+51/+40	—	+61/+50
14	18	+31/+23	+34/+23	+41/+23	+36/+28	+39/+28	+46/+28	—	—	—	+44/+33	+51/+33	+50/+39	+56/+45	—	+71/+60
18	24	+37/+28	+41/+28	+49/+28	+44/+35	+48/+35	+56/+35	—	—	—	+54/+41	+62/+41	+60/+47	+67/+54	+76/+63	+86/+73
24	30	+37/+28	+41/+28	+49/+28	+44/+35	+48/+35	+56/+35	+50/+41	+54/+41	+62/+41	+61/+48	+69/+48	+68/+55	+77/+64	+88/+75	+101/+88
30	40	+45/+34	+50/+34	+59/+34	+54/+43	+59/+43	+68/+43	+59/+48	+64/+48	+73/+48	+76/+60	+85/+60	+84/+68	+96/+80	+110/+94	+128/+112
40	50	+45/+34	+50/+34	+59/+34	+54/+43	+59/+43	+68/+43	+65/+54	+70/+54	+79/+54	+86/+70	+95/+70	+97/+81	+113/+97	+130/+114	+152/+136
50	65	+54/+41	+60/+41	+71/+41	+66/+53	+72/+53	+83/+53	+79/+66	+85/+66	+96/+66	+106/+87	+117/+87	+121/+102	+141/+122	+163/+144	+191/+172
65	80	+56/+43	+62/+43	+73/+43	+72/+59	+78/+59	+89/+59	+88/+75	+94/+75	+105/+75	+121/+102	+132/+102	+139/+120	+165/+146	+193/+174	+229/+210
80	100	+66/+51	+73/+51	+86/+51	+86/+71	+93/+71	+106/+71	+106/+91	+113/+91	+126/+91	+146/+124	+159/+124	+168/+146	+200/+178	+236/+214	+280/+258

续表

常用及优先公差带（带圈者为优先公差带）

公称尺寸/mm		r			s			t		u		v	x	y	z
大于	至	5	6	7	5	⑥	7	6	7	⑥	7	6	6	6	6
100	120	+69	+76	+89	+94	+101	+114	+126	+136	+166	+179	+194	+232	+276	+332
		+54	+54	+54	+79	+79	+79	+104	+104	+144	+144	+172	+210	+254	+310
120	140	+81	+88	+103	+110	+117	+132	+147	+162	+195	+210	+227	+273	+325	+390
		+63	+63	+63	+92	+92	+92	+122	+122	+170	+170	+202	+248	+300	+365
140	160	+83	+90	+105	+118	+125	+140	+159	+174	+215	+230	+253	+305	+365	+440
		+65	+65	+65	+100	+100	+100	+134	+134	+190	+190	+228	+280	+340	+415
160	180	+86	+93	+108	+126	+133	+148	+171	+186	+235	+250	+277	+335	+405	+490
		+68	+68	+68	+108	+108	+108	+146	+146	+210	+210	+252	+310	+380	+465
180	200	+97	+106	+123	+142	+151	+168	+195	+212	+265	+282	+313	+379	+454	+549
		+77	+77	+77	+122	+122	+122	+166	+166	+236	+236	+284	+350	+425	+520
200	225	+100	+109	+126	+150	+159	+176	+209	+226	+287	+304	+339	+414	+499	+604
		+80	+80	+80	+130	+130	+130	+180	+180	+258	+258	+310	+385	+470	+575
225	250	+104	+113	+130	+160	+169	+186	+225	+242	+313	+330	+369	+454	+549	+669
		+84	+84	+84	+140	+140	+140	+196	+196	+284	+284	+340	+425	+520	+640
250	280	+117	+126	+146	+181	+190	+210	+250	+270	+347	+367	+417	+507	+612	+742
		+94	+94	+94	+158	+158	+158	+218	+218	+315	+315	+385	+475	+580	+710
280	315	+121	+130	+150	+193	+202	+222	+272	+292	+382	+402	+457	+557	+682	+822
		+98	+98	+98	+170	+170	+170	+240	+240	+350	+350	+425	+525	+650	+790
315	355	+133	+144	+165	+215	+226	+247	+304	+325	+426	+447	+511	+626	+766	+936
		+108	+108	+108	+190	+190	+190	+268	+268	+390	+390	+475	+590	+730	+900
355	400	+139	+150	+171	+233	+244	+265	+330	+351	+471	+492	+566	+696	+856	+1036
		+114	+114	+114	+208	+208	+208	+294	+294	+435	+435	+530	+660	+820	+1000
400	450	+153	+166	+189	+259	+272	+295	+370	+393	+530	+553	+635	+780	+960	+1140
		+126	+126	+126	+232	+232	+232	+330	+330	+490	+490	+595	+740	+920	+1100
450	500	+159	+172	+195	+279	+292	+315	+400	+423	+580	+603	+700	+860	+1040	+1290
		+132	+132	+132	+252	+252	+252	+360	+360	+540	+540	+660	+820	+1000	+1250

表 A.2　孔的优先及常用公差带极限偏差数值表（摘自 GB/T 1800.2—2020）

单位：μm

常用及优先公差带（带圈者为优先公差带）

公称尺寸/mm 大于	至	A 11	B 11	B 12	C ⑪	D 8	D ⑨	D 10	D 11	E 8	E 9	F 6	F 7	F ⑧	F 9
—	3	+330 +270	+200 +140	+240 +140	+120 +60	+34 +20	+45 +20	+60 +20	+80 +20	+28 +14	+39 +14	+12 +6	+16 +6	+20 +6	+31 +6
3	6	+345 +270	+215 +140	+260 +140	+145 +70	+48 +30	+60 +30	+78 +30	+105 +30	+38 +20	+50 +20	+18 +10	+22 +10	+28 +10	+40 +10
6	10	+370 +280	+240 +150	+300 +150	+170 +80	+62 +40	+76 +40	+98 +40	+130 +40	+47 +25	+61 +25	+22 +13	+28 +13	+35 +13	+49 +13
10	14	+400 +290	+260 +150	+330 +150	+205 +95	+77 +50	+93 +50	+120 +50	+160 +50	+59 +32	+75 +32	+27 +16	+34 +16	+43 +16	+59 +16
14	18	+400 +290	+260 +150	+330 +150	+205 +95	+77 +50	+93 +50	+120 +50	+160 +50	+59 +32	+75 +32	+27 +16	+34 +16	+43 +16	+59 +16
18	24	+430 +300	+290 +160	+370 +160	+240 +110	+98 +65	+117 +65	+149 +65	+195 +65	+73 +40	+92 +40	+33 +20	+41 +20	+53 +20	+72 +20
24	30	+430 +300	+290 +160	+370 +160	+240 +110	+98 +65	+117 +65	+149 +65	+195 +65	+73 +40	+92 +40	+33 +20	+41 +20	+53 +20	+72 +20
30	40	+470 +310	+330 +170	+420 +170	+280 +120	+119 +80	+142 +80	+180 +80	+240 +80	+89 +50	+112 +50	+41 +25	+50 +25	+64 +25	+87 +25
40	50	+480 +320	+340 +180	+430 +180	+290 +130	+119 +80	+142 +80	+180 +80	+240 +80	+89 +50	+112 +50	+41 +25	+50 +25	+64 +25	+87 +25
50	65	+530 +340	+380 +190	+490 +190	+330 +140	+146 +100	+174 +100	+220 +100	+290 +100	+106 +60	+134 +60	+49 +30	+60 +30	+76 +30	+104 +30
65	80	+550 +360	+390 +200	+500 +200	+340 +150	+146 +100	+174 +100	+220 +100	+290 +100	+106 +60	+134 +60	+49 +30	+60 +30	+76 +30	+104 +30
80	100	+600 +380	+440 +220	+570 +220	+390 +170	+174 +120	+207 +120	+260 +120	+340 +120	+126 +72	+159 +72	+58 +36	+71 +36	+90 +36	+123 +36
100	120	+630 +410	+460 +240	+590 +240	+400 +180	+174 +120	+207 +120	+260 +120	+340 +120	+126 +72	+159 +72	+58 +36	+71 +36	+90 +36	+123 +36

常用及优先公差带（带圈者为优先公差带）

公称尺寸/mm		A	B		C	D				E		F			
大于	至	11	11	12	⑪	8	⑨	10	11	8	9	6	7	⑧	9
120	140	+710 +460	+510 +260	+660 +260	+450 +200	+208 +145	+245 +145	+305 +145	+395 +145	+148 +85	+185 +85	+68 +43	+83 +43	+106 +43	+143 +43
140	160	+770 +520	+530 +280	+680 +280	+460 +210										
160	180	+830 +580	+560 +310	+710 +310	+480 +230										
180	200	+950 +660	+630 +340	+800 +340	+530 +240	+242 +170	+285 +170	+355 +170	+460 +170	+172 +100	+215 +100	+79 +50	+96 +50	+122 +50	+165 +50
200	225	+1030 +740	+670 +380	+840 +380	+550 +260										
225	250	+1110 +820	+710 +420	+880 +420	+570 +280										
250	280	+1240 +920	+800 +480	+1000 +480	+620 +300	+271 +190	+320 +190	+400 +190	+510 +190	+191 +110	+240 +110	+88 +56	+108 +56	+137 +56	+186 +56
280	315	+1370 +1050	+860 +540	+1060 +540	+650 +330										
315	355	+1560 +1200	+960 +600	+1170 +600	+720 +360	+299 +210	+350 +210	+440 +210	+570 +210	+214 +125	+265 +125	+98 +62	+119 +62	+151 +62	+202 +62
355	400	+1710 +1350	+1040 +680	+1250 +680	+760 +400										
400	450	+1900 +1500	+1160 +760	+1390 +760	+840 +440	+327 +230	+385 +230	+480 +230	+630 +230	+232 +135	+290 +135	+108 +68	+131 +68	+165 +68	+223 +68
450	500	+2050 +1650	+1240 +840	+1470 +840	+880 +480										

续表

常用及优先公差带（带圈者为优先公差带）

公称尺寸/mm		G		H							JS			K			M		
大于	至	6	⑦	6	⑦	8	⑨	10	⑪	12	6	7	8	6	⑦	8	6	7	8
—	3	+8 +2	+12 +2	+6 0	+10 0	+14 0	+25 0	+40 0	+60 0	+100 0	±3	±5	±7	0 −6	0 −10	0 −14	−2 −8	−2 −12	−2 −16
3	6	+12 +4	+16 +4	+8 0	+12 0	+18 0	+30 0	+48 0	+75 0	+120 0	±4	±6	±9	+2 −6	+3 −9	+5 −13	−1 −9	0 −12	+2 −16
6	10	+14 +5	+20 +5	+9 0	+15 0	+22 0	+36 0	+58 0	+90 0	+150 0	±4.5	±7	±11	+2 −7	+5 −10	+6 −16	−3 −12	0 −15	+1 −21
10	14	+17 +6	+24 +6	+11 0	+18 0	+27 0	+43 0	+70 0	+110 0	+180 0	±5.5	±9	±13	+2 −9	+6 −12	+8 −19	−4 −15	0 −18	+2 −25
14	18																		
18	24	+20 +7	+28 +7	+13 0	+21 0	+33 0	+52 0	+84 0	+130 0	+210 0	±6.5	±10	±16	+2 −11	+6 −15	+10 −23	−4 −17	0 −21	+4 −29
24	30																		
30	40	+25 +9	+34 +9	+16 0	+25 0	+39 0	+62 0	+100 0	+160 0	+250 0	±8	±12	±19	+3 −13	+7 −18	+12 −27	−4 −20	0 −25	+5 −34
40	50																		
50	65	+29 +10	+40 +10	+19 0	+30 0	+46 0	+74 0	+120 0	+190 0	+300 0	±9.5	±15	±23	+4 −15	+9 −21	+14 −32	−5 −24	0 −30	+5 −41
65	80																		
80	100	+34 +12	+47 +12	+22 0	+35 0	+54 0	+87 0	+140 0	+220 0	+350 0	±11	±17	±27	+4 −18	+10 −25	+16 −38	−6 −28	0 −35	+6 −48
100	120																		
120	140	+39 +14	+54 +14	+25 0	+40 0	+63 0	+100 0	+160 0	+250 0	+400 0	±12.5	±20	±31	+4 −21	+12 −28	+20 −43	−8 −33	0 −40	+8 −55
140	160																		
160	180																		
180	200	+44 +15	+61 +15	+29 0	+46 0	+72 0	+115 0	+185 0	+290 0	+460 0	±14.5	±23	±36	+5 −24	+13 −33	+22 −50	−8 −37	0 −46	+9 −63
200	225																		
225	250																		
250	280	+49 +17	+69 +17	+32 0	+52 0	+81 0	+130 0	+210 0	+320 0	+520 0	±16	±26	±40	+5 −27	+16 −36	+25 −56	−9 −41	0 −52	+9 −72
280	315																		
315	355	+54 +18	+75 +18	+36 0	+57 0	+89 0	+140 0	+230 0	+360 0	+570 0	±18	±28	±44	+7 −29	+17 −40	+28 −61	−10 −46	0 −57	+11 −78
355	400																		
400	450	+60 +20	+83 +20	+40 0	+63 0	+97 0	+155 0	+250 0	+400 0	+630 0	±20	±31	±48	+8 −32	+18 −45	+29 −68	−10 −50	0 −63	+11 −86
450	500																		

续表

常用及优先公差带（带圈者为优先公差带）

公称尺寸/mm		N			P		R		S		T		U
大于	至	6	⑦	8	6	⑦	6	7	6	⑦	6	7	⑦
—	3	-4/-10	-4/-14	-4/-18	-6/-12	-6/-16	-10/-16	-10/-20	-14/-20	-14/-24	—	—	-18/-28
3	6	-5/-13	-4/-16	-2/-20	-9/-17	-8/-20	-12/-20	-11/-23	-16/-24	-16/-27	—	—	-19/-31
6	10	-7/-16	-4/-19	-3/-25	-12/-21	-9/-24	-16/-25	-13/-28	-20/-29	-17/-32	—	—	-22/-37
10	14	-9/-20	-5/-23	-3/-30	-15/-26	-11/-29	-20/-31	-16/-34	-25/-36	-21/-39	—	—	-26/-44
14	18	-9/-20	-5/-23	-3/-30	-15/-26	-11/-29	-20/-31	-16/-34	-25/-36	-21/-39	—	—	-33/-54
18	24	-11/-24	-7/-28	-3/-36	-18/-31	-14/-35	-24/-37	-20/-41	-31/-44	-27/-48	—	—	-33/-54
24	30	-11/-24	-7/-28	-3/-36	-18/-31	-14/-35	-24/-37	-20/-41	-31/-44	-27/-48	-37/-50	-33/-54	-40/-61
30	40	-12/-28	-8/-33	-3/-42	-21/-37	-17/-42	-29/-45	-25/-50	-38/-54	-34/-59	-43/-59	-39/-64	-51/-76
40	50	-12/-28	-8/-33	-3/-42	-21/-37	-17/-42	-29/-45	-25/-50	-38/-54	-34/-59	-49/-65	-45/-70	-61/-86
50	65	-14/-33	-9/-39	-4/-50	-26/-45	-21/-51	-35/-54	-30/-60	-47/-66	-42/-72	-60/-79	-55/-85	-76/-106
65	80	-14/-33	-9/-39	-4/-50	-26/-45	-21/-51	-37/-56	-32/-62	-53/-72	-48/-78	-69/-88	-64/-94	-91/-121
80	100	-16/-38	-10/-45	-4/-58	-30/-52	-24/-59	-44/-66	-38/-73	-64/-86	-58/-93	-84/-106	-78/-113	-111/-146
100	120	-16/-38	-10/-45	-4/-58	-30/-52	-24/-59	-47/-69	-41/-76	-72/-94	-66/-101	-97/-119	-91/-126	-131/-166

续表

常用及优先公差带（带圈者为优先公差带）

公称尺寸/mm		N 6	N ⑦	N 8	P 6	P ⑦	R 6	R 7	S 6	S ⑦	T 6	T 7	U ⑦
大于	至												
120	140	−20 / −45	−12 / −52	−4 / −67	−36 / −61	−28 / −68	−56 / −81	−48 / −88	−85 / −110	−77 / −117	−115 / −140	−107 / −147	−155 / −195
140	160						−58 / −83	−50 / −90	−93 / −118	−85 / −125	−127 / −152	−119 / −159	−175 / −215
160	180						−61 / −86	−53 / −93	−101 / −126	−93 / −133	−139 / −164	−131 / −171	−195 / −235
180	200	−22 / −51	−14 / −60	−5 / −77	−41 / −70	−33 / −79	−68 / −97	−60 / −106	−113 / −142	−105 / −151	−157 / −186	−149 / −195	−219 / −265
200	225						−71 / −100	−63 / −109	−121 / −150	−113 / −159	−171 / −200	−163 / −209	−241 / −287
225	250						−75 / −104	−67 / −113	−131 / −160	−123 / −169	−187 / −216	−179 / −225	−267 / −313
250	280	−25 / −57	−14 / −66	−5 / −86	−47 / −79	−36 / −88	−85 / −117	−74 / −126	−149 / −181	−138 / −190	−209 / −241	−198 / −250	−295 / −347
280	315						−89 / −121	−78 / −130	−161 / −193	−150 / −202	−231 / −263	−220 / −272	−330 / −382
315	355	−26 / −62	−16 / −73	−5 / −94	−51 / −87	−41 / −98	−97 / −133	−87 / −144	−179 / −215	−169 / −226	−257 / −293	−247 / −304	−369 / −426
355	400						−103 / −139	−93 / −150	−197 / −233	−187 / −244	−283 / −319	−273 / −330	−414 / −471
400	450	−27 / −67	−17 / −80	−6 / −103	−55 / −95	−45 / −108	−113 / −153	−103 / −166	−219 / −259	−209 / −272	−317 / −357	−307 / −370	−467 / −530
450	500						−119 / −159	−109 / −172	−239 / −279	−229 / −279	−347 / −387	−337 / −400	−517 / −580

表 A.3　标准公差数值表(摘自 GB/T 1800.1—2020)

公称尺寸/mm		标准公差等级																	
大于	至	IT1	IT2	IT3	IT4	IT5	IT6	IT7	IT8	IT9	IT10	IT11	IT12	IT13	IT14	IT15	IT16	IT17	IT18
		μm											mm						
—	3	0.8	1.2	2	3	4	6	10	14	25	40	60	0.1	0.14	0.25	0.4	0.6	1	1.4
3	6	1	1.5	2.5	4	5	8	12	18	30	48	75	0.12	0.18	0.3	0.48	0.75	1.2	1.8
6	10	1	1.5	2.5	4	6	9	15	22	36	58	90	0.15	0.22	0.36	0.58	0.9	1.5	2.2
10	18	1.2	2	3	5	8	11	18	27	43	70	110	0.18	0.27	0.43	0.7	1.1	1.8	2.7
18	30	1.5	2.5	4	6	9	13	21	33	52	84	130	0.21	0.33	0.52	0.84	1.3	2.1	3.3
30	50	1.5	2.5	4	7	11	16	25	39	62	100	160	0.25	0.39	0.62	1	1.6	2.5	3.9
50	80	2	3	5	8	13	19	30	46	74	120	190	0.3	0.46	0.74	1.2	1.9	3	4.6
80	120	2.5	4	6	10	15	22	35	54	87	140	220	0.35	0.54	0.87	1.4	2.2	3.5	5.4
120	180	3.5	5	8	12	18	25	40	63	100	160	250	0.4	0.63	1	1.6	2.5	4	6.3
180	250	4.5	7	10	14	20	29	46	72	115	185	290	0.46	0.72	1.15	1.85	2.9	4.6	7.2
250	315	6	8	12	16	23	32	52	81	130	210	320	0.52	0.81	1.3	2.1	3.2	5.2	8.1
315	400	7	9	13	18	25	36	57	89	140	230	360	0.57	0.89	1.4	2.3	3.6	5.7	8.9
400	500	8	10	15	20	27	40	63	97	155	250	400	0.63	0.97	1.55	2.5	4	6.3	9.7
500	630	9	11	16	22	32	44	70	110	175	280	440	0.7	1.1	1.75	2.8	4.4	7	11
630	800	10	13	18	25	36	50	80	125	200	320	500	0.8	1.25	2	3.2	5	8	12.5
800	1000	11	15	21	28	40	56	90	140	230	360	560	0.9	1.4	2.3	3.6	5.6	9	14
1000	1250	13	18	24	33	47	66	105	165	260	420	660	1.05	1.65	2.6	4.2	6.6	10.5	16.5
1250	1600	15	21	29	39	55	78	125	195	310	500	780	1.25	1.95	3.1	5	7.8	12.5	19.5
1600	2000	18	25	35	46	65	92	150	230	370	600	920	1.5	2.3	3.7	6	9.2	15	23
2000	2500	22	30	41	55	78	110	175	280	440	700	1100	1.75	2.8	4.4	7	11	17.5	28
2500	3150	26	36	50	68	96	135	210	330	540	860	1350	2.1	3.3	5.4	8.6	13.5	21	33

附录 B   常用螺纹

1. 普通螺纹（摘自 GB/T 193—2003、GB/T 196—2003）

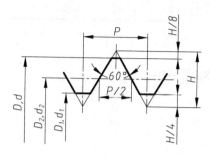

$$H = \frac{\sqrt{3}}{2} P$$

标记示例

M24：公称直径为 24 mm 的粗牙普通螺纹。

M24×15：公称直径为 24 mm，螺距为 1.5 mm 的细牙普通螺纹。

表 B.1   普通螺纹直径、螺距和基本尺寸

mm

公称直径 D、d		螺距 P		粗牙小径 D_1、d_1	公称直径 D、d		螺距 P		粗牙小径 D_1、d_1
第一系列	第二系列	粗牙	细牙		第一系列	第二系列	粗牙	细牙	
3		0.5	0.35	2.459		22	2.5	2,1.5,1,(0.75),(0.5)	19.294
	3.5	0.6		2.850	24		3	2,1.5,1,(0.75)	20.752
4		0.7	0.5	3.242		27	3	2,1.5,1,(0.75)	23.752
	4.5	0.75		3.688	30		3.5	(3),2,1.5,1,(0.75)	26.211
5		0.8		4.134		33	3.5	(3),2,1.5,(1),(0.75)	29.211
6		1	0.75,(0.5)	4.917	36		4	3,2,1.5,(1)	31.670
8		1.25	1,0.75,(0.5)	6.647		39	4		34.670
10		1.5	1.25,1,0.75,(0.5)	8.376	42		4.5	(4),3,2,1.5,(1)	37.129
12		1.75	1.5,1.25,1,(0.75),(0.5)	10.106		45	4.5		40.129
	14	2	1.5,(1.25),1,(0.75),(0.5)	11.835	48		5		42.87
16		2	1.5,1,(0.75),(0.5)	13.835		52	5	4,3,2,1.5,(1)	46.587
	18	2.5	2,1.5,1,(0.75),(0.5)	15.294	56		5.5		50.046
20		2.5		17.294					

注：① 优先选用第一系列，括号内的尺寸尽可能不用。第三系列未列入。

② 中径 D_2、d_2 未列入。

表 B.2　细牙普通螺纹的螺距与小径的关系　　　　　　　　　　mm

螺 距 P	小径 D_1、d_1	螺 距 P	小径 D_1、d_1	螺 距 P	小径 D_1、d_1
0.35	$d-1+0.621$	1.00	$d-2+0.918$	2.00	$d-3+0.835$
0.50	$d-1+0.459$	1.25	$d-2+0.647$	3.00	$d-4+0.752$
0.75	$d-1+0.188$	1.50	$d-2+0.376$	4.00	$d-5+0.670$

注：表中的小径按 $D_1=d_1=d-2\times\dfrac{5}{8}H$，$H=\dfrac{\sqrt{3}}{2}P$ 计算得出。

2. 梯形螺纹（摘自 GB/T 5796.2—2022、GB/T 5796.3—2022）

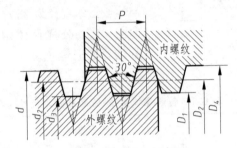

表 B.3　梯形螺纹直径、螺距和基本尺寸　　　　　　　　　　mm

公称直径 d 第一系列	公称直径 d 第二系列	螺距 P	中径 $d_2=D_2$	大径 D_4	小径 d_3	小径 D_1	公称直径 d 第一系列	公称直径 d 第二系列	螺距 P	中径 $d_2=D_2$	大径 D_4	小径 d_3	小径 D_1
8		1.5	7.25	8.30	6.20	6.50		26	3	24.50	26.50	22.50	23.00
	9	1.5	8.25	9.30	7.20	7.50			5	23.50	26.50	20.50	21.00
		2	8.00	9.50	6.50	7.00			8	22.00	27.00	17.00	18.00
10		1.5	9.25	10.30	8.20	8.50	28		3	26.50	28.50	24.50	25.00
		2	9.00	10.50	7.50	8.00			5	25.50	28.50	22.50	23.00
	11	2	10.00	11.50	8.50	9.00			8	24.00	29.00	19.00	20.00
		3	9.50	11.50	7.50	8.00		30	3	28.50	30.50	26.50	29.00
12		2	11.00	12.50	9.50	10.00			6	27.00	31.00	23.00	24.00
		3	10.50	12.50	8.50	9.00			10	25.00	31.00	19.00	20.00
	14	2	13.00	14.50	11.50	12.00	32		3	30.50	32.50	28.50	29.00
		3	12.50	14.50	10.50	11.00			6	29.00	33.00	25.00	26.00
16		2	15.00	16.50	13.50	14.00			10	27.00	33.00	21.00	22.00
		4	14.00	16.50	11.50	12.00		34	3	32.50	34.50	30.50	31.00
	18	2	17.00	18.50	15.50	16.00			6	31.00	35.00	27.00	28.00
		4	16.00	18.50	13.50	14.00			10	29.00	35.00	23.00	24.00
20		2	19.00	20.50	17.50	18.00	36		3	34.50	36.50	32.50	33.00
		4	18.00	20.50	15.50	16.00			6	33.00	37.00	29.00	30.00
	22	3	20.50	22.50	18.50	19.00			10	31.00	37.00	25.00	26.00
		5	19.50	22.50	16.50	17.00		38	3	36.50	38.50	34.50	35.00
		8	18.00	23.00	13.00	14.00			7	34.50	39.00	30.00	31.00
24		3	22.50	24.50	20.50	21.00			10	33.00	39.00	27.00	28.00
		5	21.50	24.50	18.50	19.00	40		3	38.50	40.50	36.50	37.00
		8	20.00	25.00	15.00	16.00			7	36.50	41.00	32.00	33.00
									10	35.00	35.00	29.00	30.00

3. 55°非密封管螺纹（摘自 GB/T 7307—2001）

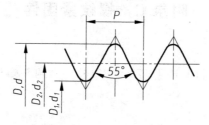

表 B.4　55°非密封管螺纹基本尺寸　　　　　　　　　　　　mm

尺寸代号	每 25.4 mm 内的牙数 n	螺距 P	基本直径	
			大径 D、d	小径 D_1、d_1
1/8	28	0.907	9.728	8.566
1/4	19	1.337	13.157	11.445
3/8	19	1.337	16.662	14.950
1/2	14	1.814	20.955	18.631
5/8	14	1.814	22.911	20.587
3/4	14	1.814	26.441	24.117
7/8	14	1.814	30.201	27.877
1	11	2.309	33.249	30.291
1⅛	11	2.309	37.897	34.939
1¼	11	2.309	41.910	38.952
1½	11	2.309	47.803	44.845
1¾	11	2.309	53.746	50.788
2	11	2.309	59.614	56.656
2¼	11	2.309	65.710	62.752
2½	11	2.309	75.184	72.226
2¾	11	2.309	81.534	78.576
3	11	2.309	87.884	84.926

附录 C 螺纹紧固件

1. 六角头螺栓

六角头螺栓——C 级(摘自 GB/T 5780—2016)   六角头螺栓——A 和 B 级(摘自 GB/T 5782—2016)

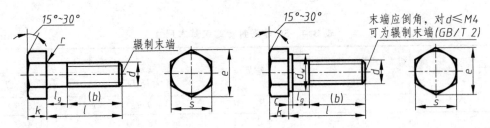

标记示例

螺纹规格 $d=$ M12、公称长度 $l=80$ mm、性能等级为 8.8 级,表面氧化、A 级的六角头螺栓,其标记为:

螺栓 GB/T 5782 M12×80

表 C.1 六角头螺栓各部分尺寸   mm

螺纹规格 d			M3	M4	M5	M6	M8	M10	M12	M16	M20	M24	M30	M36	M42
B 参考	$l \leqslant 125$		12	14	16	18	22	26	30	38	46	54	66	—	—
	$125 < l \leqslant 200$		18	20	22	24	28	32	36	44	52	60	72	84	96
	$l > 200$		31	33	35	37	41	45	49	57	65	73	85	97	109
C			0.4	0.4	0.5	0.5	0.6	0.6	0.6	0.8	0.8	0.8	0.8	0.8	1
d_w	产品等级	A	4.57	5.88	6.88	8.88	11.63	14.63	16.63	22.49	28.19	33.61	—	—	—
		A、B	4.45	5.74	6.74	8.74	11.47	14.47	16.47	22	27.7	33.25	42.75	51.11	59.95
e	产品等级	A	6.01	7.66	8.79	11.05	14.38	17.77	20.03	26.75	33.53	39.98	—	—	—
		B、C	5.88	7.50	8.63	10.89	14.20	17.59	19.85	26.17	32.95	39.55	50.85	60.79	72.02
k 公称			2	2.8	3.5	4	5.3	6.4	7.5	10	12.5	15	18.7	22.5	26
R			0.1	0.2	0.2	0.25	0.4	0.4	0.6	0.6	0.8	0.8	1	1	1.2
s 公称			5.5	7	8	10	13	16	18	24	30	36	46	55	65
l(商品规格范围)			20~30	25~40	25~50	30~60	40~80	45~100	50~120	65~160	80~200	90~240	110~300	140~360	160~440
l 系列			12,16,20,25,30,35,40,45,50,55,60,65,70,80,90,100,110,120,130,140,150,160,180,200,220,240,260,280,300,320,340,360,380,400,420,440,460,480,500												

注: ① A 级用于 $d \leqslant 24$ 和 $l \leqslant 10\,d$ 或 $\leqslant 150$ 的螺栓;

　　 B 级用于 $d > 24$ 和 $l > 10\,d$ 或 > 150 的螺栓。

② 螺纹规格 d 范围:GB/T 5780 为 M5~M64;GB/T 5782 为 M1.6~M64。

③ 公称长度范围:GB/T 5780 为 25~500;GB/T 5782 为 12~500。

2. 双头螺柱

双头螺柱——$b_m = 1\,d$（GB/T 897—1988）　双头螺柱——$b_m = 1.25\,d$（GB/T 898—1988）

双头螺柱——$b_m = 1.5\,d$（GB/T 899—1988）　双头螺柱——$b_m = 2\,d$（GB/T 900—1988）

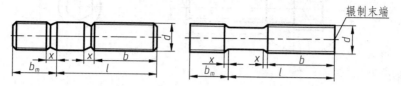

标记示例

两端均为粗牙普通螺纹、$d = 10$ mm、$l = 50$ mm、性能等级为 4.8 级、B 型、$b_m = 1\,d$ 的双头螺柱，其标记为：

螺柱　GB/T 897　M10×50

旋入端为粗牙普通螺纹、紧固端为螺距 $P = 1$ mm 的细牙普通螺纹、$d = 10$ mm、$l = 50$ mm、性能等级为 4.8 级、A 型、$b_m = 1\,d$ 的双头螺柱，其标记为：

螺柱 GB/T 897 AM10-M10×1×50

表 C.2　双头螺柱各部分尺寸　　　　　　　　　　　　mm

螺纹规格		M5	M6	M8	M10	M12	M16	M20	M24	M30	M36	M42
b_m (公称)	GB/T 897	5	6	8	10	12	16	20	24	30	36	42
	GB/T 898	6	8	10	12	15	20	25	30	38	45	52
	GB/T 899	8	10	12	15	18	24	30	36	45	54	65
	GB/T 900	10	12	16	20	24	32	40	48	60	72	84
d_s (max)		5	6	8	10	12	16	20	24	30	36	42
X (max)							2.5P					
$\dfrac{l}{b}$		$\dfrac{16\sim22}{10}$	$\dfrac{20\sim22}{10}$	$\dfrac{20\sim22}{12}$	$\dfrac{25\sim28}{14}$	$\dfrac{25\sim30}{16}$	$\dfrac{30\sim38}{20}$	$\dfrac{35\sim40}{25}$	$\dfrac{45\sim50}{30}$	$\dfrac{60\sim65}{40}$	$\dfrac{65\sim75}{45}$	$\dfrac{65\sim80}{50}$
		$\dfrac{25\sim50}{16}$	$\dfrac{25\sim30}{14}$	$\dfrac{25\sim30}{16}$	$\dfrac{30\sim38}{16}$	$\dfrac{32\sim40}{20}$	$\dfrac{40\sim55}{30}$	$\dfrac{45\sim65}{35}$	$\dfrac{55\sim75}{45}$	$\dfrac{70\sim90}{50}$	$\dfrac{80\sim110}{60}$	$\dfrac{85\sim110}{70}$
			$\dfrac{32\sim75}{18}$	$\dfrac{32\sim90}{22}$	$\dfrac{40\sim120}{26}$	$\dfrac{45\sim120}{30}$	$\dfrac{60\sim120}{38}$	$\dfrac{70\sim120}{46}$	$\dfrac{80\sim120}{54}$	$\dfrac{95\sim120}{60}$	$\dfrac{120}{78}$	$\dfrac{120}{90}$
					$\dfrac{130}{32}$	$\dfrac{130\sim180}{36}$	$\dfrac{130\sim200}{44}$	$\dfrac{130\sim200}{52}$	$\dfrac{130\sim200}{60}$	$\dfrac{130\sim200}{72}$	$\dfrac{130\sim200}{84}$	$\dfrac{130\sim200}{96}$
										$\dfrac{210\sim250}{85}$	$\dfrac{210\sim300}{91}$	$\dfrac{210\sim300}{109}$
l 系列		16,(18),20,(22),25,(28),30,(32),35,(38),40,45,50,(55),60,(65),70,(75),80,(85),90,(95),100,110,120,130,140,150,160,170,180,190,200,210,220,230,240,250,260,280,300										

注：P 是粗牙螺纹的螺距。

3. 内六角圆柱头螺钉(摘自 GB/T 70.1—2008)

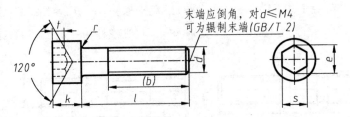

标记示例

螺纹规格 d＝M5、公称长度 l＝20 mm、性能等级为 8.8 级、表面氧化的内六角圆柱头螺钉,其标记为:

螺钉　GB/T 70.1　M5×20

表 C.3　内六角圆柱头螺钉各部分尺寸　　　　　mm

螺纹规格 d	M3	M4	M5	M6	M8	M10	M12	M14	M16	M20
P(螺距)	0.5	0.7	0.8	1	1.25	1.5	1.75	2	2	2.5
b 参考	18	20	22	24	28	32	36	40	44	52
d_k	5.5	7	8.5	10	13	16	18	21	24	30
k	3	4	5	6	8	10	12	14	16	20
t	1.3	2	2.5	3	4	5	6	7	8	10
s	2.5	3	4	5	6	8	10	12	14	17
e	2.87	3.44	4.58	5.72	6.86	9.15	11.43	13.72	16.00	19.44
r	0.1	0.2	0.2	0.25	0.4	0.4	0.6	0.6	0.6	0.8
公称长度 l	5~30	6~40	8~50	10~60	12~80	16~100	20~120	25~140	25~160	30~200
l≤表中数值时,制出全螺纹	20	25	25	30	35	40	45	55	55	65
l 系列	2.5,3,4,5,6,8,10,12,16,20,25,30,35,40,45,50,55,60,65,70,80,90,100,110,120,130,140,150,160,180,200,220,240,260,280,300									

注:螺纹规格 d＝M1.6~M64。

4. 开槽沉头螺钉(摘自 GB/T 68—2016)

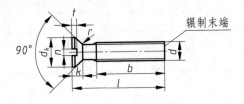

标记示例

螺纹规格 d＝M5、公称长度 l＝20 mm、性能等级为 4.8 级、不经表面处理的 A 级开槽沉头螺钉,其标记为:

镙钉　GB/T 68　M5×20

表 C.4　开槽沉头螺钉各部分尺寸

mm

螺纹规格 d	M1.6	M2	M2.5	M3	M4	M5	M6	M8	M10
P（螺距）	0.35	0.4	0.45	0.5	0.7	0.8	1	1.25	1.5
b	25	25	25	25	38	38	38	38	38
d_k	3.6	4.4	5.5	6.3	9.4	10.4	12.6	17.3	20
k	1	1.2	1.5	1.65	2.7	2.7	3.3	4.65	5
n	0.4	0.5	0.6	0.8	1.2	1.2	1.6	2	2.5
r	0.4	0.5	0.6	0.8	1	1.3	1.5	2	2.5
t	0.5	0.6	0.75	0.85	1.3	1.4	1.6	2.3	2.6
公称长度 l	2.5～16	3～20	4～25	5～30	6～40	8～50	8～60	10～80	12～80
l 系列	2.5,3,4,5,6,8,10,12,(14),16,20,25,30,35,40,45,50,(55),60,(65),70, (75),80								

注：① 括号内的规格尽可能不采用。

② 对于 M1.6～M3 的螺钉，公称长度 $l \leqslant 30$ 的制出全螺纹；对于 M4～M10 的螺钉，公称长度 $l \leqslant 45$ 的制出全螺纹。

5. 开槽圆柱头螺钉（摘自 GB/T 65—2016）

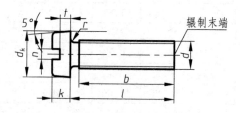

标记示例

螺纹规格 d＝M5、公称长度 l＝20 mm、性能等级为 4.8 级、不经表面氧化的 A 级开槽圆柱头螺钉，其标记为：

螺钉　GB/T 65　M5×20

表 C.5　开槽圆柱头螺钉各部分尺寸

mm

螺纹规格 d	M4	M5	M6	M8	M10
P（螺距）	0.7	0.8	1	1.25	1.5
b	38	38	38	38	38
d_k	7	8.5	10	13	16
k	2.6	3.3	3.9	5	6
n	1.2	1.2	1.6	2	2.5
r	0.2	0.2	0.25	0.4	0.4
t	1.1	1.3	1.6	2	2.4
公称长度 l	5～40	6～50	8～60	10～80	12～80
l 系列	5,6,8,10,12,(14),16,20,25,30,35,40,45,50,(55),60,(65),70,(75),80				

注：① 公称长度 $l \leqslant 40$ 的螺钉，制出全螺纹。

② 括号内的规格尽可能不采用。

③ 螺纹规格 d＝M1.6～M10，公称长度 l＝2～80。

6. 开槽盘头螺钉(摘自 GB/T 67—2016)

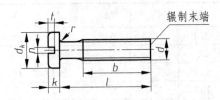

标记示例

螺纹规格 d＝M5、公称长度 l＝20、性能等级为 4.8 级、不经表面处理的 A 级开槽盘头螺钉,其标记为:

螺钉　GB/T 67　M5×20

表 C.6　开槽盘头螺钉各部分尺寸　　　　　　　　　　　mm

螺纹规格 d	M1.6	M2	M2.5	M3	M4	M5	M6	M7	M8
P(螺距)	0.35	0.4	0.45	0.5	0.7	0.8	1	1.25	1.5
b	25	25	25	25	38	38	38	38	38
d_k	3.2	4	5	5.6	8	9.5	12	16	20
k	1	1.3	1.5	1.8	2.4	3	3.6	4.8	6
n	0.4	0.5	0.6	1.2	1.2	1.6	2	2.5
r	0.1	0.1	0.1	0.1	0.2	0.2	0.25	0.4	0.4
t	0.35	0.5	0.6	0.7	1	1.2	1.4	1.9	2.4
公称长度 l	2～16	2.5～20	3～25	4～30	5～40	6～50	8～60	10～80	12～80
l 系列	2,2.5,3,4,5,6,8,10,12,(14),16,20,25,30,35,40,45,50,(55),60,(65),70,(75),80								

注:① 括号内的规格尽可能不采用。

　　② 对于 M1.6～M3 的螺钉,公称长度 $l \leqslant 30$ 的制出全螺纹;对于 M4～M10 的螺钉,公称长度 $l \leqslant 40$ 的制出全螺纹。

7. 紧定螺钉

开槽锥端紧定螺钉　　　　　开槽平端紧定螺钉　　　　开槽长圆柱紧定螺钉
GB/T 71—2018　　　　　　GB/T 73—2017　　　　　GB/T 75—2018

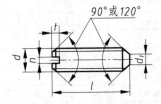

标记示例

螺纹规格 d＝M5、公称长度 l＝12、性能等级为 14H 级、表面氧化的开槽长圆柱端紧定螺钉,其标记为:

螺钉 GB/T 75　M5×12

表 C.7　紧定螺钉各部分尺寸　　　　　　　　mm

螺纹规格 d	M1.6	M2	M2.5	M3	M4	M5	M6	M8	M10	M12
P(螺距)	0.35	0.4	0.45	0.5	0.7	0.8	1	1.25	1.5	1.75
n	0.25	0.25	0.4	0.4	0.6	0.8	1	1.2	1.6	2
t	0.74	0.84	0.95	1.05	1.42	1.63	2	2.5	3	3.6
d_t	0.16	0.2	0.25	0.3	0.4	0.5	1.5	2	2.5	3
d_p	0.8	1	1.5	2	2.5	3.5	4	5.5	7	8.5
z	1.05	1.25	1.5	1.75	2.25	2.75	3.25	4.3	5.3	6.3
l　GB/T 71—2018	2～8	3～10	3～12	4～16	6～20	8～25	8～30	10～40	12～50	14～60
GB/T 73—2017	2～8	2～10	2.5～12	3～16	4～20	5～25	6～30	8～40	10～50	12～60
GB/T 75—2018	2.5～8	3～10	4～12	5～16	6～20	8～25	10～30	10～40	12～50	14～60
l 系列	2,2.5,3,4,5,6,8,10,12,(14),16,20,25,30,35,40,45,50,(55),60									

注：① l 为公称长度。

　　② 括号内的规格尽可能不采用。

8. 螺 母

1 型六角螺母——A 和 B 级　　2 型六角螺母——A 和 B 级　　六角薄螺母
GB/T 6170—2015　　　　　　　GB/T 6175—2016　　　　　　　GB/T 6172.1—2016

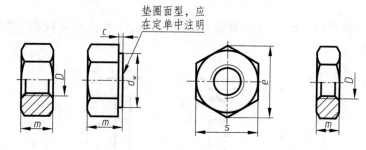

标记示例

螺纹规格 D＝M12、性能等级为 8 级、不经表面处理、产品等级为 A 级的 1 型六角螺母，其标记为：

螺母　GB/T 6170　M12

螺纹规格 D＝M12、性能等级为 9 级、表面氧化的 2 型六角螺母，其标记为：螺母　GB/T 6175　M12

螺纹规格 D＝M12、性能等级为 04 级、不经表面处理的六角薄螺母，其标记为：螺母 GB/T 6172.1　M12

表 C.8　螺母各部分尺寸　　　　　　　　mm

螺纹规格 D		M3	M4	M5	M6	M8	M10	M12	M16	M20	M24	M30	M36
e	min	6.01	7.66	8.63	10.89	14.20	17.59	19.85	26.17	32.95	39.55	50.85	60.79
s	max	5.5	7	8	10	13	16	18	24	30	36	46	55
	min	5.5	7	8	10	13	16	18	24	30	36	46	55
c	max	0.4	0.4	0.5	0.5	0.6	0.6	0.6	0.8	0.8	0.8	0.8	0.8
d_w	min	4.6	5.9	6.9	8.9	11.6	14.6	16.6	22.5	27.7	33.2	42.8	51.1

续表

螺纹规格 D		M3	M4	M5	M6	M8	M10	M12	M16	M20	M24	M30	M36
d_a	max	3.45	4.6	5.75	6.75	8.75	10.8	13	17.3	21.6	25.9	32.4	38.9
GB/T 6170—2015	max	2.4	3.2	4.7	5.2	6.8	8.4	10.8	14.8	18	21.5	25.6	31
m	min	2.15	2.9	4.4	4.9	6.44	8.04	10.37	14.1	16.9	20.2	24.3	29.4
GB/T 6172.1 —2016	max	1.8	2.2	2.7	3.2	4	5	6	8	10	12	15	18
m	min	1.55	1.95	2.45	2.9	3.7	4.7	5.7	7.42	9.10	10.9	13.9	16.9
GB/T 6175—2016	max	—	—	5.1	5.7	7.5	9.3	12	16.4	20.3	23.9	28.6	34.7
m	min	—	—	4.8	5.4	7.14	8.94	11.57	15.7	19	22.6	27.3	33.1

注：A级用于 $D \leqslant 16$；B级用于 $D > 16$。

9. 垫圈

小垫圈——A级（GB/T 848—2002）

平垫圈——A级（GB/T 97.1—2002）

平垫圈　倒角型——A级（GB/T 97.2—2002）

标记示例

标准系列、公称规格 8 mm、性能等级为 140HV 级、不经表面处理的 A 级平垫圈，其标记为：垫圈　GB/T 97.1　8

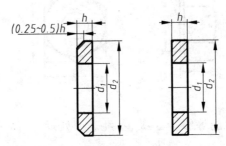

表 C.9　垫圈各部分尺寸　　　　　　　mm

公称尺寸（螺纹规格 d）		1.6	2	2.5	3	4	5	6	8	10	12	14	16	20	24	30	36
d_1	GB/T 848	1.7	2.2	2.7	3.2	4.3	5.3	6.4	8.4	10.5	13	15	17	21	25	31	37
	GB/T 97.1	1.7	2.2	2.7	3.2	4.3	5.3	6.4	8.4	10.5	13	15	17	21	25	31	37
	GB/T 97.2						5.3	6.4	8.4	10.5	13	15	17	21	25	31	37
d_2	GB/T 848	3.5	4.5	5	6	8	9	11	15	18	20	24	28	34	39	50	60
	GB/T 97.1	4	5	6	7	9	10	12	16	20	24	28	30	37	44	56	66
	GB/T 97.2						10	12	16	20	24	28	30	37	44	56	66
h	GB/T 848	0.3	0.3	0.5	0.5	0.5	1	1.6	1.6	1.6	2	2.5	2.5	3	4	4	5
	GB/T 97.1	0.3	0.3	0.5	0.5	0.8	1	1.6	1.6	2	2.5	2.5	3	3	4	4	5
	GB/T 97.2						1	1.6	1.6	2	2.5	2.5	3	3	4	4	5

10. 标准型弹簧垫圈（摘自 GB/T 93—1987）

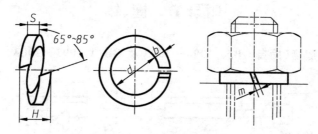

标记示例

规格 16 mm、材料为 65Mn、表面氧化的标准型弹簧垫圈，其标记为：垫圈　GB/T 93　16

表 C.10　标准型弹簧垫圈各部分尺寸

mm

规格（螺纹大径）		3	4	5	6	8	10	12	(14)	16	(18)	20	(22)	24	(27)	30
d		3.1	4.1	5.1	6.1	8.1	10.2	12.2	14.2	16.2	18.2	20.2	22.5	24.5	27.5	30.5
H	GB/T 93	1.6	2.2	2.6	3.2	4.2	5.2	6.2	7.2	8.2	9	10	11	12	13.6	15
	GB/T 859	1.2	1.6	2.2	2.6	3.2	4	5	6	6.4	7.2	8	9	10	11	12
$S(b)$	GB/T 93	0.8	1.1	1.3	1.6	2.1	2.6	3.1	3.6	4.1	4.5	5	5.5	6	6.8	7.5
S	GB/T 859	0.6	0.8	1.1	1.3	1.6	2	2.5	3	3.2	3.6	4	4.5	5	5.5	6
$m\leqslant$	GB/T 93	0.4	0.55	0.65	0.8	1.05	1.3	1.55	1.8	2.05	2.25	2.5	2.75	3	3.4	3.75
	GB/T 859	0.3	0.4	0.55	0.65	0.8	1	1.25	1.5	1.6	1.8	2	2.25	2.5	2.75	3
b	GB/T 859	1	1.2	1.5	2	2.5	3	3.5	4	4.5	5	5.5	6	7	8	9

注：① 括号内的规格尽可能不采用。

② m 应大于零。

附录 D 键、销

1. 普通平键及键槽（摘自 GB/T 1096—2003 及 GB/T 1095—2003）

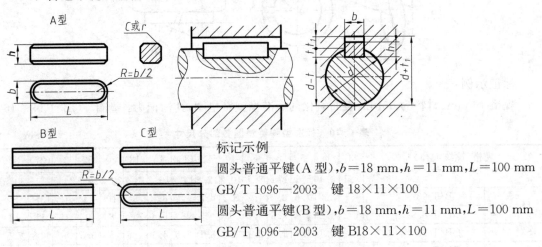

标记示例

圆头普通平键（A 型），$b=18$ mm，$h=11$ mm，$L=100$ mm
GB/T 1096—2003 键 18×11×100
圆头普通平键（B 型），$b=18$ mm，$h=11$ mm，$L=100$ mm
GB/T 1096—2003 键 B18×11×100

表 D.1 普通平键及键槽的尺寸与公差   mm

轴直接 d	键尺寸 $b \times h$	键槽											
		宽度 b						深度				半径 r	
		公称尺寸	极限偏差					轴 t_1		毂 t_2			
			正常连接		紧密连接	松连接							
			轴 N9	毂 JS9	轴和毂 P9	轴 H9	毂 D10	公称尺寸	极限偏差	公称尺寸	极限偏差	min	max
自 6～8	2×2	2	−0.004 −0.029	±0.0125	−0.006 −0.031	+0.025 0	+0.060 +0.020	1.2	+0.1 0	1.0	+0.1 0	0.08	0.16
>8～10	3×3	3						1.8		1.4			
>10～12	4×4	4	0 −0.030	±0.015	−0.012 −0.042	+0.030 0	+0.078 +0.030	2.5		1.8		0.16	0.25
>12～17	5×5	5						3.0		2.3			
>17～22	6×6	6						3.5		2.8			
>22～30	8×7	8	0 −0.036	±0.018	−0.015 −0.051	+0.036 0	+0.098 +0.040	4.0		3.3			
>30～38	10×8	10						5.0		3.3			
>38～44	12×8	12	0 −0.043	±0.0215	−0.018 −0.061	+0.043 0	+0.120 +0.050	5.0	+0.2 0	3.3	+0.2 0	0.25	0.40
>44～50	14×9	14						5.5		3.8			
>50～58	16×10	16						6.0		4.3			
>58～65	18×11	18						7.0		4.4			
>65～75	20×12	20	0 −0.052	±0.026	−0.022 −0.074	+0.052 0	+0.149 +0.065	7.5		4.9		0.40	0.60
>75～85	22×14	22						9.0		5.4			
>85～95	25×14	25						9.0		5.4			
>95～110	28×16	28						10.0		6.4			

注：① 轴的直径 d 不在本标准所列，仅供参考。

② 平键轴槽的长度公差用 H14。

③ 轴槽、轮毂槽的键槽宽度 b 两侧面粗糙度参数值 Ra 推荐为 1.6～3.2 μm。

④ 轴槽底面、轮毂槽底面的表面粗糙度参数值 Ra 为 6.3 μm。

2. 半圆键及键槽（摘自 GB/T 1099—2003 及 GB/T 1098—2003）

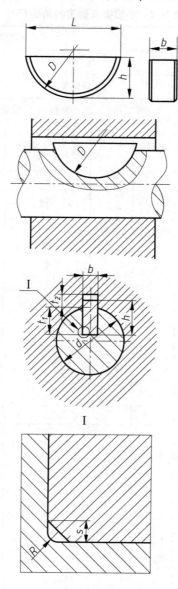

标记示例

半圆键 $b=6$ mm, $h=10$ mm, $d=25$ mm, $L=100$ mm

GB/T 1099—2003　键 $6\times10\times100$

表 D.2　半圆键及键槽的剖面尺寸　　　　　　　　　　　　　　mm

轴径 d		键尺寸 $b \times h \times D$	键槽											
			宽度 b						深度				半径 R	
				极限偏差					轴 t_1		毂 t_2			
键传递转矩用	键定位用		公称尺寸	正常联结		紧密联结	松联结		公称尺寸	极限偏差	公称尺寸	极限偏差	max	min
				轴 N9	毂 JS9	轴和毂 P9	轴 H9	毂 D10						
自 3~4	自 3~4	1×1.4×4 1×1.1×4	1						1.0		0.6			
>4~5	>4~6	1.5×2.6×7 1.5×2.1×7	1.5						2.0		0.8			
>5~6	>6~8	2×2.6×7 2×2.1×7	2						1.8	+0.1 0	1.0			
>6~7	>8~10	2×3.7×10 2×3×10	2	−0.004 −0.029	±0.0125	−0.006 −0.031	+0.025 0	+0.060 +0.020	2.9		1.0		0.16	0.18
>7~8	>10~12	2.5×3.7×10 2.5×3×10	2.5						2.7		1.2			
>8~10	>12~15	3×5×13 3×4×13	3						3.8		1.4			
>10~12	>15~18	3×6.5×16 3×5.2×16	3						5.3		1.4	+0.1 0		
>12~14	>18~20	4×6.5×16 4×5.2×16	4						5.0	+0.2 0	1.8			
>14~16	>20~22	4×7.5×19 4×6×19	4						6.0		1.8			
>16~18	>22~25	5×6.5×16 5×5.2×19	5						4.5		2.3			
>18~20	>25~28	5×7.5×19 5×6×19	5	0 −0.030	±0.015	−0.012 −0.042	+0.030 0	+0.078 +0.030	5.5		2.3		0.25	0.16
>20~22	>28~32	5×9×22 5×7.2×22	5						7.0		2.3			
>22~25	>32~26	6×9×22 6×7.2×22	6						6.5		2.8			
>25~28	>36~40	6×10×25 6×8×25	6						7.5	+0.3 0	2.8			
>28~32	>40~44	8×11×28 8×8.8×28	8	0 −0.036	±0.018	−0.015 −0.051	+0.036 0	+0.098 +0.040	8.0		3.3	+0.2 0	0.40	0.25
>32~38	>44~48	10×13×32 10×10.4×32	10						10		3.3			

3. 销

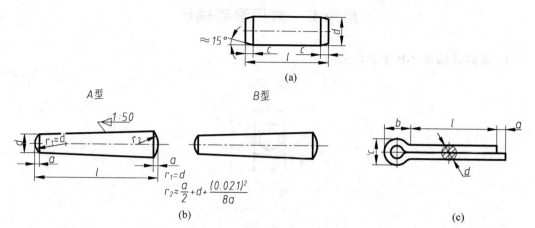

(a)

A型　　　　　　　　　　　　　　B型

(b)　　　　　　　　　　　　　　　　　　　　　　　(c)

(a) 圆柱销 GB/T 119.1—2000；(b) 圆锥销 GB/T 117—2000；(c) 开口销 GB/T 91—2000

标记示例

公称直径 10 mm、长 50 mm 的 A 型圆柱销，其标记为：销　GB/T 119.1　10×50

公称直径 10 mm、长 60 mm 的 A 型圆锥销，其标记为：销　GB/T 117　10×60

公称直径 5 mm、长 50 mm 的开口销，其标记为：销　GB/T 91　10×50

表 D.3　销各部分尺寸

mm

名称	公称直径 d	1	1.2	1.5	2	2.5	3	4	5	6	8	10	12
圆柱销 (GB/T 119.1— 2000)	$c \approx$	0.20	0.25	0.30	0.35	0.40	0.50	0.63	0.80	1.2	1.6	2	2.5
圆锥销 (GB/T 117— 2000)	$a \approx$	0.12	0.16	0.20	0.25	0.30	0.40	0.50	0.63	0.80	1	1.2	1.6
开口销 (GB/T 91— 2000)	d（公称）	0.6	0.8	1	1.2	1.6	2	2.5	3.2	4	5	6.3	8
	c	1	1.4	1.8	2	2.8	3.6	4.6	5.8	7.4	9.2	11.8	15
	$b \approx$	2	2.4	3	3	3.2	4	5	6.4	8	10	12.6	16
	a	1.6	1.6	1.6	2.5	2.5	2.5	2.5	4	4	4	4	4
	l（商品规格范围公称长度）	4~12	5~16	6~0	8~6	8~2	10~40	12~50	14~65	18~80	22~100	30~120	40~160
l 系列		2,3,4,5,6,8,10,12,14,16,18,20,22,24,26,28,30,32,35,40,45, 50,55,60,65,70,75,80,85,90,95,100,120											

附录 E　常用滚动轴承

1. 深沟球轴承(GB/T 276—2013)

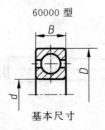

60000 型

基本尺寸

标记示例

内径 $d=20$ 的 60000 型深沟球轴承,尺寸系列为(0)2,组合代号为 62,其标记为:

滚动轴承　6204　GB/T 276—2013

表 E.1　深沟球轴承各部分尺寸

轴承代号	基本尺寸/mm			轴承代号	基本尺寸/mm		
	d	D	B		d	D	B
(1) 0 尺寸系列				(0) 3 尺寸系列			
6000	10	26	8	6300	10	35	11
6001	12	28	8	6301	12	37	12
6002	15	32	9	6302	15	42	13
6003	17	35	10	6303	17	47	14
6004	20	42	12	6304	20	52	15
6005	25	47	12	6305	25	62	17
6006	30	55	13	6306	30	72	19
6007	35	62	14	6307	35	80	21
6008	40	68	15	6308	40	90	23
6009	45	75	16	6309	45	100	25
6010	50	80	16	6310	50	110	27
6011	55	90	18	6311	55	120	29
6012	60	95	18	6312	60	130	31
6013	65	100	18	6313	65	140	33
6014	70	110	20	6314	70	150	35
6015	75	115	20	6315	75	160	37
6016	80	125	22	6316	80	170	39
6017	85	130	22	6317	85	180	41
6018	90	140	24	6318	90	190	43
6019	95	145	24	6319	95	200	45
6020	100	150	24	6320	100	215	47

续表

轴承代号	基本尺寸/mm			轴承代号	基本尺寸/mm		
	d	D	B		d	D	B
（0）2 尺寸系列				（0）4 尺寸系列			
6200	10	30	9	6403	17	62	17
6201	12	32	10	6404	20	72	19
6202	15	35	11	6405	25	80	21
6203	17	40	12	6406	30	90	23
6204	20	47	14	6407	35	100	25
6205	25	52	15	6408	40	110	27
6206	30	62	16	6409	45	120	29
6207	35	72	17	6410	50	130	31
6208	40	80	18	6411	55	140	33
6209	45	85	19	6412	60	150	35
6210	50	90	20	6413	65	160	37
6211	55	100	21	6414	70	180	42
6212	60	110	22	6415	75	190	45
6213	65	120	23	6416	80	200	48
6214	70	125	24	6417	85	210	52
6215	75	130	25	6418	90	225	54
				6420	100	250	58

2. 圆锥滚子轴承（GB/T 297—2015）

30000 型

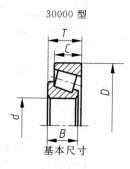

基本尺寸

标记示例

内径 $d = 20$ mm，尺寸系列代号为 02 的圆锥滚子轴承，其标记为：

滚动轴承　30204　GB/T 297—2015

表 E.2 圆锥滚子轴承各部分尺寸

轴承代号	基本尺寸/mm					轴承代号	基本尺寸/mm				
	d	D	T	B	C		d	D	T	B	C
02 尺寸系列						22 尺寸系列					
30203	17	40	13.25	12	11	32206	30	62	21.25	20	17
30204	20	47	15.25	14	12	32207	35	72	24.25	23	19
30205	25	52	16.25	15	13	32208	40	80	24.75	23	19
30206	30	62	17.25	16	14	32209	45	85	24.75	23	19
30207	35	72	18.25	17	15	32210	50	90	24.75	23	19
30208	40	80	19.75	18	16	32211	55	100	26.75	25	21
30209	45	85	20.75	19	16	32212	60	110	29.75	28	24
30210	50	90	21.75	20	17	32213	65	120	32.75	31	27
30211	55	100	22.75	21	18	32214	70	125	33.25	31	27
30212	60	110	23.75	22	19	32215	75	130	33.25	31	27
30213	65	120	24.75	23	20	32216	80	140	35.25	33	28
30214	70	125	26.25	24	21	32217	85	150	38.5	36	30
30215	75	130	27.25	25	22	32218	90	160	42.5	40	34
30216	80	140	28.25	26	22	32219	95	170	45.5	43	37
30217	85	150	30.5	28	24	32220	100	180	49	46	39
30218	90	160	32.5	30	26						
30219	95	170	34.5	32	27						
30220	100	180	37	34	29						
03 尺寸系列						23 尺寸系列					
30302	15	42	14.25	13	11	32303	17	47	20.25	19	16
30303	17	47	15.25	14	12	32304	20	52	22.25	21	18
30304	20	52	16.25	15	13	32305	25	62	25.25	24	20
30305	25	62	18.25	17	15	32306	30	72	28.75	27	23
30306	30	72	20.75	19	16	32307	35	80	32.75	31	25
30307	35	80	22.75	21	18	32308	40	90	35.25	33	27
30308	40	90	25.25	23	20	32309	45	100	38.25	36	30
30309	45	100	27.25	25	22	32310	50	110	42.25	40	33
30310	50	110	29.25	27	23	32311	55	120	45.5	43	35
30311	55	120	31.5	29	25	32312	60	130	48.5	46	37
30312	60	130	33.5	31	26	32313	65	140	51	48	39
30313	65	140	36	33	28	32314	70	150	54	51	42
30314	70	150	38	35	30	32315	75	160	58	55	45
30315	75	160	40	37	31	32316	80	170	61.5	58	48
30316	80	170	42.5	39	33	32317	85	180	63.5	60	49
30317	85	180	44.5	41	34	32318	90	190	67.5	64	53
30318	90	190	46.5	43	36	32319	95	200	71.5	67	55
30319	95	200	49.5	45	38	32320	100	215	77.5	73	60
30320	100	215	51.5	47	39						

3. 推力球轴承(GB/T 301—2015)

51000 型

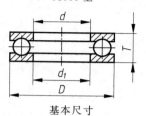

基本尺寸

标记示例

内径 $d = 20$ mm,51000 型推力球轴承,12 尺寸系列,
其标记为:

滚动轴承　51204　GB/T 301—1995

表 E.3　推力球轴承各部分尺寸

轴承代号	基本尺寸/mm				轴承代号	基本尺寸/mm			
	d	d_1 min	D	T		d	d_1 min	D	T
12 尺寸系列					51314	70	72	125	40
51200	10	12	26	11	51315	75	77	135	44
51201	12	14	28	11	51316	80	82	140	44
51202	15	17	32	12	51317	85	88	150	49
51203	17	19	35	12	51318	90	93	155	50
51204	20	22	40	14	51320	100	103	170	55
51205	25	27	47	15	14 尺寸系列				
51206	30	32	52	16	51405	25	27	60	24
51207	35	37	62	18	51406	30	32	70	28
51208	40	42	68	19	51407	35	37	80	32
51209	45	47	73	20	51408	40	42	90	36
51210	50	52	78	22	51409	45	47	100	39
51211	55	57	90	25	51410	50	52	110	43
51212	60	62	95	26	51411	55	57	120	48
51213	65	67	100	27	51412	60	62	130	51
51214	70	72	105	27	51413	65	68	140	56
51215	75	77	110	27	51414	70	73	150	60
51216	80	82	115	28	51415	75	78	160	65
51217	85	88	125	31	51416	80	83	170	68
51218	90	93	135	35	51417	85	88	180	72
51220	100	103	150	38	51418	90	93	190	77
13 尺寸系列					51420	100	103	210	85
51304	20	22	47	18					
51305	25	27	52	18					
51306	30	32	60	21					
51307	35	37	68	24					
51308	40	42	78	26					
51309	45	47	85	28					
51310	50	52	95	31					
51311	55	57	105	35					
51312	60	62	110	35					
51313	65	67	115	36					